U0161119

收藏与鉴赏丛书

姚泽民／主编

和田玉鉴定与收藏宝典

赵科鞅／编著

化学工业出版社

·北京·

内容提要

和田玉是中国传统玉石，数千年来深受人们的喜爱。中国自古就有"君子比德于玉"的传统，和田玉以其温润、坚韧、内敛等特质升华为"德"的象征。《和田玉鉴定与收藏宝典》详细介绍了和田玉的分类、色泽、纹饰、鉴定以及收藏等内容，结合中华几千年的玉文化，将和田玉展现在读者面前。

本书适宜和田玉爱好者参考。

图书在版编目（CIP）数据

和田玉鉴定与收藏宝典/赵科鞅编著. —北京：化学工业出版社，2020.4
（收藏与鉴赏丛书/姚泽民主编）
ISBN 978-7-122-36175-2

Ⅰ.①和⋯ Ⅱ.①赵⋯ Ⅲ.①玉石–鉴赏–和田县
②玉石–收藏–和田县 Ⅳ.①TS933.21②G262.3

中国版本图书馆CIP数据核字（2020）第023395号

责任编辑：邢　涛　　　　　　　　　　　文字编辑：谢蓉蓉
责任校对：宋　玮　　　　　　　　　　　装帧设计：韩　飞

出版发行：化学工业出版社（北京市东城区青年湖南街13号　邮政编码100011）
印　　装：北京瑞禾彩色印刷有限公司
787mm×1092mm　1/16　印张20¾　字数357千字　2020年7月北京第1版第1次印刷

购书咨询：010-64518888　　　　　　　　　售后服务：010-64518899
网　　址：http://www.cip.com.cn
凡购买本书，如有缺损质量问题，本社销售中心负责调换。

定　　价：138.00元

丛书序

中华民族是世界上最热爱收藏的民族之一。我国历史上有过多次收藏热，概括起来大约有五次：第一次是北宋时期；第二次是晚明时期；第三次是康乾盛世；第四次是晚清民国时期；第五次则是当今盛世。收藏对于我们来说，不仅是捡便宜的快乐、拥有财富的快乐，它还能带给我们艺术的享受和精神的追求以及文化的自信。收藏，俨然已经成为现代许多人的一种生活方式和生活态度。

"乱世黄金，盛世收藏。"收藏是一种乐趣，更是一门学问。收藏需要量力而行，收藏需要戒除贪婪，收藏不能轻信故事。然而，收藏最重要的依然是专业知识和文化知识的储备。鉴于此，姚泽民工作室联合化学工业出版社编辑出版了本丛书。丛书各分册的作者，均是目前活跃在鉴赏收藏界的权威专家和专业人士。他们不仅是收藏家、鉴赏家，更是研究者和学者，其著述通俗易懂而又逻辑缜密。本丛书在强调"实用性"和"可操作性"的基础上，更加强调"专业性"，目的就是想帮广大收藏爱好者擦亮慧眼，提供最直接、最实在的帮助。不管你是初涉收藏的爱好者，还是资深收藏家，都能从本丛书中汲取知识营养，从而使自己真正享受到收藏的乐趣。

"收藏有风险，投资须谨慎。"降低收藏投资风险的重要途径就是学习相关专业知识。期待您的开卷有益！

前　言

"言念君子，温其如玉"，古人以玉譬人，它温润雅致，刚柔并济，表里如一，被视为君子的象征。

中华民族自古就有用玉、尊玉、爱玉、佩玉、藏玉的情怀，玉石成为美好事物与高尚品德的象征和代表，几千年来不绝于史，并最终孕育出了中国特有的玉文化，深深影响了中国人的思想观念，成为中国文化不可缺少的一部分。

"凡玉，贵重者皆出于阗。"早在新石器时代，昆仑山下的先民们就发现了和田玉，两千多年前张骞两次出使西域，所走的"丝绸之路"，正是在古代"玉石之路"的基础上拓展出来的。无论是神秘朴拙的史前玉器、凝重典雅的商周玉器、繁缛华丽的战国玉器、浪漫豪放的汉代玉器、丰满圆润的唐代玉器、传神清新的宋代玉器、豪迈粗犷的元代玉器、瑞丽多姿的明清玉器，均有着和田玉的身影。和田玉细腻温润，精光内敛，呈现凝脂般的含蓄光泽，给人一种刚中见柔的感觉。和田玉以其独特的审美品质，成就了中国玉文化的丰富思想和精神内涵。

《和田玉鉴定与收藏宝典》系统全面而又重点突出地介绍了中国和田玉玉器的历史演变、鉴赏与收藏的方法，撮真要者，以飨读者。希望它的出版，能够为和田玉的收藏爱好者提供帮助。

特别感谢中国著名鉴赏家、制片人，主编姚泽民先生对本书给予的指点和帮助，感谢广大玉友的鼓励和支持。书中不足之处，请广大读者批评指正。

赵科鞅

2019 年 10 月

目 录
CONTENTS

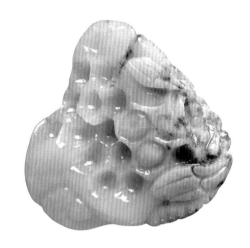

第一章

史前时代和田玉器鉴赏

土，反其宅！水，归其壑！昆虫，毋作！草木，归其泽！

——《礼记·郊特牲》

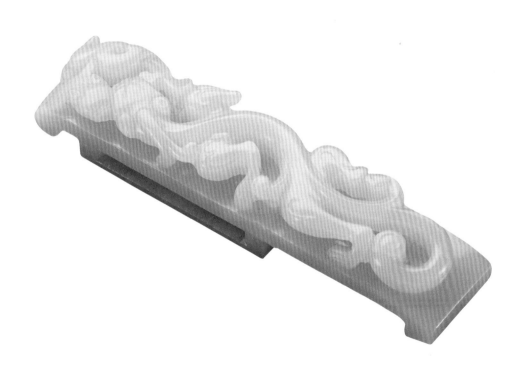

一、史前时代玉器主要分布地域与特征

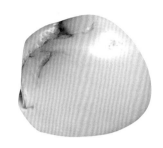

史前文化即原始文化，指的是石器时代的文化。目前人类历史的99.75%的时间被它占据。石器时代的文化可以简单划分为旧石器时代和新石器时代两期文化，前者以打制石器作为主要工具，后者则以磨光石器作为主要工具。也有学者认为二者之间存在一个"玉器时代"。目前已发现的旧石器时代晚期的原始先民在石头、陶土和牙、角、骨器上制作的雕塑或刻画的图案，其中创造了许多由点、线组成的带有一定规律性的图案。丰富的图案涉及人物和动植物，这反映出原始人类已经开始在进行美的追求，并有意识地通过符号、记号、图案来表达他们的思想感情和审美创造了。

8000年前左右的裴李岗文化，在新郑裴李岗遗址出土了许多磨制石器；7000年前的仰韶文化，出土了许多的磨光石器和彩陶，充分展现出了石器时代原始先民们的生产生活状况、审美追求和他们所创造的物质和精神世界。

世界上发现、开采、制作玉器最早的国家是中国，已有一万年的历史。在20世纪50年代之后，我国先后发掘了大量石器时代的遗址，大量出土的精美玉器分布在广泛的新石器时期遗址中，这对于我们了解和研究史前玉器具有非常重要的意义。据考古发掘，中国的先民最早使用玉石材料的时间不会晚于旧石器时代，这一时期经历了一段漫长的玉、石并存阶段。当时的先民并没有将玉与普通石料区别对待，而是与其他石料一样，制成人类早期赖以生存的工具、武器等用品。在先民眼里，玉器与石器似乎没有什么区别。因此，旧石器时代遗址中出土的玉器除材料不同外，功能和形制与普通石器相比，并无实际区别。在已发现的旧石器时代各时期的遗物中可以得知，当时用以制造石

器的石材多达几十种，包括玛瑙、水晶、蛇纹石等美石，今天都可归为广义的玉石。我们的祖先在经历了数十万年的玉石并存、玉石不分的漫长时期之后，对两者的认识逐渐有所区别，意识到了"玉，石之美者"。从它表面的美逐步认识到它内在质的美，进而将两者在使用功能上加以区别。发展到距今七八千年的新石器时代晚期，装饰精美的玉器出现了，并迎来了中国玉器工艺发展史上第一次高潮。

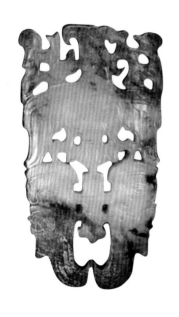

一块美玉的形成，需要经历漫长的岁月。它静静地躺在那里，等待着世人的召唤。在新石器时代的中华大地上，原始人类将美丽、温润的玉石视作神奇的灵物，"玉之美，美其质"，玉是大自然的精华。崇玉的文化和观念在各地域间不断融合与交流，为中华文明的形成奠定了坚实的基础。这一时期的玉器凝结着史前人类的智慧，朴拙而神秘，重在神韵，不求形似。

我国的远古版图遍布着新石器时代中晚期的玉器遗存，集中于辽河流域、黄河流域、长江中下游流域、珠江流域和东南沿海地域，多达7000多处，出土各类玉器20余万件，创造了我国玉器时代的总体框架，反映出我国玉器时代丰富而又深刻的文化内涵。与青铜、瓷器文化相比较，中国玉文化的历史更加悠久和厚重。

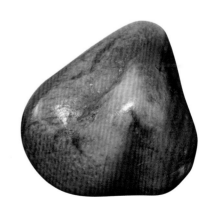

1. 东北辽河流域的玉器

东北辽河流域地处华北平原与东北地区之间，古玉器遗址较为集中，数量多，文化层次较高，其中"玉"开始从石中分化，"玉器"开始从石器中分出，在我国史前玉器中处于较重要的位置。该流域包括内蒙古、吉林、辽宁、河北的10多个市县。受中原文化的影响较大，属新石器时代文化发达较早的地区，以新乐文化、红山文化为代表。那些穿越时空的玉器，犹如遗落在人间的钥匙，开启了人类文明的宝藏。

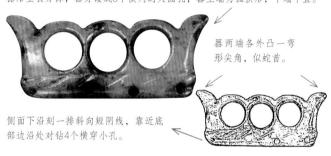

一端磨平，另一端圆弧，横断面呈椭圆形。

中孔对钻，平端孔较粗，孔内尚残存管钻内芯。

器形呈长方体，器身镂成3个横列的大圆孔，器上端为弧拱形，下端平直。

器两端各外凸一弯形尖角，似蛇首。

侧面下沿刻一排斜向短阴线，靠近底部边沿处对钻4个横穿小孔。

新乐文化玉器遗址地处沈阳北郊，距今7000～6500年。先后发掘出土数百件玉器制品，对以辽河流域为中心的史前玉文化演变产生了深远影响。类似的还有新开流、昂昂溪、小珠山等玉器遗址。新乐文化玉器遗址具代表性的玉器为青玉双刃斧式雕刻器和碧玉双刃凿式雕刻器、墨玉斧式雕刻器和墨玉圆凿式雕刻器等，带有突出的实用工具特征，是从低端石器向高端玉器过渡的产物，也反映出了玉工具向玉工艺的过渡。

玉猪龙首尾相连，龙体蜷曲，造型粗犷，被认为是龙的最早雏形。玉猪龙也被认为是各种动物的最早胚胎，也就是说玉猪龙是胚胎而非某种特定动物。

阴刻线纹

玉猪龙的背部均有一两个对钻的圆孔，似可作饰物系绳佩挂。

红山文化玉器遗址因在内蒙古赤峰市的红山发掘而得名，分布于内蒙古、辽宁和河北的交界地带，距今6000～5000年。红山文化是中国北方著名的新石器时代中晚期文化的重要代表，所发掘出的玉器精美，工艺独特，技艺精湛，呈现了辽河流域玉器文化遗存的最高成就，是以玉器遗存为主要内容的中国玉器的史前文化。红山文化的主要内容是随葬玉遗存。神似是玉器的显著特征，是中国北方玉器的典型代表，最具特色的是鸟兽形葬玉的出现。在近万平方公里地域内，出土的兽形玉器极为相似，是按照比较严格的规矩制作的，遵循统一的形态。根据发现的墓葬及随葬品，可以发现红山文化具有"惟玉为葬"特征。出土的玉器可分为三类：一是礼器类，如双龙首玉璜、玉璧、双联玉璧、三联玉璧、神鸟玉璧、兽形玉等；二是佩饰类，如虎形玉佩、勾云形玉佩、鱼形玉佩、兽面纹玉饰、玉珠坠、马蹄形玉箍、棒形玉、玉环等；三是动物类，如玉龙、玉蝉、玉龟、玉猪、玉鸟等。玉器是红山文化的精髓，同《周礼》中记

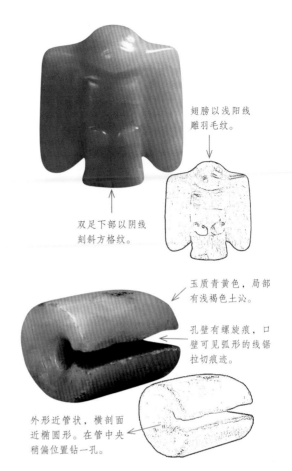

翅膀以浅阳线雕羽毛纹。

双足下部以阴线刻斜方格纹。

玉质青黄色，局部有浅褐色土沁。

孔壁有螺旋痕，口壁可见弧形的线锯拉切痕迹。

外形近管状，横剖面近椭圆形。在管中央稍偏位置钻一孔。

载的六种玉礼器相比较，可以发现，红山文化的玉器为夏商周三代文明中礼器的形成奠定了基础。

在东北辽河流域的古玉器遗址中，内蒙古赤峰市敖汉旗兴隆洼文化遗址（距今8200～7000年）中出土的形似鱼钩的骨梗玉刃镖，经鉴定为一种宗教礼器，是迄今为止出土最早的一件具有宗教意义的玉器。

2. 黄河流域的玉器

黄河流域是中华文明的发源地，是最先进入新石器时代的地区。中华民族灿烂辉煌的华夏文明，其中黄河流域文化现象就是众多文化现象中的杰出代表。以仰韶文化、大汶口文化、龙山文化、齐家文化为代表，是我国最早发现玉器遗存的地区之一。在河南新郑裴李岗文化遗址中

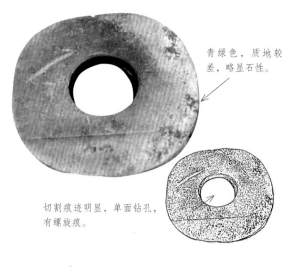

青绿色，质地较差，略显石性。

切割痕迹明显，单面钻孔，有螺旋痕。

玉人面形饰，大汶口文化。器作扁平體，略呈方形。

以简练的线条，勾画出五官，虽比例不甚协调，但轮廓尚清晰。

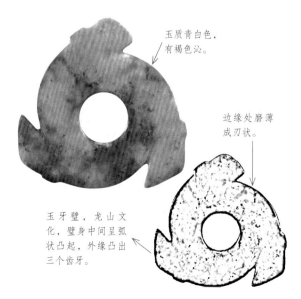

玉质青白色，有褐色沁。

边缘处磨薄成刃状。

玉牙璧，龙山文化，璧身中间呈弧状凸起，外缘凸出三个齿牙。

出土的圆珠、绿松石等饰物，距今8000～7500年。该遗址是中原地区发现最早的新石器时代文化遗址，是黄河流域最早的玉器文物证据。

仰韶文化玉器遗址因在河南渑池县仰韶村发现而得名，距今7000～5500年。是汉民族"通向远古文明的窗口"，华夏文明的第一缕霞光从这里开始，照亮和开启了人类的智慧之门。先后发掘文化遗址1000多处，范围以河南、山西、陕西为中心，东抵河南东部黄河中游地区，南到湖北部分地区，西接甘肃、青海，北至内蒙古，遍及整个黄土高原和华北大平原。仰韶文化之光照耀并影响了中国传统艺术的思维与表达。见证了中国文化从原始向理性的演变。其出土玉器造型完整，打磨光滑，器身平薄，如玉璜、玉坠等，多以小型装饰品为主，代表了该流域玉器早期的特征。在著名的西安半坡遗址中发现了用和田玉制作的玉斧，玉斧的发现表明，新疆昆仑山的和田玉已由"玉石之路"进入中原。

大汶口文化玉器遗址地处黄河下游地区，距今6500～4500年，因发现于山东泰安县大汶口而得名。该文化源远流长，约在公元前4500

年开始至公元前2500年，后过渡为龙山文化，有2000多年的发展历史。分布于山东、江苏、安徽北部，影响范围达河南的中西部，东到黄海之滨。先后发现遗址200多处，发掘墓葬2000多座。早期大汶口文化与仰韶文化相似，由于社会生产力发展以及文明程度提高，其晚期玉器制作水平提高，生产规模扩大，用玉殉葬成为一种习俗，随葬玉器数量增多，出土了一大批礼器类、佩饰类、动物类、工具类等制作精美的玉器。山东曲阜西夏侯、胶县三里河、野店，江苏新沂花厅、邳县、大墩子等墓葬都反映了大汶口文化晚期玉器由少到多，由小到大的发展过程。

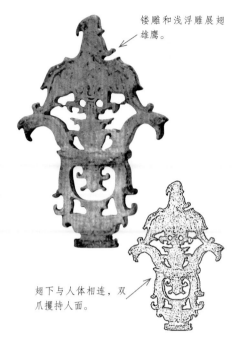

镂雕和浅浮雕展翅雄鹰。

翅下与人体相连，双爪攫持人面。

龙山文化在中华文明史中具有里程碑意义。龙山文化玉器遗址因首先发现于山东历城县（现属章丘区）龙山镇城子崖而得名，距今4500～4000年。分布于黄河中、下游地区，以山东为主。主要玉器遗址有日照两城镇、泗水尹家城、诸城呈子、东海峪、仕平尚庄、武莲县丹土村、陕西神木石峁等，属新石器时代晚期。龙山文化由大汶口文化发展而来。目前，龙山文化玉器在国内很少，大量流失海外。出土的玉器造型精美，工艺精湛，艺术水平较高，有礼器类、军事类、佩饰类组合等。龙山文化玉器在意识形态、礼仪特征方面有较大进步，原始宗教性质和礼仪玉器的特点十分明显。龙山文化与南方的良渚文化共同构建了中华的主流文化。

玉料外围皆是白褐色，内呈深青灰色，夹杂深黑色的藻丝斑，推测是来自同一块玉料的剖切。

六联璜玉璧，齐家文化。六片一致性的玉料，六片形制呈不整齐的多边形，素面。其中两边钻孔，各钻二小孔。

齐家文化玉器遗址因在甘肃广河县齐家坪发现而得名，距今4000年前至青铜器时代早期。齐家文化上承马家窑文化，先后发现遗址300多处，清理墓葬500多座，分布于黄河上游地区甘肃、青海境内及黄河主要支流，如泾河、渭河、洮河、大夏河、湟水流域。属该文化玉器的遗址还有武威皇娘娘台、甘肃永靖秦魏家、大何庄等遗址。出土的玉器磅礴大气、雄浑拙朴、

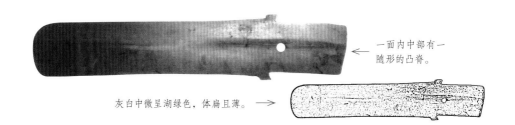

一面内中部有一随形的凸脊。

灰白中微呈湖绿色，体扁且薄。

技艺精良、选料考究。随葬玉器较多，形式多样，非常普遍，说明玉器在齐家文化先民的心目中已占据了重要的地位。出土玉器主要有礼器类、工具类、佩饰类等。处于西北地域的齐家文化玉器占据了得天独厚的自然条件，其地域范围也延伸到了青海的昆仑山，其所用玉料中有少量的和田玉，还有的疑似为青海玉。

3. 长江中下游流域的玉器

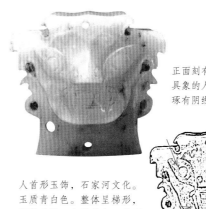

正面刻有凸起夸张但又具象的人面五官，上面琢有阴线纹饰。

人首形玉饰，石家河文化。玉质青白色。整体呈梯形，下部略窄，中部凸起，背面凹进。

长江中下游流域的玉器以浙江余姚河姆渡文化、四川巫山大溪文化、浙江余杭良渚文化、湖北天门石家河文化玉器为代表。从时间上稍晚于黄河流域，其玉器遗存数量众多、分布广泛、品种丰富、内涵与艺术境界非常高，为世人所瞩目。

河姆渡文化玉器遗址因其1973年发现于浙江余姚县河姆渡村而得名，距今7000～5500年，是以玉器遗存为内容的长江下游地域玉器的史前文化，相当于黄河流域的仰韶文化时期。分布于杭州湾南岸的宁绍平原及舟山岛，遗址分布面积达四万平方公里。出土玉器近千件，表现为石、玉并存和混

用，加工简单、粗糙，造型不太规整，主要为玉玦、玉环等装饰类玉器。同一造型的饰品有石质的，多是玉质的，说明玉器已开始从石器中分离，作为一种全新的装饰品被远古先民使用。这撼动了黄河流域是中华民族摇篮的一元论观点，也证实了长江下游及东南沿海地区在新石器时代中期同样有

着悠久辉煌的古代文明和独特的玉文化，逐渐明确了古代文化多元论的观点。

大溪文化玉器遗址因其于1959年在四川巫山瞿塘峡南岸被发现而得名，距今6400～4700年。该文化延续约1700年，先后进行过多次发掘，清理墓葬130多座。遗址分布范围很广，东临汉水，南抵湘北，西达川东，北至荆州。该文化处于母系氏族社会开始进入父系氏族社会阶段，属新石器时代中晚期。玉器还没有上升到礼玉器的范畴，出土玉器多为装饰类小型饰物，由此可见，当时人身装饰风气比较盛行。

受沁呈红褐色。还夹杂有黑色、褐色沁斑。

环缘有凹注，呈不规则圆形，通体光素。

良渚文化遗址于1936年被发现于浙江余杭良渚镇而得名，距今5300～4500年。良渚文化是我国长江下游地区新石器时代晚期非常重要的考古文化，是由崧泽文化演化而来。地域范围以环太湖流域为中心，东至舟山群岛，南达钱塘江，西临太湖西岸，北过长江抵苏北。由良渚、安溪、长命、北湖4个乡镇的史前遗址组成了良渚文化遗址群。良渚文化玉器代表了中国史前玉器的顶尖水平，成为中国南方玉器的典范。环太湖流域已发现该文化遗址100多处，清理墓葬数百座，发现了许多的雕琢精美、技艺精湛的玉器，在中国新石器时代其它文化中非常罕见。1987年在浙江余杭反山、瑶山祭坛出土的穿缀件、组装件、镶嵌件等新型玉件将无数细小的无孔玉件黏合装饰在器物上组成镶嵌，开创了我国镶嵌工艺的先河。随葬玉器数量占出土文物的绝大多数，有礼器神器类、工具实用器物类、佩饰类等，大量采用和田玉琢制。

石家河文化玉器遗址于1951年在湖北天门石家河发现瓮棺葬而得名，距今4500～4100年。是长江中游地区新石器时代晚期玉器的一个重要发源地。主要分布在天门县境内，先后

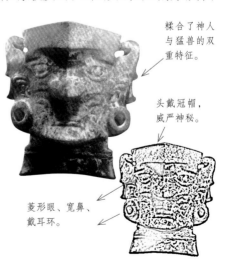

糅合了神人与猛兽的双重特征。

头戴冠帽，威严神秘。

菱形眼、宽鼻、戴耳环。

翅膀饰以斜线勾云纹，胸部刻出羽毛。 ← → 局部略泛黄，两端对穿通孔。

发掘清理墓葬100多座，出土的玉器有礼器神器类、动物类、工具类、装饰类等，表现了以玉为主、以玉殓葬的特点。全部的随葬物均为玉器。瓮棺葬是以陶制瓮、钵、缸、罐为葬具，将两者相扣构成瓮棺，用于安葬死者或放置随葬物品。有的瓮棺中虽然没有放入完整玉器，但也会放一些玉的碎片、碎块，体现人们对玉器的喜爱。另一特征是出土的石家河文化玉器比较小，最长的装饰类玉器也不过6厘米，一般在1～5厘米，但孔、槽俱有，可穿绳，可插嵌。玉器造型优美，制作技艺精湛，可见玉文化在石家河地区已深入人心，先民通过佩戴玉器来表达对玉和神灵的崇拜。

4. 珠江流域及东南沿海地区的玉器

珠江流域、东南沿海地区的玉器，以广东曲江石峡文化、台湾卑南文化为代表。

石峡文化玉器遗址地处广东北部曲江西南狮子山狮头和狮尾之间的峡地，距今5500～4700年。于1972年被发现而命名。从20世纪90年代开始发掘，先后清理墓葬40余座，该流域文化的特征表现为石峡文化中有二次迁葬的习俗，最初的随葬玉器和二次迁葬的玉器会在一座古墓中同时存在。古墓中随葬的玉器数量也因此增多，这一特征在新石器时代的玉文化中是十分罕见的。石峡文化属父系氏族社会时期，在该遗址中出

廓外缘雕有四个"山"字形装饰。断口切割整齐，似为对半剖切。

褐色，块面扁薄。

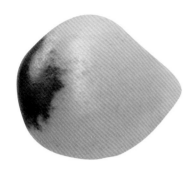

土的大玉琮和崧泽文化中江苏吴县草鞋山遗址出土的大玉琮在神韵上非常相似。在造型、纹饰、玉料上几乎完全一样。两地相距遥远，近两千公里，一定存在着相互交流和密切的联系。以此为据，说明在远古时期，先民们打破了地域的限制，交流和往来在各部落、各区域间不仅存在，甚至比较多。从出土的礼玉类、装饰类及各种动物类玉器可以看出。先民们在交流和交往中展现出的睿智、能力、审美和情感都远远超出了人们的想象。

卑南文化玉器遗址因发现于中国台湾省台东市卑南山区而得名，距今约4000年，是一处新石器时代晚期的聚落遗址，先后清理墓葬500余座。该文化遗址的显著特征表现在遗址安葬方式是以石板为棺，死者埋于住屋室内地下，这种安葬方式十分罕见；另外遗址中出土了造型比较特别的玉环，有长方形、内圆外方四突形、椭圆四突形、人兽形、多环人兽形、几字形等，独特、古朴、抽象的造型是对玉、对神灵的一种崇拜和信仰。台湾是我国东南沿海地区重要的古玉产出地，随着考古的深入开展，已发现的玉器遗址有芢山岩、圆山、平材、加路兰、丸山、垦丁等地，对于探究我国玉器和史前文化的起源具有重要意义。出土玉器大致可分为工具类、兵器类和装饰类等。使用的玉材主要为台湾所产的花莲玉和蛇纹石玉。

我国史前玉器的繁荣凝结着史前人类的智慧，创造了丰富的物质和精神文化，这不仅仅体现在原始先人们琢磨技艺水平的高低，而且在于逐步形成的对玉崇拜的意识和氏族玉文化观念的兴起，这为之后玉器的发展做了很好的铺垫。尽管各大流域的发展不平衡，但新石器时代依然向世人展现出在世界远古史上独一无二、璀璨夺目的中华玉文化的风貌。史前玉器原始的内涵精髓渗入人类思想文化的意识深层。在漫漫的历史长河中，伴随着人类的进化以及对自然的认知，不断地融合升华，最终形成以中原为中心的中华玉文化的辉煌局面。

二、史前时代玉器的演变发展

史前玉器的演变发展经历了一个漫长的历程，各地区文化之间存在着相互传承，互相融合的关系。代表性的有兴隆洼文化、崧泽文化、含山文化、红山文化、良渚文化、龙山文化。

1. 兴隆洼文化

距今8000～7000年间是史前玉器的早期阶段，发现有玉器的新石器时期遗址分布十分广泛，距今8000年左右的以内蒙古敖旗兴隆洼遗址命名的兴隆洼文化遗址，古老的制玉技术就是以此为中心向周边传播。在中国黑龙江小南山遗址和俄罗斯滨海地区均发现了古老的玉器；跨过日本海，在日本本州岛西岸附近的桑野和三引遗址也发现了同类的玉器，这些玉器的年代均晚于兴隆洼玉器。

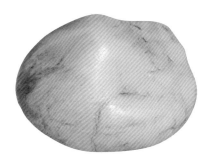

内蒙古兴隆洼遗址出土的玉器品种丰富，数量众多，有实用的生产工具或武器，如玉斧、玉凿、玉锛等。也有作为身体装饰品的玉器，如玉环、玉玦、玉坠、玉珠等。1992年秋，从兴隆洼遗址发现了第一对玉玦饰，出土在117号墓人头骨的两侧，据此确认早期的玦饰就是耳环。

2. 崧泽文化

崧泽文化距今5800～4900年，是长江下游太湖流域的重要的文化阶段。属新石器时代母系社会向父系社会过渡阶段，以首次在上海市青浦区崧泽村发现而得名，是上海远古文化的发源地。崧泽文化玉器上承马家浜文化，下接良渚文化。早期出土器型较单调，以玉玦、玉璜为主；晚期数量大增，器型除延续早期的璜、玦、管外，还出现了新种类，如镯、环、坠饰、小璧、球冠形隧孔珠等。

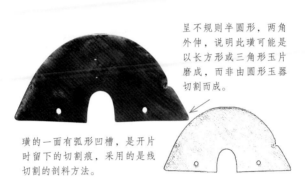

呈不规则半圆形，两角外伸，说明此璜可能是以长方形或三角形玉片磨成，而非由圆形玉器切割而成。

璜的一面有弧形凹槽，是开片时留下的切割痕，采用的是线切割的剖料方法。

3. 含山文化

凌家滩遗址位于含山县长岗乡凌家滩村南的一片高岗台地上。距今约5300年，是长江下游巢湖流域迄今发现面积最大、保存最完整的新石器时代遗址。出土了一大批玉器、陶、石等文物，尤其以玉器造型独树一帜，大放异彩。

凌家滩遗址出土的玉器无论数量、品种还是雕琢技艺，都是中国新石器时代其他古文化遗址不能比拟的，具有非常重要的考古意义，以及科学和美学价值。器形主要分以下几类：装饰类：主要是在身上佩戴起装饰作用的环、玦、镯、璜、璧、珠，宝塔形饰、扣形饰、喇叭形饰、冠形饰、月牙形饰、菌形饰等；工具、武器类：主要是缺乏实用功能的斧、戈、钺，应是礼仪用器；动物或人物形象类：主要有龟、龙、凤鸟、鹰、兔、立姿和坐姿人像等，数量非常少；其他类：形制较为特殊，如玉版、玉勺、玉片等。此外，凌家滩玉器钻孔技术也让人十分惊叹，有的孔径细如发丝，仅有0.15毫米，这种技术放在今天也是很难做到的。更令人称奇的是所有钻孔的摩擦痕迹都十分规整，没有交错混乱的痕迹。

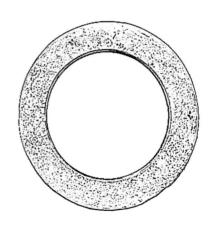

凌家滩遗址的玉器，大多采用了线切割、片切割工艺，而且还有了疑似砣切割的迹象，如平面上往往发现圆弧顶端深凹的痕迹。不过砣切割必须有半机械传动装置和琢磨的圆盘，至今还没有发现令人信服的证据。毋庸置疑的是，像阴刻线、镂孔、线锼、浅浮雕等玉石加工技艺已被凌家滩先民们掌握。凌家滩玉器无论是造型、雕刻工艺还是设计创意，都可称为同时期玉雕文化的最高水平。

1987年出土的凌家滩一号墓的"玉人像"，在史前玉器中属于为数不多的人物像之一。立姿玉人方脸，两耳钻孔，两耳孔处有一道横线。头戴冠，冠装饰三角形尖顶，冠后上部装饰三条圆弧线。背面颈部钻一孔，背后腿部留有线切纹，颈部较高，装饰数道竖线纹，可能是表示戴项链装饰。双臂弯曲，双手放置于胸前，腕臂上各装饰了五道横线，表示各戴五件手镯。腰部显得有些瘦长，腰部装饰腰带，腰带上饰五条斜纹。玉人形体比例较写实，是一件十分珍贵的原始玉器作品。

凌家滩遗址出土的玉龟和夹在龟腹、龟背之间的玉刻版。玉龟和玉版叠压一起，说明它们之间应该存在某种紧密联系。是何寓意，目前还尚无定论。应该如《尚书·中候》中的"元龟负书出"、《黄帝出军诀》中的"元龟衔符"、《龙鱼河图》中的"大龟负图"的阐释如出一辙。玉刻版与后世日晷相似。可能与后世的天文、方术学说等有一定联系。玉版呈长方形，长11.4厘米，高8.3厘米，最厚处1厘米，正面精微弧凸，背面略微内凹，素面无纹。四周两面均打孔。玉版正面抬高，三边缘雕琢出台阶。正面刻纹，中部有一小圆，内琢刻有八角星纹，两两一组呈现十字形。小圆外琢磨一大圆，大

小圆之间用直线平分为八个区域，各区域内各有一条圭状纹饰，大圆外有四条圭状纹饰指向四周。

4. 红山文化

红山，意为"红色的山峰"，它位于赤峰市东北郊的英金河畔。传说赤峰的红山，原名叫"九女山"。传说，远古时，有九个仙女犯了天规，西王母大怒，九仙女惊慌失措，不小心打翻了胭脂盒，胭脂洒在了英金河畔，因而出现了九个红色的山峰。元代，蒙古人称它为乌兰哈达，汉语译为"红色的山峰"。所以，后来都叫它"红山"。

红山文化，发源于内蒙古中南部至东北部一带，起始于五六千年前的农业文明，是华夏文明最早的文化痕迹之一。地域分布在东北西部的热河地区，北起内蒙古中南部地区，南至河北北部，东达辽宁西部。红山文化遗存最早发现于1921年，1935年对赤峰东郊红山后遗址进行了发掘。20世纪70年代起，在辽西北昭乌达盟（今赤峰市）及朝阳地区展开了大规模的考古调查，发现了近千处遗址，使红山文化的研究进入一个崭新的阶段。

绚烂多姿的红山文化全面系统地反映了中国北方地区在新石器时代的文化内涵和特征。随后，在周边地区发现的与赤峰红山遗址相似或相同的文化特征的诸遗址，都统称为红山文化。发现并确定的红山文化的遗址，遍布辽宁西部地区，几近千处。形成了内涵丰富的玉文化。玉雕工艺水平较高，制作为磨制加工。玉器有猪龙形珏、玉龟、玉鸟、兽形玉、勾云形玉佩、箍形器、棒形玉等。据考

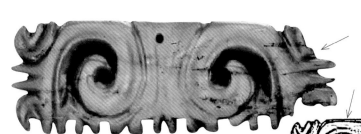

有褐色沁，顶部单面钻一孔。

造型奇特，磨制粗朴，典型红山文化器物。

兽面作圆目长齿，镂雕弧形眼眉，眉眼之外琢磨浅凹槽纹路。

古统计，红山文化发掘出造型生动别致的玉器近百件之多，其中出土自内蒙古赤峰红山的大型碧玉C形龙，周身卷曲，吻部高昂，毛发飘举，极富动感。

红山玉龙的发现，不仅让中国人找到了龙的源头，也充分印证了中国玉文化的源远流长。数千年间，龙的形态在演化过程中不断得以升华，最终成为中华民族的图腾。中华民族向来以"龙的传人"自居，龙的起源同我们民族历史文化的形成和文明时代的肇始紧密相关。如今，中华龙文化意识的形成来源于红山文化的这一观点，已经被广泛认同。红山玉龙对于研究我国早期的原始宗教，探寻龙形演化的序列，都有着非比寻常的意义和文化价值。

这条玉龙呈墨绿色，龙身兼具四种动物的特征：蛇身、鹿眼、猪鼻、马鬃。高26厘米，器型完整，极富动感。体型蜷曲，呈C字形。吻部向前伸，略微向上弯曲，嘴紧闭，双鼻孔对称，两眼突起呈棱形，有鬣。龙背面有用于悬挂的对称的单孔。龙的头尾刚好处在同一水平线上，形体与甲骨文中的"龙"字极为相似。玉龙是以一整块玉料圆雕而成，局部还采用了浮雕和浅浮雕等技法。通体雕琢打磨，比较光洁，玉龙的重心位置有一小孔，用绳吊起首尾呈现水平，这都反映出当时的琢玉技艺和审美水平。红山玉龙造型独特，工艺精湛，圆润生动，玉龙身上负载的神秘意味，为它平添了一层独特的美感。作为红山文化象征的"中华第一龙"在赤峰市红山文化遗址出土，赤峰市也因此被誉为"中华玉龙之乡"。

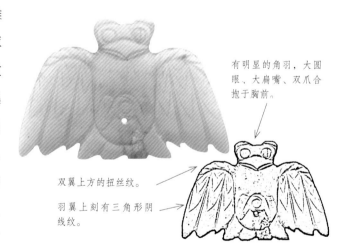

有明显的角羽，大圆眼、大扁嘴、双爪合抱于胸前。

双翼上方的扭丝纹。

羽翼上刻有三角形阴线纹。

玉龙、玉凤是红山文化最尊崇的玉器。中国古文献记载的黄帝图腾，如熊、龙、龟、云、鸟等，均与红山文化玉器相对应。红山先祖的生存状况也从这些图腾性玉器上得到反映。

红山文化另一个代表性的玉雕是"玉猪龙"。它有硕大的头部，圆圆的眼睛，从正面看构成"V"形的两只耳朵。清晰可辨的獠牙，小而蜷曲的身体，多数"玉猪龙"尾部接近头部或与下颚相连，好似一个动物的胚胎。在红山文化分布的区域，新石器时代早期的一些墓葬就开始随葬猪骨。"玉猪龙"的头像猪，器身似龙，在红山文化中出现很多。猪在红山文化时期既象征财富，又表示勇猛，它具有强悍的体形和敢与猛兽相搏的精神。因为猪喜欢水，龙往往作为祈雨之神，龙身上安放猪首，表明猪的形象逐渐被抽象和神化，体现了红山文化时期的宗教信仰。

 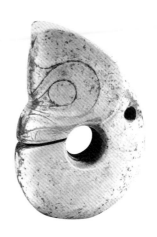

勾云形玉佩是红山玉器中最神秘的一种，其文化内涵蕴藉深厚，至今尚未完全破译。勾云形玉佩虽然形状各不相同，但都是远古图腾崇拜的产物。那些具有带齿兽面纹的勾云形玉佩，展现的是一种动物图案化的图腾表现形式。通常所见的云纹状勾云形玉佩，也可以看作是龙或鸟图腾的抽象和图案化。也有学者认为，这种云纹实际上是一种简化的花卉图案。在红山文化的彩陶上，这种简化的花卉图案也经常出现，同样可以看成是当时图腾崇拜的标志。

包浆自然，呈现出一层蜡状光泽。

双面镂空雕琢，都有弧形凹槽纹。

雕琢精细，造型奇异，形如梳子。

红山文化玉器内涵丰富，颇具神韵，其中玉鸟被认为是凤起源的重要证据，凤，神鸟也，象征祥瑞，雄的叫凤，雌的叫凰；玉龟被认为是水中之神；蚕形玉器被认为与地神有关，是能沟通神灵的媒介；勾云形玉器似各种神灵的复合体；玉箍形器似为神职人员的用具。

玉器起源于最早的装饰，其后，玉器的使用发展到族权、神权、兵权的象征。很多玉器是原始礼器，一些动物的造型成为氏族的图腾。查海遗址出土有玉玦、玉匕、管状器、如斧似锛形器等。陆续发现有：阜新胡头沟墓葬出土的玉龟、玉鸮、玉鸟、玉璧、玉环、鱼形玉佩、联环玉璧；凌源三官甸子墓葬区发现的马蹄形玉器、玉钺、玉

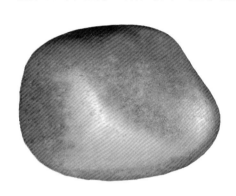

环、勾云纹玉饰、玉蝉、竹节形玉饰、猪首玉饰；建平县牛河梁积石冢群发现的玉环、双联玉璧、马蹄形玉箍、玉猪龙、玉璧、方形玉饰、棒形玉器、勾云形玉饰；喀左东山嘴子遗址出土的双龙首玉璜、绿松石鸟形佩；巴林右旗那斯台遗址发现的玉蚕、玉猪龙、玉凤、勾云纹玉佩、玉鸮、鱼形玉饰、三联玉璧、勾云形玉

器、玉斧、玉管等。此外，在朝阳市和赤峰市的敖汉旗、翁牛特旗，也都有玉龙、玉琥、玉鸟、马蹄形玉箍、勾云纹玉饰、玉斧、玉棒等各种形制的玉器发现，而且数量众多。在制作工艺上，红山文化时期已经有了比较先进的制玉工具和较发达的制玉技术。

琢玉工匠们已能够熟练掌握切割、琢磨、圆雕、浮雕、透雕等基本技艺，还能够熟练运用双面雕、钻孔、镂空、线刻、抛光等工艺方法。红山文化琢玉技艺最大的特点是，玉匠能够灵活地运用玉材，把握住物体的造型特征，寥寥数刀，把器物的形象表现得十分传神，栩栩如生。"神似"也是红山古玉最大的特色。红山古玉，不以大取胜，而以精巧见长。根据玉器制作的工艺痕迹考证，红山文化玉器在切割和雕琢中运用了砣具，

筒状，整体似马蹄形壁较薄，表面光滑。

截面多呈椭圆形，上口略宽，呈坡状，下口较平，下口处钻有小孔。

这在中国制玉史上具有划时代的意义。

可以说红山文化出土的玉器有相当一部分与原始宗教有关，有的玉器可以确定为具备了礼器的性质。有的玉器具有双重意义，它既是用于佩戴的装饰品，同时也作为礼器从事宗教活动。如玉璧既用于装饰，也作为祭天的礼器；在很多遗址中出土的作为墓主人身份权威象征的玉钺，是作为随葬品，但是在许多祭祀礼仪活动中，它便成了巫师手中的法器。红山文化发现的玉龟、玉鹗、兽形玉等都是当时人们信奉的灵物。值得注意的是，这些玉器已形成规范化的制作。比如在近万平方公里的分布区域上出土的十余件兽形玉器，从总体到细部的形象处理，达到非常惊人的一致，仅仅是有个别线条增减。连造型复杂的勾云形玉佩其基本造型也非常统一。这表明此这类玉器的制作绝非随意为之，应该是遵循严格的工艺流程和规则，受着一定观念、审美意识的制约。因此，我们通常将包括玉钺、兽形玉饰、玉龙、勾云形玉佩、玉箍形器在内的红山文化玉器视为早期的玉礼器。

玉器的使用和丧葬的礼仪是红山文化的一大特点。从考古发掘来看，一般红山人的墓地多为积石冢，是设计规划的墓地，处于中心的大墓唯玉为葬，而墓地越向边缘规

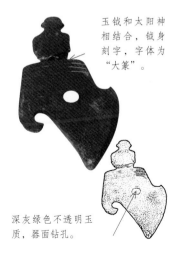

玉钺和太阳神相结合，钺身刻字，字体为"大篆"。

深灰绿色不透明玉质，器面钻孔。

格越低。大墓周边的墓葬有的也随葬有玉器，比较中心大墓，在数量和规格上明显偏少偏低，同时墓中还葬有数量不等的猪、狗等，等级再低的墓葬只有陶器陪葬，个别的墓葬没有陪葬品。这说明红山文化时期，严格的社会结构等级制度已成规范，阶级分化已经出现，贫富差距慢慢拉开，私有制的概念开始形成，甚至已经萌芽了原始的国家。

5. 良渚文化

良渚文化遗址中心位于杭州市区西北部瓶窑镇，良渚文化代表遗址为良渚遗址，1936年发现的良渚遗址，实际上是余杭县的良渚、瓶窑、安溪三镇之间许多遗址的总称。虞朝子民聚居的地方。年代为公元前3300～公元前2000年，是长江下游良渚文化的代表性遗址，依照考古惯例，按照发现地点良渚命名为良渚文化。遗址总面积约34平方公里。

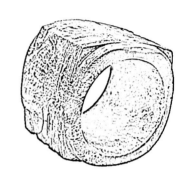

良渚文化一向被誉为"文明的曙光"。在中国史前文明的各大遗址中，良渚遗址的规模最大，水平最高。良渚文化分布的中心地域在钱塘江流域和太湖流域，而遗址分布最密集的地区则在钱塘江流域的东部和东北部。该文化遗址最显著的特色是所出土的玉器。玉器是良渚先民所缔造的物质文化和精神文化的精髓。挖掘自墓葬中的玉器数量众多，包含有璧、琮、玉镯、冠形器、柱形玉器等诸多器型。其品种之丰富、雕琢之精美，均达到史前玉器的高峰。在同时期拥有玉文化传统的部族中首屈一指。玉器上的神人兽面主题纹饰，构图严谨和谐，充满神秘感，体现了良渚先民希冀天地和谐、天人合一的观念和信仰，并逐渐成为中国传统文化的核心。在玉器上还出现了许多刻画的符号，这些符号已接近商周时期的文

字的雏形，是良渚文化进入文明时代的重要标志。可以说，中国文明的曙光是从良渚升起的。

　　社会权力的影响，也充分体现在良渚文化时期的玉器制作上。制作玉器是个复杂的过程，作品都是经过千锤百炼，需要汇集玉器匠人的智慧和劳动才可公之于世。因此，玉器制作是手工业专门化以后所产生的。良渚文化玉器中除玉珠、璧等少数器形外，大都雕琢有复杂而精美的纹饰，表示着每件玉器上都凝聚着大量的劳动和心血。玉器匠人需要从平常的以获取生活资料为目的劳动状态下解脱出来，专门从事玉器加工制作，而其生活资料则需要靠其他社会群体为其提供。同时，良渚文化时期的玉器器形比较规范，图案花纹雕琢严谨细致，体现其制作过程中智力成分的增加，出现了与单一体力劳动相分离的趋势，体力劳动与脑力劳动的分工逐步产生。另一重要方面是以用玉制度为核心的礼制的产生，也体现了良渚文化社会形态的变革。良渚贵族墓中出土的玉器种类达几十种，主要有琮、璧、钺、璜、三叉形器、冠形器、锥形器、纺轮、圆牌饰等。而在那些散落分布于居址周围的小墓中，随葬的仅为管、珠及单件锥形器之类的小件玉器，而无贵族墓中所见的其他造型各异的玉器种类，这些墓葬可归为平民墓。贵族墓与平民墓之间随葬玉器的器型、类别、搭配之间的差异，以及在平民墓中有无玉器随葬的差异，反映了良渚文化用玉制度的等级差别。还需要指出的是，良渚文化用玉制度在陶器上也有所反映，如发现的一些制作精美的刻有复杂的蟠螭纹或鸟禽纹图案的陶制双鼻壶、鼎等器形，均出自贵族墓，它们也可看作是良渚文化等级制度的体现。礼制的核心思想是体现人们之间贵贱、尊卑的隶属关系。良渚文化的用玉制度正是体现了这样的核心思想。良渚文化以用玉制度为主要特征，表明了礼

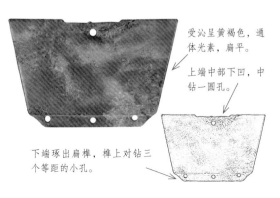

受沁呈黄褐色，通体光素，扁平。

上端中部下凹，中钻一圆孔。

下端琢出扁榫，榫上对钻三个等距的小孔。

制的产生，这无疑是社会形态发生质变的表现。

良渚玉器成为中国礼制形成的重要实证。以"礼、德、和"的中华传统文化内核，彰显"文明之光，和谐之器"的象征意义。《礼记·礼器》言："礼也者，合于天时，设于地财，

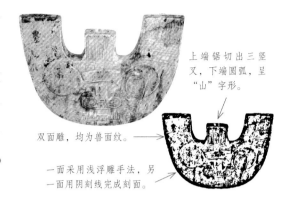

上端锯切出三竖叉，下端圆弧，呈"山"字形。

双面雕，均为兽面纹。

一面采用浅浮雕手法，另一面用阴刻线完成刻面。

顺于鬼神，合于人心，理万物者也。是故天时有生也，地理有宜也，人官有能也，物曲有利也。"良渚文化中的玉礼器发挥着和青铜礼器相同的功能，其使用更多的可能是在宗教祭祀活动当中，它同时也反映出当时社会中等级制度已经出现。良渚文化玉器即是作为神崇拜的载体和信仰，同时也反映了世俗生活。不同类型、数量、搭配关系的良渚文化玉器，除了承载神圣内容外，更已成为世俗社会中举足轻重，至关重要的物质财富，它既是显贵者阶层攫取权力的象征，也是普通阶层淳厚质朴情感、信念与寄托的外在体现，粉饰装点着社会各阶层的精致生活。它在中华玉文化传统中的突出地位，已不言而喻。良渚玉器众多的数量，丰富的造型，先进的工艺，精美的纹饰，复杂的功能，深远的影响以及叹为观止的用玉情景，在中国新石器时代乃至世界同时期绝无仅有。

良渚文化的玉器制作技术达到了当时最先进的水平。玉器制造业继承了马家浜文化的工艺，并吸收了北方大汶口文化和东方薛家岗文化各氏族的经验。反山墓地出土的玉器有璧、钺、璜、环、琮、镯、带钩、锥形佩饰、镶插饰件、柱状器、圆牌形饰件、各种冠饰、杖端饰等，由管、珠、坠组成的串挂饰品，还有由鸟、鱼、龟、蝉和多种瓣状饰件组成的穿缀饰件，以及各类玉珠组成的镶嵌饰件等。良渚文化玉器继承了崧泽文化玉器的传统，并在其基础上踵事增华，在制玉工艺上改进了切割、抛光、琢刻、钻孔等技艺，制作出了造型各异的良渚玉器，创造出灿烂的良渚玉器文明。

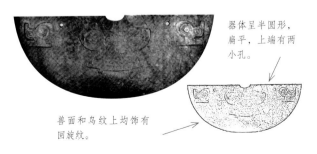

器体呈半圆形，扁平，上端有两小孔。

兽面和鸟纹上均饰有回旋纹。

同一座墓出土的良渚玉器及纹饰，在玉质和玉色上通常比较一致，尤其是成套组合的玉器更为接近。说明选料常常是用同一块玉料进行切割制作而成的。玉器的图案常以卷云纹为主，主要纹饰是神人兽面纹，构图严谨和谐，富有神秘感。反山墓地出土的玉器中有近百件雕刻着花纹图案，工艺采用阴纹线刻和减地法浅浮雕、半圆雕以及通体透雕等多种技法。图案的刻工非常精细，甚至有的图案在1毫米宽度的纹道内竟呈现出四五根细线，可见当时使用的工具相当锋锐，无论玉器大小，均经过精雕细琢，打磨抛光，说明当时工匠的技艺已是相当纯熟，体现出良渚文化先民们精湛的玉器加工水平。

良渚文化的玉器制作工艺体现在很多方面。使用解玉砂是当时玉作工艺的核心内容，已形成了柔性线状物切割、硬性片状物切割、旋截法切割与圆盘形砣切割四种不同工艺技术，这些工艺从管钻、切割等制玉流程中留下的痕迹就能够表明。而且良渚玉器琢制过程中还出现设计打样的痕迹。良渚文化玉器几乎都有孔眼，根据孔眼的大小而选择不同的钻孔工具和方式，琮、璧、钺、环、镯等孔径较大的采用空心管钻；璜、梳背、锥形器、管、珠上的小孔多采用小的实心钻。良渚玉器雕琢纹饰的方法有浅浮雕、透雕、阴线刻三种，最后还有精细的研磨抛光。

在良渚文化玉器中，玉琮的地位最为突出。玉琮为四方柱形，中间有圆孔，外周有饰纹。《周礼》中记载玉琮是祭地之器。《周礼》说"以玉作六器，以礼天地四方，以苍璧礼天，以黄琮礼地，以青圭礼东方，以赤璋礼南方，以白琥礼西方，以玄璜礼

北方"。玉琮的造型为外方内圆，代表着"天圆地方"，象征着至高无上的神权，是古代祭祀时使用的礼器。故玉琮被列入中国传统的玉礼器"六器"之一。虽然良渚文化玉琮出现最晚，但数量最多，器型最大，造型多样，几乎每件都有纹饰，工艺非常精美，是迄今所知新石器时代玉琮中形式最全、制作最精湛的作品。

6. 龙山文化

龙山文化，泛指中国黄河中、下游地区约新石器时代晚期的一类文化遗存，属铜石并存时代文化。因首次发现于山东省济南市历城县龙山镇（今属章丘）而得名。年代为公元前2500～公元前2000年。分布于黄河中下游的河南、山东、山西、陕西等省。龙山文化源自大汶口文化，为汉族先民创造的远古文明。

龙山文化玉器经多年大量发掘与研究表明，可区分为山东龙山文化，河南龙山文化、陕西龙山文化、河北龙山文化。这四个文化中的玉器以山东龙山文化发现的玉器较多，种类有玉钺、玉锛、玉铲等，玉材有青绿色玉、黄玉、墨玉、玉髓、绿松石等。龙山文化的玉器应该是就地取材。

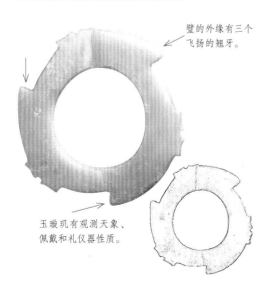

璧的外缘有三个飞扬的翘牙。

玉璇玑有观测天象、佩戴和礼仪器性质。

龙山文化玉器器物造型以人物、动物形和几何形为主。玉圭都为平首式，其上多刻有人面纹、兽面纹或鸟纹。牙璋分平首式与歧首式，造型似戈而内部两侧出栏如牙齿状。璇玑为环状，外缘多出三齿形，也开创了商周时期璇玑之先河。人首形饰，分为正平视与侧平视两种。前者为戴冠、大眼、大鼻、阔口，或口出獠牙、露齿、耳饰环；后者造型简洁。

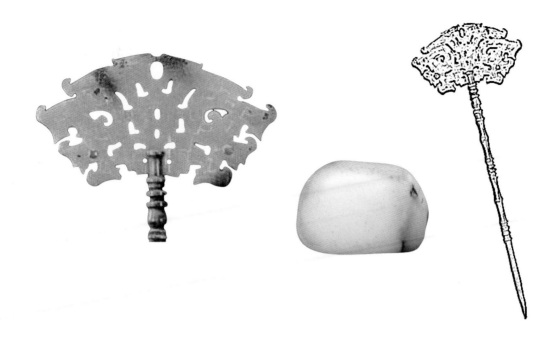

龙山文化玉器的纹饰分为两种类型，一种是与器物合一型；一种是器物装饰型。有直线纹、网格纹、兽面纹、虎首纹、人面纹、鸟纹。龙山文化玉器是以片雕为主，镂雕为辅。纹饰的线纹，有阳线雕和阴线刻两种，且阳线雕的线纹占多数。作为镶嵌工艺的成果，见于山东五莲丹土遗址所出玉钺，其中上部的孔内嵌有绿松石。绿松石与玉的搭配工艺，这是唯一一件。这种工艺方法也开创了夏商玉器镶嵌工艺的先例。

龙山文化玉器既存在共性也存在差异。共性体现在龙山文化玉器有相同或者类似的器型。差异是玉器存在不同地域的个性。当前全国的龙山文化遗址发掘的器物以相同类型相比较，龙山文化的发展进程在各个地区并不相同，因此在同一时期龙山文化发展快慢并不相同。龙山文化距今4500～3300年。

从时间线索来看，早期是与大汶口文化时期相叠加，中期与夏相叠加，晚期与商周时期相叠加。通过高古玉器上的纹饰与商周青铜器表面的纹饰相对比，具有相同或者相似的纹饰。

距今6500～5500年间是史前玉器的发展阶段，主要遗址有中原地区的仰韶文化遗址、山东大汶口文化遗址、长江中下游的马家浜——崧泽文化遗址以及长江上游的大溪文化遗址等，也都先后发掘出不少的玉器。从发掘玉器的种类可以发现，各种类型的装饰用品明显增多，除一些早期已有的品种外，又出现了镯、璜、管、璧等装饰品，还有玉人、玉鸟等肖形玉器，而工具等实用玉器则明显减少。

公元前3000年前后，进入了史前玉器发展的繁盛阶段，不仅数量大大增加，品种也越来越丰富多样，制玉的工艺水平也有了非常明显的提升，并逐步从早期的石器加工技艺中摆脱出来，渐渐发展成为一个专门的手工艺部门。在这一时期玉器产地的地域分布更加广泛，北起内蒙古赤峰市，经过辽南、山东、江苏、浙江，南迄广东曲江，形成了一条弧形玉器产业带。这里也发展成为我国原始社会玉器工艺最为发达的地区，在这一地区琢磨的玉器，足以代表当时玉器艺术的最高水平。

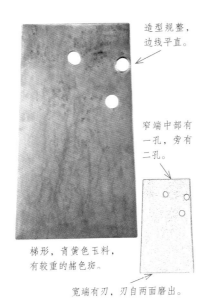

造型规整，边线平直。

窄端中部有一孔，旁有二孔。

梯形，青黄色玉料，有较重的赭色斑。

宽端有刃，刃自两面磨出。

制玉工艺在新石器时代中晚期已经比较完善，它与石器工艺的发展相统一，玉匠们用砥、锤、钻、实心钻、空心钻、磨石、石英砂、等制石工具，制作了大量形制规范、光洁细致的玉器制品。依据红山文化和良渚文化玉器上留下的碾磨痕迹判

表面有凹坑和土沁。

外廓为不甚规整的圆形。

中央稍偏处从两面钻一孔，孔的两面均有喇叭口现象。

断，当时应该已经出现了一种旋转性的制玉工具，即砣机。可以说，正是制玉工具和工艺的发展为玉器的繁荣创造了必要条件。

与旧石器时期的玉器相比较，单纯地进行击打加工处理，说明古人已经学会了制造和使用工具，而我国新石器时代玉器经过了打磨和穿孔，这样既保留了原有的实用价值，又具有美观的效果。说明远古的祖先已在进行美的追求，标志着先民们在思维中已产生了审美的意识形态。尽管用今天的眼光来看磨光和穿孔，这可能是一种非常简单而基础的琢玉技艺，可远古的先民们却为之奋斗了几十万年之久，具有划时代的意义。

史前时代的玉器发展到晚期，在形制、装饰和功能上都与石器分离，审美意识形态的意义占据了主要地位，并且与权力、地位相联系，成为重要身份的标识，从中可以窥见原始的社会关系正面临解体，一个全新的时代将要开启。

三、史前时代玉器的纹饰特点

我国史前玉器主要存在于兴隆洼文化、红山文化、良渚文化、凌家滩文化、大汶口文化、龙山文化以及石家河文化，这些文化是史前玉器主要分布地区，其他地区也有少量玉器发现，各地玉器出土情况不尽相同，随之带来玉器造型和纹饰也风格迥异，各具特色。

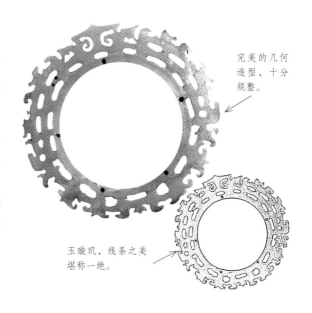

完美的几何造型，十分规整。

玉璇玑，线条之美堪称一绝。

1. 兴隆洼文化玉器的纹饰特点

兴隆洼文化玉器是迄今所知中国年代最早的玉器，开创中国史前玉器使用之先河。通常认为该文化玉器是辽西地区赵宝沟文化、龙山文化玉器的起源。该文化的玉器以玉玦、玉璜、坠饰等作为代表，基本上没有纹饰。

2. 红山文化玉器的纹饰特点

红山文化玉器以牛河梁遗址为代表，比较常见的装饰类玉器有玉环、玉玦、玉珠、玉镯等。另外，玉璧也是红山文化最为常见的一类玉器，造型丰富，器型包括双联璧、三联璧，此外箍形器、勾云形器等也非常有代表性。动物器型多样，包括玉猪龙、双猪首环形器、双猪首璜、玉鸟、玉鸮、玉龟、玉鱼、玉蚕等。

或具使用功能，或有宗教祭祀功能。

经选料、开片、琢磨毛坯、整形、抛光，工艺较简单。

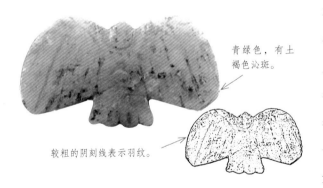

青绿色，有土褐色沁斑。

较粗的阴刻线表示羽纹。

红山文化玉器是当时中国史前玉器的杰出代表，许多器型如造型多样的玉璧、玉猪龙成为后来玉器主要器类的源头。红山文化玉器纹饰比较独立，如动物纹蝉鸮、龟、鱼、猪等。细部多不见纹饰。

3. 龙山文化玉器的纹饰特点

龙山文化玉器是黄河下游地区玉器发展的一个高峰期，龙山文化玉器以牙璧、玉钺、牙璋、玉仪、多璜联璧、玉镞等为代表，除流行神人兽面、齿饰等装饰纹饰外，大多为素面，抛光、透雕技术发达。在龙山文化之前的大汶口文化玉器制作也很精良。代表器形有联璧、

多璜联璧、牙璧、琮、玉钺、镯等。纹饰除了兽面纹外，其他多为素面，基本没有其他纹饰。

4. 良渚文化玉器的纹饰特点

良渚文化玉器是中国史前玉
器的杰出代表，代表器形有琮、
璧、钺、三叉形器等，在良渚文
化遗址中，经常会有一些玉器半
成品出现，还有一些是玉器的残
料。这些玉器中琮、璧、镯等大
多作为独立饰品，其他玉器多数
为组合件存在。良渚文化玉器

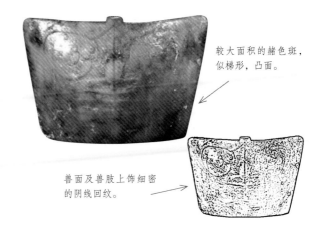

较大面积的赭色斑，似梯形，凸面。

兽面及兽肢上饰细密的阴线回纹。

纹饰非常精美，最为常见并流行的是神人兽面纹、也有神人纹、兽面纹、鸟纹、竹节纹等，这一阶段纹饰中线刻的技艺很精湛，雕刻细密的阴刻纹饰很普遍。良渚文化玉器纹饰对后世商周纹饰产生了深远影响，尤其是以鸟纹、兽面纹表现最为突出。良渚玉器衰落以后，该纹饰在商代青铜器上大量使用，成为商周时期盛行纹饰之一。

5. 凌家滩文化玉器的纹饰特点

凌家滩文化玉器包括玉璜、玉人、玉鹰、玉钺、玉玦、玉版、玉璧、玉环等。多数为素面，纹饰有叶脉纹、人物纹、动物纹、刻画线纹、八角星纹等，出现了扉齿装饰，这类扉齿装饰比龙山文化、石家河文化扉齿装饰早数百年。

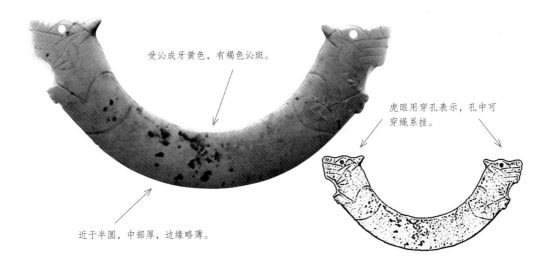

受沁成牙黄色，有褐色沁斑。

虎眼用穿孔表示，孔中可穿绳系挂。

近于半圆，中部厚，边缘略薄。

6. 石家河文化玉器的纹饰特点

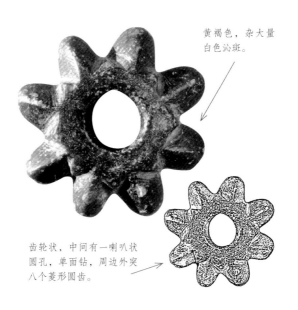

局部有白色斑，片状，镂雕人兽复合图案。

佩中部为镂雕的人身与兽身，相互交错，不易分别。

石家河文化玉器造型大多为独立纹饰，以神人兽面、玉人头、玉鹰、玉虎头和玉蝉、玉凤鸟、玉虎头、玉玦、玉笄为典型代表。并有浮雕盛行。其中头戴浅冠、嘴吐獠牙的神人兽面最具代表性。这些玉器纹饰简洁生动，体积较小，工艺精湛。这一时期的玉器雕刻技术体现了史前制玉技术的最高水平，玉雕技术中的圆雕、透雕、浅浮雕等雕刻工艺得到了充分运用。

纵览整个史前玉器文化的演化，玉器纹饰尚处于萌芽期，简洁、朴素是史前玉器纹饰的艺术特点。原始工艺的朴拙，让史前玉器呈现出与众不同的美感，在质朴的雕刻中又彰显出玉器纹饰的凝重。新石器时代的玉器以璧、琮、钺、仪为主，装饰更多为几何纹饰。由于制作工艺的欠缺，史前玉器的制作，造型朴拙，以直线造型居多。这个时期的玉器与石器的制作相同，形态简洁大方，玉器形制大多以对自然物象的模仿为主，主观创造力不强。通过原始属性来传达玉石的质感和玉器的美感，在工艺技术上还有很大的上升空间。虽然有一些玉器，采用简单的纹饰或以曲线勾刻形态，表现出了玉器刚中带柔，温润典雅的气质，但这一阶段的纹饰更注重的是模仿自然，美在人类意识中的萌芽就是表现自然。

黄褐色，杂大量白色沁斑。

齿轮状，中间有一喇叭状圆孔，单面钻，周边外突八个菱形圆齿。

四、史前时代玉器的文化内涵

在中国的原始社会曾有一个被称为玉图腾的时期，中华民族远古的先民曾经用带有某种特殊形状和内涵的玉雕制品作为民族的标志，许多历史文献都有这方面的描述和记载。在经历了漫长的历程后，远古的先民逐渐从对玉石材料的审美认知到对其赋予特定的精神内

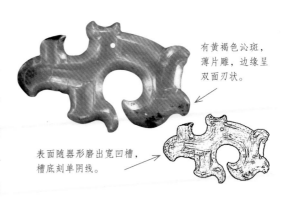

有黄褐色沁斑，薄片雕，边缘呈双面刃状。

表面随器形磨出宽凹槽，槽底刻单阴线。

涵，使玉器成为信仰和寄托的载体。这也是原始先民们在长期的社会实践活动中，尤其是生产劳动的体验中逐渐地培养起来的。中华民族远古先辈与众不同的是，他们在遥远的新石器时代就开始用文化的眼光来审视、信仰并喜爱玉器。在思想和信念上形成了对玉器的认同，玉器是美的、是神物、是有德的、是高洁的。在漫长的岁月里，这几乎变成了中华民族的文化基因。中国史前时期的社会组织和文化活动离不开玉器，而且玉器占有非常重要的地位。其地位是极为特殊的、无法替代的。它的起源之早、延续之久、分布之广、影响之大是世界上任何一个国家无法比拟的。没有远古先民们在长期的社会实践和生产劳动中丰富的积累，没有中国人特有的认知事物的习性，也就无法产生后来

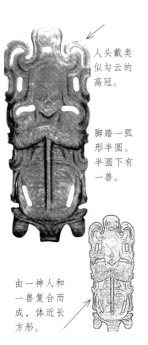

人头戴类似勾云的高冠。

脚踏一弧形半圆。半圆下有一兽。

由一神人和一兽复合而成，体近长方形。

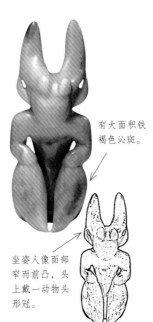

有大面积铁褐色沁斑。

坐姿人像面部窄而前凸，头上戴一动物头形冠。

数不胜数的玉器，更不可能形成中华民族厚重悠久的玉文化。纵观中国史前玉器的发展，可以充分感受到玉器不仅形美、精致、古朴、典雅、庄重，而且文化内涵极其丰富、厚重，形成了中国独特的玉文化，发挥着其它艺术品不能替代的作用。玉文化全面、深刻地反映了史前时期的社会风貌，成为中华民族传统文化的基石。可以说，玉文化之所以能够成为独特的文化，其萌芽及

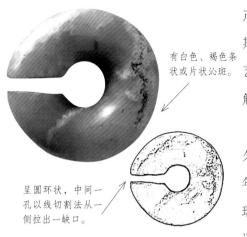

有白色、褐色条状或片状沁斑。

呈圆环状，中间一孔以线切割法从一侧拉出一缺口。

产生的基础正是孕育和奠定于遥远的史前时期。可以说，我们要从整体上把握古代玉器艺术发生发展的规律及其特征。就必须从了解和学习史前玉器开始。

中国玉器源远流长，蕴含了中华民族悠久而深厚的文化积淀，玉文化已有近8000年的辉煌历史。中国古人尚玉，视玉为祥瑞，在石文化的大体系中突显了石之美者。

远古的先民们，在选石制器过程中，有意识地把拣到的美石制成装饰品，打扮自己，美化生活。可以想象，当我们远古的祖先们把一些色泽晶莹的美丽石头，经过耐心细致的打磨，制成带有一定意义的形状，并钻上小孔，穿上绳子，将它套在颈项上或挂在胸前时，这是多么美妙动人的情景。它说明古人在进行美的追求，标志着人的思想中有了信仰和寄托。在此后的社会发展进程中，更产生了许许多多和玉紧密关联的神话和传说。在距今四五千年前的新石器时代中晚期，辽河流域，黄河上下，长江南北，中国玉文化的曙光到处闪耀，以太湖流域良渚文化、辽河流域红山文化的出土玉器，最为引人注目。中国玉器发展史上一个极为重要的时期是的新石器时代中晚期。正是在这一时期，玉器从石器中分离出来，形成了相对独立的玉器加工业，取得了丰硕的成果，也成就了博大精深的中国玉文化。从其在全国的分布和规模来看，这一时期，对史前文化意识、地

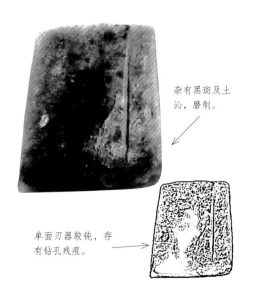

杂有黑斑及土沁，磨制。

单面刃器较钝，存有钻孔残痕。

域意识、民族意识的形成有较大的影响和推动作用，是中华古代文明的起源，是中华民族文化的基石，从中能够清晰地看到迈向文明的足迹。玉器的产生、发展和演变贯穿于中国文化史的始终，与中华民族的文明史同步，其文化成果和艺术魅力是极其特别的，也是最优秀的。

中国史前时期的玉器虽然处于成长阶段的初期，但是在用材、造型、纹饰、创作、工艺、文化内涵诸方面已具备较高的水平；在雕琢技艺上，阴线刻、阳线雕、浅浮雕、镂雕、半圆雕、圆雕、片雕等技法也趋于成熟。特别是长江中下游流域良渚文化中出土的镶嵌件，将大量细小无孔的玉粒及玉片、玉件用黏合的方式装饰在器物上，开创了我国镶嵌技术之先河，展示了我国远古先民的聪明和智慧。良渚文化的兽面纹和玉镶嵌技术被其后的商代所吸收，对商周青铜器的制造产生了很大的影响，其玉琮上的兽面纹成为后来商周青铜器曹臀纹的雏形；玉镶嵌技术也为商周以后的铜嵌玉奠定了基础。这些精湛、细致、传神的琢玉技法和工艺已成为史前玉器的规范，并代代传承，形成了中国玉器的传统工艺特色。今天，我们看到的许多现代玉器的造型设计，创作思路也往往源于史前玉器。远古先民们极高的智慧、创造精神和高超的工艺技巧在史前时期的玉器制作中发挥得淋漓尽致。一块玉、一件件小小的饰物、一点最原始的审美意识和一种最早的信念和虔诚，都不断地被赋予了新的含义，发生着新的作用，并终于孕育了中国特有的玉文化，深深影响了中国人的思想观念，成为中国文化不可缺少的一部分。

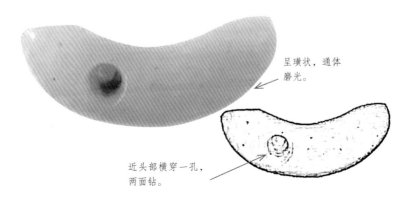

呈璜状，通体磨光。

近头部横穿一孔，两面钻。

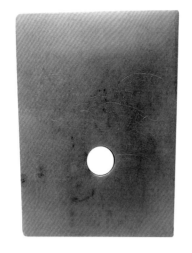

中华民族的玉文化，具有非常独特的文化渊源和特性。中国玉器的历史源远流长，内涵丰富，工艺精湛，价值极高，成为中华文明的璀璨明珠。中国玉文化经历了新石器、夏商周、春秋战国、秦汉唐、宋辽元金、明清、民国至近现代等几个发展阶段，经过几千年的沧桑岁月，逐步广泛和深入，并最终成为中华文明的奠基石和中华民族的文化主体。中国史前时期玉器的价值还表现在能够阐释史前时期的神学、美学、礼仪、宗教、哲学等社会文化现象。史前玉器最有资格代表中国传统文化中极富特色的艺术形态，并以其极高的考古价值、历史价值、科学价值、艺术价值、审美价值成为研究和继承中国传统文化的重要例证，成为博大精深的中国玉文化的代表。

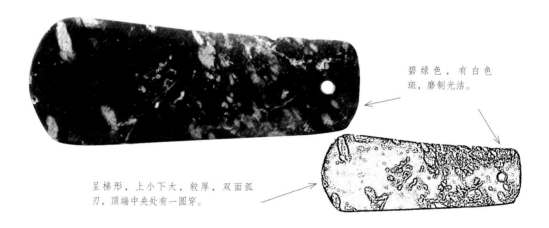

碧绿色，有白色斑，磨制光洁。

呈梯形，上小下大，较厚，双面弧刃，顶端中央处有一圆穿。

五、史前时代和田玉的使用

史前文化的深厚基础和肥沃土壤孕育了博大精深的中国玉文化。和田玉是中华民族的瑰宝，被称为中国的"国石"。它像一颗明珠，在漫长的历史岁月中，逐渐成为中华民族道德精神的重要载体。

和田玉与中华文明的发生、发展有着密不可分的关系。早在新石器时代，昆仑山下的先民们就发现了和田玉，形成了我国最古老的运输和田玉的"玉石之路"，也是后来的"丝绸之路"的前身。和田玉在东西方文化和经济交流中起着重要的作用，历来是中国各民族友谊的象征物。

　　在齐家文化时期盛产以和田玉为材质的神器，和田玉作为华夏文明的实物图腾，将灵玉精神在巫教中宣扬。当时使用的和田玉材质有白玉、青白玉以及糖玉等，和田玉的精美质地成为最好的选择。但这个时期的玉神器的工艺技术还是较为粗糙的，细致精美的比较少。中原在齐家文化以前，并未使用和田玉材，随着玉石之路的开通和形成，齐家人对和田玉材的认识不断深化，使用量不断增加，延续至殷商时期，宫廷开始大量采用和田玉，和田玉优良的品性已经得到从河西走廊部落到中原朝廷的充分认可。可以说，齐家文化玉器是新疆和田玉进入中原的重要里程碑。

　　和田玉从中国史前时期开始，就成为波澜壮阔的中国玉器史中重要的组成部分，同时也成为人类文化艺术宝库的珍贵遗产。

初识和田玉

我们远古的祖先们很早就开始了美的追求，当他们把一些色泽晶莹的美丽石头，经过耐心细致的打磨，制成带有一定意义的形状，并钻上小孔，穿上捻的小绳，将它套在颈项上或挂在胸前，这是多么美妙动人的情景，标志着人的思想中已逐渐产生信仰和寄托。许许多多和玉紧密关联的神话和传说也伴随着社会的发展应运而生，一点最原始的审美意识和一种最早的信念和虔诚也伴随着一块玉、一件件小小的饰物，不断地被赋予了新的含义，发生着新的作用。用玉、尊玉、爱玉、佩玉、藏玉的情怀，几千年来不绝于史，玉石成为美好事物与高尚品德的象征和代表，并终于孕育出中国特有的玉文化，深深影响了中国人的思想观念，成为中国文化不可缺少的一部分。以玉为中心载体的玉文化包含有"宁为玉碎"的爱国民族气节；"化为玉帛"的团结友爱风尚；"润泽以温"的无私奉献品德；"瑜不掩瑕"的清正廉洁气魄；"锐廉不挠"的开拓进取精神。在孔子看来，玉具有仁、智、义、礼、乐、忠、信、天、地、德、道等十一种品性和象征。"言念君子，温其如玉""君子比德于玉"，君因玉而修德，玉为德而生辉！

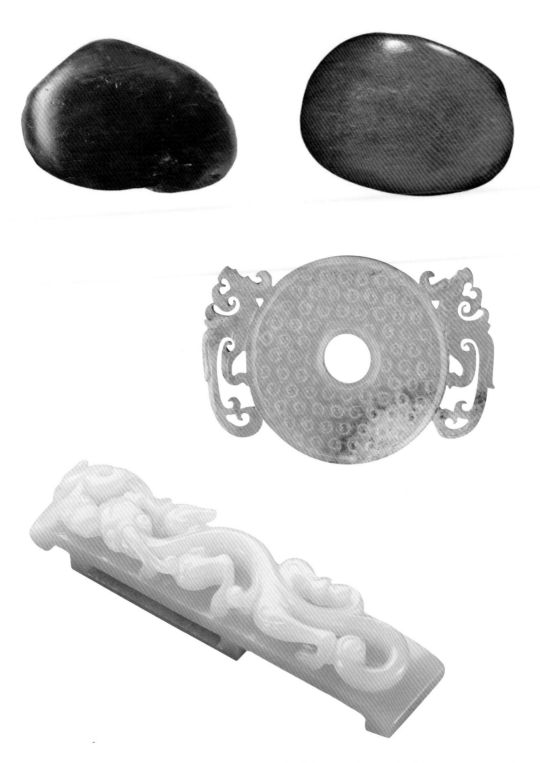

　　中国出产玉石的地方不少，但"凡玉，贵重者皆出于阗"。早在新石器时代早期，
昆仑山下的先民们就发现了和田玉。先民们从昆仑山和田一带，由近及远地向东西两翼
延伸，把和田玉运到很远的地方。

　　向东经甘肃、宁夏、山西、陕西，入河南；向西经乌兹别克斯坦，到地中海沿岸的
欧亚各国，即最早的"玉石之路"，也是后来的"丝绸之路"的前身。两千多年前汉武
帝派张骞两次出使西域，所走的"丝绸之路"，正是在古代的"玉石之路"上拓展出来
的。在这条路上，东去带上和田美玉，西往带着中国丝绸。和田玉在东西方文化和经济
交流中起着重要的作用，历来是中国各族人民友谊的象征。和田玉作为历史的鉴证，雄
辩地证明了新疆自古以来就是中国不可分割的一部分。

中国和田玉文化发源于新石器时
代之初，孕育产生于新石器时代中
期，形成发展于奴隶时代和封建时
期，兴盛于明、清。时至今日，和田
玉已经融入社会的各个领域之中，其
特殊的文化内涵更是根植于中华民族
的心中，对中国社会的发展和传统文
化的形成，都产生了极其深远的影响
和不可低估的作用。

纵观中国古代玉文化的发展，氏
族社会也好，先秦三代也罢，乃至春
秋战国时期，其用和田玉的状况虽不
尽相同，但其琢玉中所蕴含的精神和
用玉的理念却是始终传承延续的，这
也是历代文人智者一直追求和向往的
天地大道。古人以和田玉为天地自然
之道的载体，因其质地刚柔相济、表
里如一、温文雅致，故以玉比德。传
统文化中德为神，玉为骨，由此可
见，和田玉文化与传统文化密不可
分。我们在中国玉文化之中能够清晰
地看到步向文明的足迹，在五千年文
明的礼仪典章中，到处都能看见和田
玉的身影。

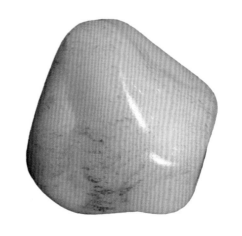

新疆和田玉有7000余年的开发利用历史。商、西周时期，我国玉器进入了以和田
玉为主体的时期，和田玉成为宫廷权贵用玉主体，统治者视其为宝物。河南安阳发掘的
殷墟玉器有1200余件，其中最驰名的是妇好墓（妇好是商代第二十三代王武丁的配偶，
是一位驰骋疆场的女将）中出土的755件玉器，经鉴定，绝大多数为和田玉，这足以说
明和田玉在商代已形成规模开发。

玉质很好的玉鳖，巧妙利用黑色俏色作为鳖背图案。应该是中国最早的利用俏色的玉雕，是十分可爱的商代玉器珍品。它于河南安阳殷墟小屯村北地穴式房子内出土。根据玉材色彩、形状、质地、纹理和造型特点，因材施艺，制成了很好的俏色玉雕，表现了商代玉工的精良技艺。

第二章
先秦时期和田玉器鉴赏

以玉作六器，以礼天地四方。以苍璧礼天，以黄琮礼地，以青圭
礼东方，以赤璋礼南方，以白琥礼西方，以玄璜礼北方。

——《周礼·春官·大宗伯》

玉乃国之重器，礼之所依。从史前的兴隆洼文化伊始，玉文化在中华大地逐渐繁盛起来，并保持着旺盛的生命力，绵延不绝，并发展成为先秦时期国之大事、民之礼义的主体内容之一。先秦时期，指公元前21世纪至公元前221年这一段历史时期。也就是秦朝建立之前的历史时代。是指从传说中的三皇五帝到战国时期，经历了夏、商、西周，以及春秋、战国等历史阶段。

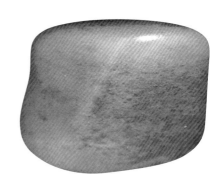

一、先秦时期玉器的演变发展

在中华大地，玉器从一开始就超越了审美范畴。早在新石器时代的红山文化和良渚文化中，玉器被认为可以沟通天地、神灵和祖先，远古的先民耗费大量时间，用最虔诚的心态、原始的工具和技艺制作玉器。到了夏商周时期，曾经的部落首领身份改变，成为统治国家的王，社会体制和个人生活都被纳入规范严密的礼仪制度之中，玉器也从神玉变成了礼玉，审美意识形态渗透到社会生活的各个角落。

1. 夏代玉器

夏代，是中国第一个阶级社会。夏代是中国由支离破碎走向相对统一，从蒙昧迈向文明的阶段。许多历史文献阐释，夏朝是一个崇尚玉文明的国度。例如，在夏禹为统一疆土而发动的征三苗的战争记叙中，就留下了玉崇拜的痕迹。湖北、湖南及江西地域的古代部落，"奉圭以待"正是那时玉崇拜的一种体现，只有神灵才能奉圭，圭是神的标志。

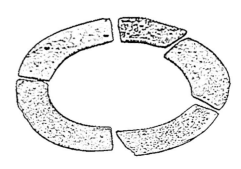

夏代玉器的形制多样，种类丰富。生产工具有玉斧、玉铲、玉钺；礼仪器有戈、铀、圭、刀、牙湾、柄形饰等；装饰品有管、珠、锡形器、绿松石饰、嵌绿松石兽面纹饰牌。

在夏代的礼仪玉器中，占重要地位的是兵器形玉器。这种"玉兵"为特征的现象，值得思考。"轩辕之时，神农氏世衰，诸侯用侵代。"这是氏族社会战乱的实景，炎黄之战、黄帝蚩尤之战等，都是当时的重大战事。强大部族不断兼并弱小部族，社会逐步向部族间融合统一方向发展，这是战争最后的结果。"合诸侯于琼山，执玉帛者万国。"这说明在经过艰苦激烈的武力战争后，夏王的统治地位得到了确立与巩固。

玉戈，应该是龙山文化玉戈的延续。其援部无中脊，还保持前者的造型特点。有些玉戈长度达43厘米，器形非常大，实属罕见，它是标准的礼仪用器。玉刀，作为生产工具石刀的延续和演化，有的刃部最长达65.2厘米，并且没有发现使用痕迹，由此推断，只能是仪仗器。

夏代玉器的风格，应属于良渚文化、龙山文化、红山文化玉器向殷商玉器的过渡形态，在中国玉文化的传承延续中，承载着举足轻重的作用。河南偃师二里头遗址发掘的玉器是目前所发现的夏代玉器的代表。二里头作为夏朝晚期的王都，存储着非常丰富的夏代文化遗存。这里建有大型王室宫殿，包含有占地上万平方米的夯土台基，有殿堂、廊、庭院、城门，布局严谨、规璜宏大、城池宽厚，极为壮观。在宫殿四周有大量房基、窖穴、墓葬、窑址、水井、灰坑。经过多次对二里头遗址进行考古发掘，终于揭开了夏王朝玉器文化的神秘面纱，并能够与历史文献相互印证。由此说明，夏代玉器的代表性形态就是目前所知的二里头文化玉器的形态。从出土的玉器来看，大多缺少柔和流畅的曲线，常以刚直、严峻的线条和大而扁薄的造型来彰显和象征王权的威慑与震撼。虽然夏代的玦形龙纹暂时还没有发现，但夏代二里头遗址出土了许多龙纹图案，轻盈舒展，图案与汉唐龙纹几乎没有差别。在商代晚期玦形玉龙依然非常盛行，由此推断，夏代玦形龙应该还是存在的，只是还需要进一步的发现。我们通常将二里头文化、齐家文化、石峁文化等发现的玉器，确定为夏时期玉器。二里头文化玉器多为仪、牙璋、钺、柄形器等；大多素面；线刻纹、扉齿装饰盛行。齐家文化玉器多为璧、仪、璜、琮、钺、牙璋等，流行素面。石峁遗址出土玉器主要有璧、钺、璜、琮、仪、牙璋等，素面流行，也有少量装饰扉齿的。

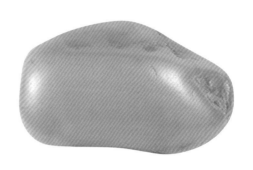

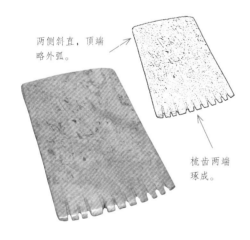

两侧斜直，顶端
略外弧。

梳齿两端
琢成。

夏代玉器的风格与成果，可以作为新石器时代玉器的历史总结，它的成果为其后商代玉器的发展做了很好的铺垫，虽然目前能够看见的夏代玉器还很有限，但它的一些玉器造型，如刀、戈、圭、钺与纹饰，特别是兽面纹，均可成为商代玉器制作的依据。由此可知，夏代玉器在历史交替时期，所起到的承上启下的作用及其呈现的价值都是非常重要的。

2. 商代玉器

商代距今3600～3100年，创造了灿烂辉煌的青铜文明。商代也是中国玉器发展的高峰时期，玉器与青铜艺术在风格特点上兼容互补，融合并进，都得到了长足发展。进入商代晚期，玉器数量大大增加，造型纹饰精美、异彩纷呈，与同时期的青铜艺术、甲骨文字交相辉映，大放异彩。

作为一个统一的多民族中央集权国家。商代的宗法礼制非常严谨规范，玉器是作为帝王垄断的珍宝，品种各异，数量众多，除了具有宗教特色的玉器物外，还包括工具、生活用品、佩饰及陈设用玉器。这些玉器品种以礼器、圆雕人物最为珍贵，非常精美，如玉璋、玉琮、玉璧等。商代圆雕人物工艺十分突出，圆雕动物及容器，仅次于人物玉雕，也很有收藏价值。由于人物、动物圆雕的工艺难度很大，又塑造得十分写实，能够呈现出当时的一些社会面貌，因此具有很高的艺术、经济和科学研究价值。商代的其他玉器以工具类、兵器类品种较多，工艺水平也是良莠不齐，礼仪用具或兵器制作相对比较精细，器型也较优美，商代的这类玉器还是值得收藏的。

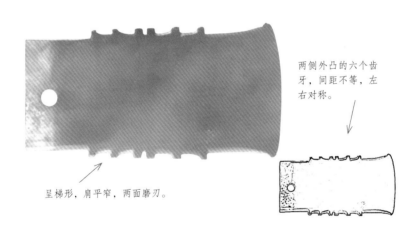

两侧外凸的六个齿牙，间距不等，左右对称。

呈梯形，肩平窄，两面磨刃。

商代玉匠已经大量使用和田玉，并且出土的玉器数量众多。商代已出现我国最早的俏色玉器——玉鳖。商代大量出现的圆雕作品，工艺精湛，这是非常令人叹服的。

商代晚期出土的玉器无论在种类还是在数量上都比商代早期和远古时期有所增加，说明玉器的功能是在逐步扩大的。从殷墟出土的商代晚期的新型玉器就多达几十种，包括簋、盘、梳、耳勺、玉链以及虎、象、马、牛、狗、熊、鹿、猴、鹤、鹰、鸱鸮、兔、羊（头）、蝠、鹦鹉、燕、鸬鹚、鹅、鸭、螳螂、蝉、蚕、螺蛳、凤、怪鸟、怪兽和各式人物等。

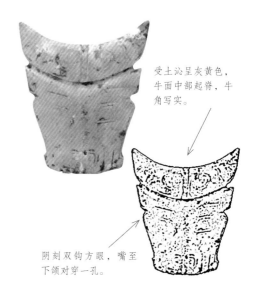

受土沁呈灰黄色，牛面中部起脊，牛角写实。

阴刻双钩方眼，嘴至下颌对穿一孔。

　　商代晚期的玉器，以殷墟遗址妇好墓中出土的755件玉器代表了当时最高的工艺水平。根据用途可分为礼器、仪仗、工具、生活用具、装饰品和杂器六大类。在妇好墓中的玉礼器，如璧、琮之类，继承了史前同类玉器的造型特点并且独具匠心，又通过纹饰的重复与均齐表现出了玉器的韵律之美；作为商代玉龙代表佳作的方头玉蟠龙，造型浑厚朴拙；玉凤造型优美，头顶花冠，美目流盼，生动传神；玉人服饰华美，冠帽发式一应俱全，对今天了解商代贵族的服饰穿着提供了珍贵的研究资料。商代玉器与青铜艺术交相辉映，出现了一些仿青铜的玉器，如碧玉簋、青玉簋等实用器皿，动物、人物玉器数量也大大超过几何形玉器。玉龙、玉凤、玉鹦鹉等，形神毕肖，神态各异。玉人，或站，或跪，或坐，姿态多样；是主人，还是奴仆、俘虏，难以辨明。进入夏商时期，中

原地区动物纹玉器大量出现，多为写实类的动物造型，涵盖了史前时期如龙、蝉、鸟、鱼、凤、虎、鹿、龟等动物形象，还出现了象、马、熊、狗、兔、雁、鸮、鹤、螳螂等日常生活中耳熟能详的动物纹饰，殷墟妇好墓就是最为重要的代表。总体而言，动物纹饰的玉器在这一时期主要是雕琢轮廓，采用刻画的方式表现细节，穿孔、镂雕方式在玉器纹饰上运用还不是很常见。古代制玉的方法是从制作石器传承而来，完成一件玉器制品，要经过锯截、琢磨、穿孔、雕刻和抛光等多重工序。《诗经》中说："如切，如磋，如琢，如磨"，大致概括了以上制玉的工艺过程。

　　商代玉文化的观念非常之强势，从黄河中游向四周辐射，对同时期黄河以南的诸多地方文化都产生了巨大影响。新干商代大墓位于江西省新干县大洋洲乡，距今3600～3000年，出土的玉礼器大部分具有殷商风格，还有一些造型奇特、个性的玉器则具有浓厚的地方色彩，突显了当地文化与殷商文化的交流与融合。如活环屈蹲玉羽人头顶鸟冠，嘴出鸟喙，身附羽翼，造型奇特，神秘诡异，可能与当地的土著文化相关。

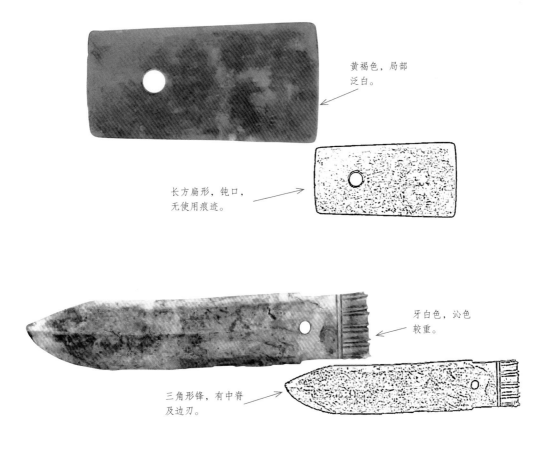

黄褐色，局部泛白。

长方扁形，钝口，无使用痕迹。

牙白色，沁色较重。

三角形锋，有中脊及边刃。

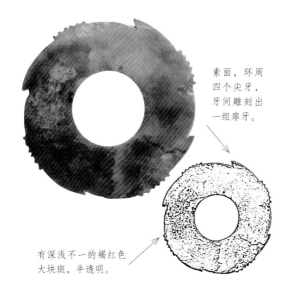

素面，环周
四个尖牙，
牙间雕刻出
一组扉牙。

有深浅不一的褐红色
大块斑，半透明。

商代早期前段的玉器以河南偃师二里头遗址和墓葬的出土物最为典型，有玉圭、玉琮、玉璜、玉刀、玉戈、玉璋、玉钺、玉铲和兽面纹柄形器。玉圭、玉璋、玉戈都是在这一时期新出现的器形，器体非常薄，应该是作为礼仪用器。琢有阴线纹饰的七孔玉刀，长65厘米，宽9.6厘米，厚0.1～0.4厘米；玉璋长48.1厘米，宽7.8厘米。这类长而薄的玉器是很难实用的，制造这种大型薄片器首先要从大块原生玉料上锯片开料，此种做工在红山文化玉器中没有发现，与良渚文化中的玉琮制作时将玉料切割成方柱形玉坯的做法也不相同，表现出商代早期玉工技术的进步。较大的柄形玉器，长17.1厘米，宽1.8厘米，通体分为10节，其中两节雕琢有兽面纹饰，精细光亮，以阳刻线表现眼睛和嘴，可为殷墟兽面纹玉器之雏形。由此可知，玉器的开料、抛光等技术在原始社会的制玉工艺基础上有了很大的发展和进步，也由此产生了许多新的器形和新的装饰手法。

商代早期后段的遗存以郑州二里冈遗址为代表。同一时期的河南省郑州铭功路、白家庄和人民公园，湖北省黄陂盘龙城，河北省藁城台西，北京平谷刘家河等商代遗址和墓葬中出土了玉璋、玉戈、玉璜、玉柄形器和小件装饰品等。黄陂盘龙城出土的长达93厘米的玉戈，是目前所知最长的一件。这时期的有些玉器在器形上更大，阴刻线纹饰更加精细，但工艺上未产生重大变化。

商代晚期指盘庚迁殷以后。殷墟王陵区的11座大墓均被盗，劫余幸存的玉器非常少，只有玉戈、玉戚、玉刀、鸮形玉佩、水牛形玉佩等少量器型。妇好墓未被盗掘，出土了玉器755件，连同1949年后发掘出土的商代晚期玉器多达1200件以上。从艺术风格与工艺水平来看，包含王室玉器及大小奴隶主玉器，有的出土玉戈上的刻铭显示是洮国和卢方所制，从出土的某些玉器的材料和形制看则出自龙山和良渚文化圈，反映出商晚期玉器来源的多样性。商代玉器从造型上来看，造型更加丰富多样，一些动物图形被引入玉器造型上，如虎形璜、兔形璜、龙形璜、鱼形璜、龙形璧等。尤其

铜柄镂空，
饰凤鸟纹。

边缘有刃，
薄而短平。

是商代妇好墓出土的玉器，可以说让人叹为观止，制玉水平已经远远高于史前时期所出土的同类型器物的水平，而且出土的玉器质地优良，和田玉被作为主要玉材。但大多数玉器看不到有使用过的痕迹，说明仅仅是作为陪葬品。这一点也说明玉器的地位在此时得到了提升，它已经不仅仅具有工具性和实用性，而成为统治阶级用来彰显自己身份、炫耀自己财富和地位的随身饰物，并被作为祭祀天、神、祖先的媒介，祭祀使用又是其非常重要的角色。从审美的视角看，这时的玉器纹饰并没有因此而变得神秘诡异和难以理解，而恰恰反映出人们对美的向往与追求。当然，玉器的装饰纹饰中也确实增加了浓郁的神化色彩。比如礼天的璧，礼地的琮，从多样的造型中，就可以感受到人们对天地的信仰和敬畏。而在装饰纹饰上，大多数玉器的纹饰都源于飞禽或走兽，随着图腾崇拜意识的深化，大多数纹饰经过艺术处理后，比之前的几何纹复杂了许多，人为加工的痕迹变得十分明显。如兽面纹、龙纹、凤纹、云纹、雷纹、饕餮纹、夔龙纹、夔凤纹、蟠螭纹、玦形龙纹、蝉纹、火纹等纹饰神化色彩很浓。曲线、折线造型的增加也极大地丰富了纹饰的类型，云纹、火纹的装饰色彩变得更为浓郁，而且呈现出一丝神秘的色彩。

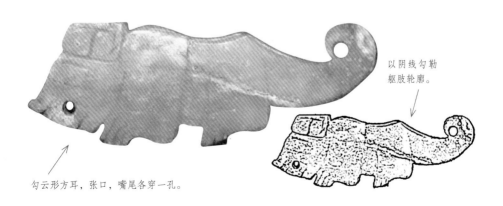

以阴线勾勒
躯肢轮廓。

勾云形方耳，张口，嘴尾各穿一孔。

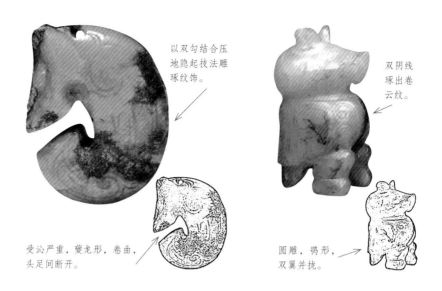

以双勾结合压
地隐起技法雕
琢纹饰。

双阴线
琢出卷
云纹。

受沁严重，蔓龙形，卷曲，
头足间断开。

圆雕，鸮形，
双翼并拢。

　　四川三星堆遗址的两座大型商代祭祀坑出土的玉牙璋、戈、瑗等玉器，基本延续了中原地区夏商时期同类玉器的特征，但又在局部上有所变化，显示受到中原玉文化巨大影响的古蜀国又逐渐产生了具有地方特色的制玉文化。继三星堆文明衰落之后，金沙遗址成为成都平原上的又一古蜀文化中心。在类型和风格上，金沙遗址出土的玉器仍然延续了许多三星堆古蜀国玉器的特征，但因为受到埋藏环境的影响，玉器表面色彩斑斓而璀璨，给人以富丽堂皇、美轮美奂的感觉。金沙遗址出土的玉琮比三星堆遗址出土的玉琮更加精美别致，也更具良渚文化玉器的遗风。

　　商周时期，玉器的数量、种类及制作工艺有显著的提升。礼器类的玉器，已出现了"琮、璧、圭、璋、璜、琥"六种"瑞玉"，另外还有生产工具和戈、矛、斧等武器类玉器，出土时，均没有发现使用过的痕迹，因而并不是实用之物。实用器皿包括臼、

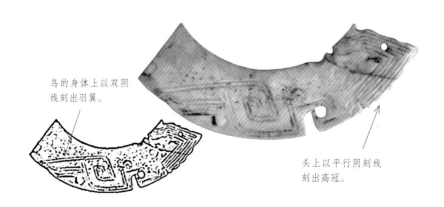

鸟的身体上以双阴
线刻出羽翼。

头上以平行阴刻线
刻出高冠。

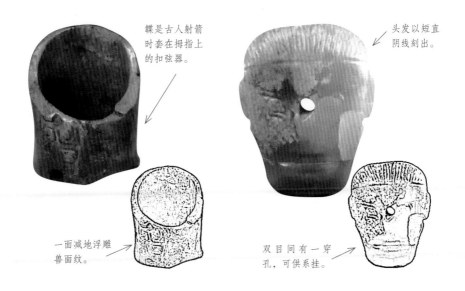

韘是古人射箭
时套在拇指上
的扣弦器。

头发以短直
阴线刻出。

一面减地浮雕
兽面纹。

双目间有一穿
孔，可供系挂。

杯、梳、耳勺、带钩等。有的玉质配件装饰在青铜器部件上，成为珍贵的组合器。

　　商代后期出土玉器的数量逐渐增多，种类也较之前丰富了许多，造型丰富，纹饰繁缛，工艺精美。主要出土的有礼器、礼杖、工具、器皿、装饰品、简单装饰类玉器等。人物、动物形玉器大量出现是这一时期的重要特点。器饰合一的独立纹饰比较普遍，出现了呈弧形及扇状的片状玉雕，还有造型各异的圆雕玉器。商代后期纹饰也变得多样起来，如重环纹、菱形纹、同心圆弦纹、兽面纹等造型复杂的装饰纹饰。经常可以见到的双线勾勒法出现在器物的两侧或一侧。在玉器的雕刻中起扉棱的雕刻手法非常普遍。纹饰经历了由简到繁、由粗糙到精细的过程，这也是人类意识在认识自然的过程中从简单到复杂、从局部到整体、从表象到实质、从感性到理性在玉器纹饰中的呈现。

　　商代玉器按用途可分为礼器、仪仗器、工具、用具、佩饰品、陈设器、殉葬器等。

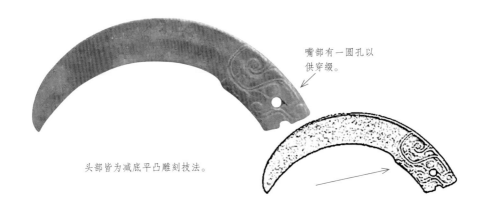

嘴部有一圆孔以
供穿缀。

头部皆为减底平凸雕刻技法。

（1）礼器 祭祀天地、神祇、祖宗的用玉以及巫术用玉，如璧、环、瑗、玦、璜、圭、琮、簋、盘等。

（2）仪仗器 王、妃举行仪式时的仪仗用玉，如刀戈、矛、戚、钺等。它们形制虽然与兵器类似，但不能用于作战，仅仅作为等级标志的反映。另外，有槽榫的动物玉器中有一部分也可能是仪仗玉。

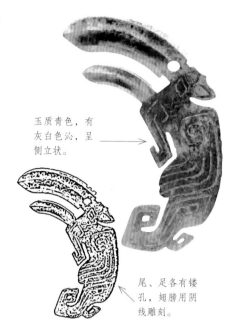

玉质青色，有灰白色沁，呈侧立状。

尾、足各有镂孔，翅膀用阴线雕刻。

（3）工具 农业和手工业工具的用玉，包括斧、凿、锯、刀、铲、镰、纺轮等，因其中大部分没有使用过的痕迹，因此也有可能是用于随身配饰。

（4）用具 作为日用器具的用玉，包括臼、杵、盘、梳、耳勺、匕、觿等。臼、杵是磨朱砂等颜料所用之器，盘可供调色使用，梳、耳勺等都是起居贴身器具。

（5）佩饰品 佩戴用玉包含笄、钏、串珠、管、坠饰与动物形象玉器。

（6）陈设器 动物玉雕中无孔、无槽、无榫卯的应该是作为陈设用玉。

（7）殉葬器 这时期只发现置于死者口中的块状或蝉形的玉含，这是后世殉葬玉的萌芽。

另外，有些玉器的功能不是很明确，如器座形器、拐尺形器、匕首形器、柱状或长条柄形器等。

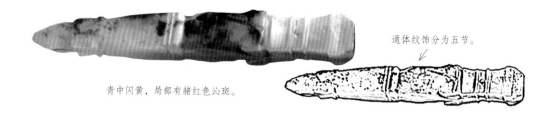

青中闪黄，局部有赭红色沁斑。

通体纹饰分为五节。

3. 西周玉器

西周，公元前1100～公元前770年。西周玉器延续了商代晚期玉器异彩纷呈的时代特征，玉器成为贵族阶层普遍使用的礼俗用品。目前发现的西周时期的墓葬，都是不同封国的大型或中型遗址，在这些遗址中，出现了大量的殓葬玉器，由此可以判断，玉器在当时不仅起到祭祀的作用，玉器还作为贵族社会身份的象征。西周与"尊神事鬼"的商代不同，这一时期的玉器渐渐褪去了商代玉器神秘而略带诡异的色彩，更加强调"宗法礼仪"，与周代礼仪配合，与时俱进地发展出一系列的礼玉和佩玉。

西周玉器是中国玉器发展史上的又一座高峰，"六瑞"的礼制用玉已经形成。《周礼·春官·大宗伯》："以玉作六瑞，以等邦国：王执镇圭，公执桓圭，侯执信圭，伯执躬圭，子执穀璧，男执蒲璧。"六瑞形制大小各有不同，以此分别代表不同爵位的等级。郑玄注："镇，安也，所以安四方；镇圭盖以四镇之山为瑑饰，圭长尺有二寸。公，二王之后，及王之上公。双植谓之桓；桓，宫室之象，所以安其上也；桓圭盖亦以桓为瑑饰，圭长九寸。信当为身，声之误也；身圭、躬圭盖皆象以人形为瑑饰，文有麤缛耳，欲其慎行以保身；圭皆长七寸。穀所以养人，蒲为席所以安人；二玉盖或以穀为瑑饰，或以蒲为瑑饰；璧皆径五寸。不执圭者，未成国也。"《周礼·秋官·小行人》："成六瑞。"郑玄注："瑞，信也。皆朝见所执，以为信。"

中部纵贯双阴线纹与两端龙眼相连。

正面镂雕S形双首共身龙，背面光素无纹。

在天马曲村遗址、晋侯墓、宝鸡鱼国墓地、琉璃河、周原遗址、张家坡墓地、三门峡虢国墓地、芮国墓地等均发现许多西周时期玉器，这些遗址和墓地成为了解西周玉器的重要起点。西周早中期还有许多商代遗留下来的玉器。河南三门峡虢国墓地出土的"小臣𠭯"玉戈，器形和其上的铭文字体风格均与商代妇好墓出土的刻字玉戈相似，因而被认为是商代的遗物。

龙身蛇形，卷成弯钩状。

前后段中部雕刻双线勾云纹。

西周时期的玉器伴随着周王朝的"制礼作乐"，逐渐成为礼制的物化形式。所用之人的身份和地位从玉器的形制、大小、材质、色泽方面无不一一暗示。这个时期亮丽的风景可从大型的玉组佩体现。佩戴者的地位越高，所佩戴的玉组佩越长、越复杂。陕西宝鸡扶风县强家一号墓出土的四璜玉组佩，共以396件的白色玉件和玛瑙管珠相间连缀，长约80厘米，十分华贵；三门峡虢国国君夫人梁姬墓出土的联珠玉组佩，以五璜相配，长达81厘米，显示了梁姬身份的尊贵。

西周玉器传承了殷商玉器双线勾勒的技艺，同时又独创一面，粗坡线或细阴线镂刻的琢玉技艺，充分体现在鸟形玉刀和兽面纹玉饰上。总体来看，西周玉器不像商代玉器活泼多样，而显得有些呆板，表现得规矩和严谨，这与西周严格的宗法、礼俗制度有很大的关系。西周中期以后的玉器在造型和纹饰上较前代更为典雅。创造出了新的双阴线刻技艺，通过将充当装饰纹样的双阴线中的一条磨出斜边，结合光影变化，使纹饰显得更加立体，增强了图案美感。这一时期玉器有很多别具特色的装饰，如凤鸟纹，其俏丽的形象，刚柔并济的线纹呈现出庄重、明净的美感。西周动物形玉器中的玉鹿是最为灵动多姿的类型，有的活泼稚气，有的身形健硕、四肢矫健。

西周玉器形制多样，圆雕相对减少，出现的主要是片形玉器。器类有礼仪性质的玉璧、玉琮、玉圭、玉璋、柄形器；葬玉类的口玲、覆面、玉握；装饰类的玉璜、玉组佩、玉鸟、玉鱼、玉鹿等；还有玉戈、玉扳指等。玉器造型丰富多样，包括几何形、动

物形和人物形等，局部装饰纹饰精细，线条流畅。在常见纹饰中，既有凤鸟纹、龙纹、云纹、雷纹、谷纹、虎纹、鹿纹、重环纹、羽纹等写实性的纹饰，也有夔龙纹、蟠虺纹、饕餮纹等神秘的纹饰。制玉工艺除了传统单纯的阴刻线外，还盛行双勾阴刻手法，开创了一面坡镂刻技术。

西周时期，中国逐渐成为礼仪之邦，理想的君子形象和玉石所传达的等级观念，成为春秋时期儒家赋予玉石道德含义的重要思想源泉。玉器成为礼玉，渗透到社会生活的各个层面，仅祭祀时就有"六器"之说：以苍璧礼天，以黄琮礼地，以青圭礼东方，以赤璋礼南方，以白琥礼西方，以玄璜礼北方。这么做有其时代背景，当统治者聚合了四面八方、越来越多的族群，甚至原来的对手时，首要问题是如何保证文化的认同和王权的尊严，这时汇集天地灵气的玉器成了礼法制度的象征和载体。

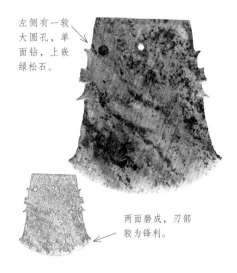

左侧有一较大圆孔，单面钻，上嵌绿松石。

两面磨成，刃部较为锋利。

4. 东周玉器

东周包括春秋和战国两个阶段，玉雕艺术尽管经历了长期的战乱与纷争，但伴随着诸侯列强物欲的膨胀、文化上的"百花齐放、百家争鸣"、儒家"比德于玉"思想的盛行以及铁质工具的使用而得到蓬勃发展。

春秋时期，儒家赋予玉以君子的美德：玉器散发出温润光泽，这是它的仁德；清澈细密的纹理，这是它的智慧；坚硬的质地，这是它的道义；清廉而不伤人，这是它的品行；色泽鲜明而洁净，是它的纯洁；受到伤害而不屈挠，是它的刚勇。君子比德于玉，发展成为后世玉文化的核心。

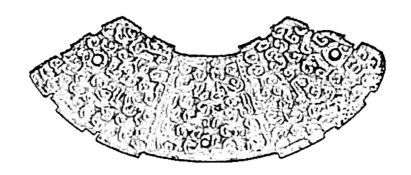

春秋玉器延续了西周玉器的造型和工艺特点，又有了进一步发展。早期仍然善用双阴线来刻画图纹，在装饰上则强化了西周晚期出现的在某一造型内雕琢单一的或相互交缠同体的龙纹图样，经常在主体造型内出现细小变形且纠集在一起的众多龙纹，同时布局繁密，如河南光山县黄君孟夫妇墓出土的玉虎，布局上几乎不留余地，其造型为扁平体的虎形，低首拱背，屈肢卷尾，虽然说虎的神态有些死板，没有太强的动感，但虎身上的装饰却非常引人注目，它除了在腹部、脸颊、双肢存在少许几何纹外，全身满满装饰着变形的龙纹，左右呼应，上下交错，这种特殊的双阴线工艺及形中有形的装饰手法，在春秋早期的玉器中非常盛行，可作为春秋早期

玉器的一大特色。春秋时期，具有地方特色的玉器纹饰风格崭露头角，地处西北的秦国，与同时期中原及吴越荆楚地区的龙纹有很大差异。玉器上常雕琢几何化的方头尖尾龙纹或方折龙首纹，图案化的色彩浓郁。

春秋中期以后，阴刻装饰线纹逐渐变得稀疏，采用较宽的斜刀进行雕琢的方式增多。进入晚期，线刻工艺越来越少，取而代之的是去地隐起的浅浮雕技法的流行，如山西太原金胜村晋卿赵氏墓出土的玉璜、玉佩等，不但精工细作，而且浅浮雕的工艺技法和更加抽象简化的龙纹图案的运用，使复杂繁密的画面，通过节奏有序的布局，产生一种意味深远的立体效果，增加了许多神秘的色彩。

这种在春秋时期盛行的寄生于造型内的繁密且抽象的龙纹装饰，随着人们审美意识和文化观念的改变，逐渐消失。春秋晚期至战国早期流行的胆龙纹眼睛退化，演化成云、谷相杂纹，并逐渐发展为谷纹、蒲纹、乳钉纹等工整规律的几何纹样。随着社会的发展，人们的审美情趣和意识观念的改变，纹饰风格也必然会推陈出新。从艺术发展规律来讲，社会时尚的不同，就必然会造就不同的艺术风格。

在中国玉器史上，战国至西汉是一个工艺高峰时期。百家争鸣的文化繁荣状态，以及铁器和砣机的使用带来了玉雕工艺的革命，使玉器风格一改往日的古拙，变得精雕细琢，对此，有专家归纳出"五字诀"：利，边缘直切下去，锋利得可以割伤手；亮，抛光后玉器明亮光洁；凶，动物形象凶猛；细，纹饰婉转扭曲，比发丝还细密，被称为"游丝毛雕"；空，大量使用透雕镂空，非常灵动。

战国时期的玉器，数量空前增加，领域空前扩大，工艺空前广泛，成为中国玉器工艺史上的黄金时期。战国时期以扩大自己势力范围为主要目的战争，对战国玉器的发展产生了深刻的影响。其表现为：一是各诸侯玉器得到了进一步发展，这是由于政治、文化、对外交往及商品经济发展的需要各国都注重发展玉器；二是玉器成为国之重器，夏商周之国家重器，基本上是以青铜器为

主，青铜鼎是典型代表，成为国家的象征。但到了战国，青铜器虽然仍以独特的艺术形式继续发展，可是作为国家的重器的地位开始动摇，而由玉器取而代之；三是玉器成为国家的重要财富；四是玉器成为团结和修复邻里关系的重要礼品。玉器也成为传递信息，联结友情的媒介。当时的社会活动，玉器均可作为代言物。

战国玉器军事用玉比春秋时期增加，主要包括玉带钩、玉戈、玉具剑等，数量大量增加。战国玉器礼仪之气大大减弱，玉器成为可以买卖的商品，加上玉器所承载的道德观念，从而使生活用玉大大增加。战国生活用玉有两大类：一是出现大量的成套玉组佩。二是实用生活用具的广泛使用。

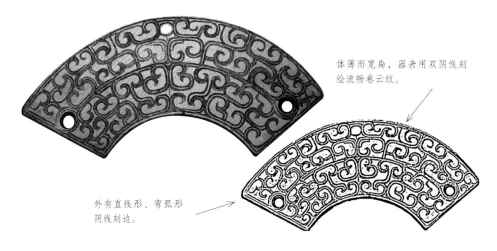

体薄而宽扁，器表用双阴线刻绘流畅卷云纹。

外有直线形、弯弧形阴线刻边。

战国时期玉器结构复杂，器型偏大，趋向成套化而不是组合化。战国时期丧葬玉较春秋时期有了较大变化：一是面幕玉饰数量增加，结构比较复杂。二是由其它玉器改制成的玉甲片广为盛行，可以说是汉代玉衣的雏形。三是玉龙、玉璧等不仅可馈赠、佩挂等使用，也可大量用于丧葬，但玉质较次，雕琢也显得粗糙草率。

战国时期铁器的发明使用，使玉矿可以大量开采，大块玉坯可以切割。使浮雕、透雕以及线刻等综合雕琢艺术的灵活运用成为可能。因为礼玉的逐步衰落，战国玉器造型中的方、圆、几何型器逐步减少。

上端两个穿孔，正面琢出阴刻方折勾云纹，线纹尽显朴拙。

白玉质，扁平体，盾牌状，下端作波浪形。

春秋战国玉器在五百多年的发展变化中日新月异，展现出风格各异的艺术风貌，当然这种艺术风貌并不是随着历史年代的划分而明显区分的，而是在传承延续中发展。比如战国早期的玉器依然保留着春秋晚期玉器的风格特点，有些作品还极其相似，不易区分。但是当一种新的艺术风格和审美时尚稳定之后，便会在整个艺术创作上出现一种潮流和趋势，这种潮流和趋势所创造的艺术特色，也就是我们一定要掌握的最基本的鉴定方法。

在制作工艺上，无论是造型还是线条，春秋玉器均显得较为圆润，战国玉器则显得棱角分明、刚劲有力，线条清晰流畅，同时镂空技法的运用比春秋时期更加普遍，并且技艺十分精湛细致，就连镂空之外的内壁也琢磨得光洁明亮，严谨细致。春秋时期的玉器采用了众多抽象变形、

肢解整体的龙纹来充填器物的画面，从而显得非常繁复，密不透气，粗看给人一种似是而非的模糊感。战国玉器装饰图纹较为稀疏，比较常见的有谷纹、云纹、勾连云纹、S形纹、绞丝纹等，线条流畅潇洒，工艺精妙细致，主纹、地纹均非常清晰，令人赏心悦目。

春秋时期的玉器在造型、构图、动态变化等方面与战国玉器相比显得有些呆板且神气不足，战国玉器充满了强烈的动感和蓬勃生机，无论是在器面、边角或是布局的表现上，设计合理，灵气十足。这种奋发的气势和活泼的艺术表现力，也是战国时期的精神、气质、思想和文化使然。战国时期的广东逐渐出现了同时期岭北地区盛行的玉器。肇庆北岭松山战国墓中出土的金柄玉环和玉带钩，造型精致巧妙，细腻生动。从形制和纹饰来看，它们都是岭北地区战国时期所盛行的玉器。

春秋战国时期，政治上诸侯争霸，学术上百家争鸣，文化艺术上百花齐放，致使玉雕艺术熠熠生辉。由于利益的驱使，东周王室和各路诸侯，都把玉当作自己（君子）的化身。他们佩挂玉饰，以标榜自己是有"德"的仁人君子。"言念君子，温其如玉""君子无故，玉不去身"，一系列的玉佩饰从头到脚地装饰着每一位士大夫，特别是腰下的玉佩系列更加丰富，可以看出当时佩玉特别盛行。能体现时代精神的是大量龙凤、虎形玉佩，造型极富动感和民族特色。饰纹出现了隐起的谷纹，附以镂空技法，地子上施以单阴线勾连纹或双勾阴线叶纹，看上去饱和而又和谐。人首蛇身玉饰、鹦鹉首拱形玉饰，反映出春秋时期诸侯国的琢玉水平和佩玉情形。湖北曾侯乙墓出土的多节玉佩，

河南辉县固围村出土的大玉璜佩，都用若干节玉片组成一完整玉佩，这体现了战国玉佩中难度最大的工艺。玉带钩和玉剑饰，是这一时期新出现的玉器。春秋战国是中国古代玉器发展的高峰时期，镂空、浮雕等工艺技法得到广泛运用，成组配列玉器在当时盛行，称为组玉，玉璧、玉环、玉龙、玉璜、玉管等都成为组玉的一部分。

二、先秦时期玉器的纹饰特点

玉石光滑、温润，也许人类仅仅是在偶然的生活过程中发现了玉石之美，在发现伊始就寄托着人类对事物的探索。原始的玉器纹饰就产生于对玉石之美的探索，之后又不断赋予了更多的主观意识和审美态度，玉器纹饰的美便在不断地延续和发展。玉器纹饰呈现了不同时期人们的审美意识、理念追求和文化认知。它既展示了

玉器鉴别断代的一般标准，同时还成为带有特殊象征意义的一种符号，具有抽象化的特殊意味。可以从几何纹、动物纹、人物纹、植物纹等四大类纹饰系统，对先秦玉器纹饰的发展演变进行梳理，分析概括先秦玉器纹饰的一般特征及其演变规律，探寻玉器纹饰发展中的艺术逻辑与人文背景。

先秦玉器的使用呈现出了极大的规模，不同造型、纹饰、装饰用玉的出现，充分地表明其发展之迅速，制玉工艺之高超，特别是纹饰演变的规律和特点，雕刻技艺的精湛都令人叹为观止、赏心悦目。以先秦时期的琮、璧、环、璜、玦等典型器形为例，先秦玉器纹饰在艺术手法方面基本呈现了一个共同的演化规律，即由开始的重形轻纹、依形定纹，发展为形纹并重，直到后来的形纹分离。这个艺术手法的演化过程，说明了纹饰作为一种特殊的语言符号，是由最初的实体形制逐渐向装饰性演化发展的历程。先秦玉器经历了实用玉器、巫祀玉器、礼制玉器的演变和发展，玉器的纹饰在集中体现功能实用上经历了由简洁到繁缛，由感性到理性，由注重实用性到注重装饰性的演化发展过程。

先秦玉器纹饰是我国先民思想和审美意识的重要反映，也是朝代更迭的直接见证者。玉器纹饰更多体现的是某种具有特殊象征意义的标识，而不仅仅只是对玉器上起到美化和装饰的作用。玉器纹饰具有抽象化的特殊语义，表达了不同历史时期人们的审美意识以及信仰和寄托。商代玉器多采用浅浮雕的表现手法，线条以直线居多，流畅且具有力量感。其雕刻风格整体表现上较流畅洒脱。商代的玉器纹饰多见于阴刻，阳刻纹饰较少。商代玉器穿孔较为普遍，多数是外大里小的孔洞造型，越到里边越小，类似喇叭的造型，这就是通常所讲的"马蹄眼"，这和当时的制玉技术有关。周代玉器和商代玉器在风格上有很大的区别，周代玉器改变了之前直线雕刻的样式，曲线纹饰明显增多，这充分体现了当时制玉技术的进步。由于制玉工具和工艺技艺的改进，人们可以充分发挥想象力和创造力，大胆地雕刻自己喜欢的装饰纹饰，纹饰的形式风格由此变得更加丰富起来。在这个时期，整体雕

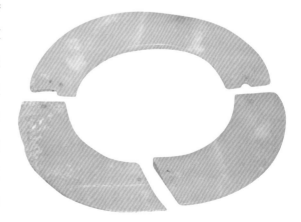

刻工艺发展提升，雕刻精美的玉器大量出土。到了春秋战国时代，玉器雕刻工艺日臻完善，雕刻花纹及样式的风格更加丰富，图形的样式也更加多样起来，布局考究，工艺精致。纹饰的演变以及种类的增多，也从另一个方面反映出当时的制玉水平以及人们生产生活水平的提升。

1. 夏代玉器纹饰

一般将二里头文化、齐家文化、石峁文化等发现的玉器，认为是夏时期玉器。二里头文化玉器多为仪、柄形器、牙璋、钺等，多为素面，盛行线刻纹、扉齿装饰。齐家文化玉器多为璧、琮、钺、仪、璜、牙璋等，流行素面。石峁遗址出土玉器主要有璧、琮、仪、钺、璜、牙璋等，同样流行素面，也有少量装饰扉齿的。

几何型器物，绝大多数为光素，以直方形为主（如斧、圭、刀）。

戈的造型规范，分二式：一式为尖锋，双刃，援与内相连处有细线纹，无中脊，内上一孔；二式为尖锋，锋前端略起一段中脊，内部窄短，穿一孔。

玉钺亦分二式：一式为长方形，造型应当是龙山文化玉钺的延续，其两侧边缘出脊齿，刃略做弧形；二式的造型属于创新型，它整体接近圆形，顶端较圆，两侧直，出数个脊齿，弧刃分成连续四段，每段为双面直刃，中间一大孔。其重要价值在于它为商代同类器型开了先河。

两孔间饰弦纹，带状菱形刻纹。

玉质牙黄色，上有褐色、灰白色沁斑。

玉圭都为平首形，分二式：一式带有龙山文化玉圭的遗风，中部有两道阳纹横直线纹，二孔；二式下部有以细阴线刻画的菱形四方连续式云雷纹，二孔。

玉刀为长条梯形，分三式：一式长条梯形；二式两侧出脊齿；三式两端均刻细网格纹。

牙璋体形较大，皆做歧首式，下部两侧出繁复的对称式阑，或在阑之间有数道阴线直线纹或网格纹。

嵌绿石兽面纹钢饰牌，共见三件，造型各具特点，都是以青铜饰牌作为衬底，其上用数百块各种形状的绿松石小片铺嵌而成，眼珠为圆形，稍凸起。饰牌两边出四个环形，可以佩戴或拴附。

兽面纹形象不同：如一式，有对约形角，对钩形眉，橄榄形眼眶，直鼻梁较长；二式，额头处为门块鳞状镶嵌，弯眉，大圆眼珠，张口露四颗尖牙；三式，小圆眼珠，直鼻梁，上唇向内卷曲。以第三式的兽面纹最为典型。

夏代玉器纹饰造型主要包括直线纹、斜格纹、云雷纹和兽面纹。云雷纹见于土圭。兽面纹有橄榄形眼眶，圆眼珠，宽鼻闭口。橄榄形眼眶，最早发现于罗家柏岭和肖家屋脊石家河文化虎形玉环与虎首形玉珠，可能是从石家河文化玉器中继承而来。宽鼻翼和闭口造型，在龙山文化玉器兽面纹中可以发现出处，兽面纹造型在夏代玉器中的重要价值，体现在为商周玉器、青铜器兽面纹做了准备和铺垫。

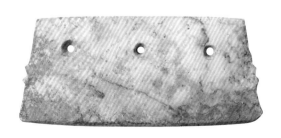

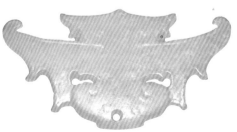

2. 商代玉器纹饰

商代玉器主要发现于殷墟遗址贵族墓葬中，以妇好墓、花园庄商墓、郭家庄商墓为典型。周边一些地方的高等级墓葬中也有一些玉器，如滕州前掌大商墓、灵石旌介商墓、广汉三星堆祭祀坑、新赣大洋洲遗址等。以妇好墓为例，妇好墓玉器分为礼器、仪仗、工具、装饰品等，礼器包括玉琮、璧、圭、璜、环等，仪仗类有戈、矛、钺、仪等，工具有凿、玉铲等，生活用具有扳指、耳勺、玉梳，装饰用品主要是一些动物造型，如龙、凤、怪鸟、虎、象、鹿、猴、牛、马、蝉、鸮、鹰等。妇好墓玉器体现了商代玉器的最大成就。玉器的装饰改变了史前以独立造型为主流的风格，流行细部装饰纹饰。独立造型主要是动物纹，细部装饰纹饰有蝉纹、花瓣纹、兽面纹、圆圈纹等，还有一些扉棱装饰，双勾阴刻阳线的鸟纹、羽纹、麟纹等。商代几何纹饰也是玉器中盛行的纹饰之一。从几何纹外形来看，商代几何纹饰非常繁杂，这是一个很大的演化和转变，这也符合商代人关于尊神事鬼的记载。变化较大的还包括线条方面，向写实化和复杂化发展。

商代的琢玉工艺包含掏膛技术、掐环技术、琢阳线或双勾阴线技术、圆雕技术、俏色技术等。

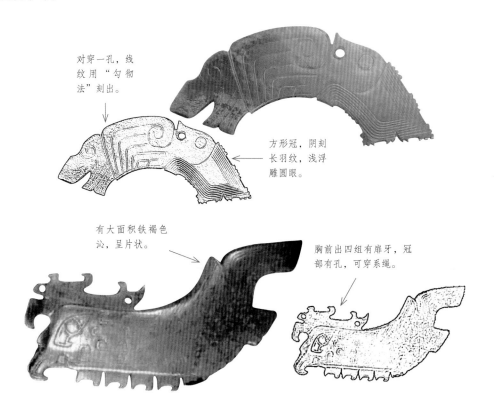

对穿一孔，线纹用"勾彻法"刻出。

方形冠，阴刻长羽纹，浅浮雕圆眼。

有大面积铁褐色沁，呈片状。

胸前出四组有扉牙，冠部有孔，可穿系绳。

（1）掏膛技术　两件从殷墟出土的玉簋内膛较大。与玉琮从两头钻心不同，玉簋掏膛的工艺是它只能从上部镟起，逐步磨搓成深腹。需要将砣具固定，旋转簋坯，按照同心圆的规律，带动蘸水的金刚砂进行琢磨。也有可能是用小管钻多次取心后再琢磨而成。

受沁为黄褐色，刃部为七个连弧。

戚为兵器，玉戚为商代礼仪用器。

（2）掐环技术　用一块玉材镂空掐磨成两个以上互为连缀的活动链环。

（3）琢阳线或双勾阴线技术　它是商代晚期琢纹的主要手法。这是由商代早期柄形玉器上的阳线兽面纹发展起来的，玉器上的重要细部多琢刻出阳线或双勾阴线，须经勾、彻、挤、压四道工序才能完成。

（4）圆雕技术　红山文化、良渚文化玉器中有少量玉动物，其形体都比较扁平，不是圆雕。殷墟出土的玉器中则有一批立体的玉雕动物，如人物、熊、虎、龙等。

（5）俏色技术　俏色玉器的出现时间可能很早，巧妙地利用玉材不同的颜色，设计、雕琢成某种器物，称为巧作。代表作品应是小屯北帝乙、帝辛时代房子遗址内出土的玉鳖，背甲呈黑色，头颈和腹部均呈灰白色。

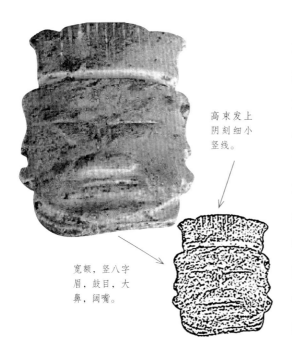

高束发上阴刻细小竖线。

宽额，竖八字眉，鼓目，大鼻，阔嘴。

以琢出笔直的阴线、薄片状仪兵玉器是商代早期玉器的风格，商代晚期玉器则更具有象征性、装饰性的艺术特点，如一些立体的人物、兽禽玉雕，主要突出它们的头部及目齿等器官的特征，摈弃琐碎的细部，象征性地勾画，重要细部施以圆润婉转的阳线，呈现出浓郁的装饰意味。这种象征性与装饰性高度统一的艺术手法在商代晚期玉雕中非常盛行。另外还有一种简化型玉器，如玉鱼和玉刀，这两种倾向的玉器工艺都来源于远古并

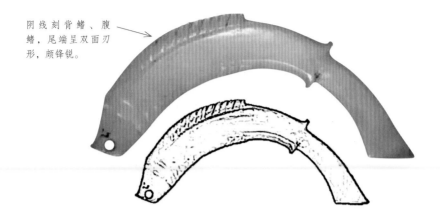

阴线刻背鳍、腹鳍，尾端呈双面刃形，颇锋锐。

有所发展，也为西周玉器的发展做了铺垫。

3. 西周玉器纹饰

西周玉器是中国玉器发展史上的又一个高峰，西周玉器器形多样，圆雕相对较少，主要出现的是片形玉器。器类有礼仪性质的玉璧、玉琮、玉圭、玉璋、柄形器，葬玉类的口琀、覆面、玉握，装饰类的玉璜、玉组佩、玉鸟、玉鱼、玉鹿等，还有玉戈、玉扳指等。玉器造型多样，有几何形、动物形和人物形等，细部装饰纹饰精细，线条流畅。常见纹饰既有写实性的凤鸟、龙纹、云纹、雷纹、谷纹、虎纹、鹿纹、重环纹、羽纹等，也有神秘的夔龙纹、蟠虺纹、饕餮纹等纹饰。制玉工艺除了传统单纯的阴刻线外，还流行双勾阴刻手法，开创了一面坡镂刻技术。商代及西周玉器，装饰纹样除简单的圆、方造型外，在玉器表面还装饰着精美或繁缛的细部几何纹，如云纹、雷纹，并以网格、弦纹作界隔，线刻等细小纹样镶边，相互搭配的各种几何纹，井然有序。首先是变得写实。史前线条象征和写意意味较浓郁，此后写实成分越来越强，尤其是西周基本以模仿现实事物为主。如刻发线纹，良渚神人兽面均为怒发冲冠，夸张了怒气，发丝呈射线状；商代刻发线纹细致繁密，或略微卷起，比较写意；西周披肩卷发，非常写实。从其演化来看，展现了一个写实化的过程。其次是复杂化。商周玉器纹饰线条比史前玉器略加烦琐，显得迂回曲折。从出土玉器中的云纹、刻发线纹、雷纹中都可以看到这些变化。商代玉器纹饰的线条以折线、短线为主，线条变化不大，显得有些生硬；西周的

双面片雕，造型
稍异，卧状。

兔形玉佩最早见于商代，
以妇好墓出土最为典型。

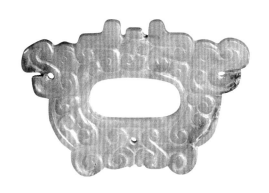

线条则变得丰富起来，出现了曲线、弧线的装饰，如云雷纹，显得圆润流畅；商代的折线大多有折角，西周则以弧线为主。

4. 东周玉器纹饰

春秋战国玉器纹饰越来越图案化，细部装饰纹饰多样，制玉工艺盛行浅浮雕、透雕和镂空，雕刻细致繁密。大多以几何纹、动物纹为主，人物造型为辅。几何纹以圆形、弧形和折线条为主，通常以对称、循环的样式出现。最常见的几何形纹有谷纹、涡纹、云纹、雷纹等。谷纹是凸出玉器表面的圆点，装饰整个器身，密密麻麻，是以剔地浅浮雕的方式雕刻，通常见于玉璧上。涡纹是以阴刻手法雕刻出来的纹饰，最早的涡纹出现于西周时期，形态像蝌蚪纹，盛行于春秋战国时期。春秋时期玉器涡纹产生了一些变化，形状有些像弯钩，和之前的相比较尾部变长了一些；到了战国时期，玉器涡纹逐步发展演变为千篇一律的旋涡纹。云纹，形如云头，大多是以阴刻或浅浮雕雕刻而成，一组云纹由两个单体相对的谷纹组成，或者是由涡纹尾部相互连接组合而成。这类纹饰是战国时期一种比较普遍的纹饰，战国时期的云纹类型丰富

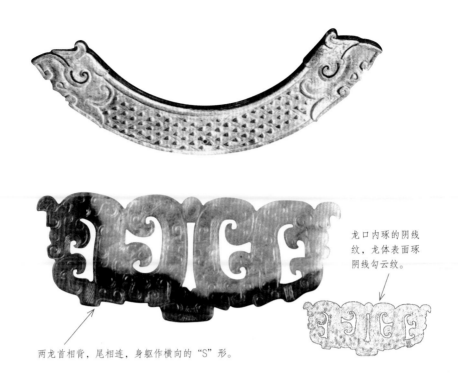

龙口内琢的阴线纹，龙体表面琢阴线勾云纹。

两龙首相背，尾相连，身躯作横向的"S"形。

多样，有了云雷纹、勾云雷纹和云涡纹，其造型和云纹、卷云纹有些相似，极大地拓展了云纹的种类。战国中后期，部分勾云纹以阴刻线的方式出现，线条精如发丝，人们把它称之为"游丝毛雕"，这种雕法雕出的云纹，细密交错，展现了高超雕刻技术。雷纹是一种春秋早期出现的特有的纹饰，方折的线条，主要采用阴刻的手法雕琢。单体雷纹的搭配方式极其规整，类似连续纹样，一组图案由三个雷纹构成，构图对称，展现了理性且规则细密的雕刻手法。从雷纹和云纹衍生发展出的纹饰还有勾连纹，勾连纹多采用阴刻，是极为繁杂的一种图案，在春秋战国时期比较常见。勾连纹的线条不是方折线，而是由圆弧线组成，构成元素是由单体雷纹或云纹相互勾连组成。勾连纹玉器在春秋中晚期较为常见，纹饰是由双勾线雕刻而成，线条流畅而富于变化，时代特征十分鲜明。战国时期的勾连纹融合了雷纹、云纹和涡纹的特点，线条流畅而端庄，工艺规则而有序，纹饰整齐而平稳。

东周动物纹玉器较为丰富，纹饰多样，包括龙纹、螭纹、卧蚕纹、虎纹等。东周龙纹在西周龙纹基础上，呈现动态化，战国时期的玉龙更加活力四射，大多是呈"S"形的躯体，一些阴刻线的装饰纹饰出现。大多密集的云纹、谷纹等装饰在玉龙表面。螭纹形式多样，包括回首屈体、一首双身、双体缠绕、寄生附体等样式。螭纹开始由爬行动物向走兽演变出现在战国时期。东周的卧蚕纹是由谷纹演化而来，盛行于春秋晚期，战

国中期以后便难觅踪影。虎纹在玉佩中出现较多，且多见双首。

大型玉组佩饰大量出现是春秋玉器一个重要特点，随着装饰用玉越来越多，管、珠等装饰玉也越来越流行。装饰纹饰变化多样，常见的有云纹、谷纹、涡纹、乳钉纹等。到了战国初期，伴随着制玉水平的不断提升，工艺技术精湛，特别是采取有效的磨砂，让战国玉器呈现出美轮美奂的造型。战国玉器种类丰富多样，造型优美，纹饰越来越严谨，由简单向绚丽繁缛过渡，精湛而复杂的镂雕及联锁技术也在战国流行，出现了许多优秀的精品。

从琮、璧、环、璜、玦等先秦时期最为流行的五类玉器造型及其细部纹饰装饰的演变来看，其发展演变经历了从独立造型、形纹统一到形纹分离三个大的阶段：史前时期即为单纯的独立造型阶段，殷商西周时期纹饰统一于造型之中，东周时期装饰纹饰从其载体脱离。

先秦玉器的纹饰，是玉器纹饰审美意识的萌芽和起点。看似随意而简单的拼接和勾勒，积淀着中华文明几千年的沧桑更迭，浸润着一个民族绵延发展的审美记忆和审美情趣。通过对先秦时期玉器纹饰的探究，不仅可以体验到不同时代的玉器风格，还能欣赏和感受到古人的审美意趣、品位以及历史的韵味。

让我们的民族自尊和家国情怀得以升华，让中国人凝聚在龙的传人这个名称下，这就是文化传承的力量。

三、先秦玉器名称释义

1. 玉礼器

玉礼器有非常大的稳定性，几千年中品种变化不大。即古人用于礼仪的玉器，简称为"礼玉"。据《周礼》记载，礼玉是指璧、琮、圭、璋、璜、琥等六种"瑞玉"而言的。

（1）玉璧　一种扁圆形玉器，有孔。早在新石器时代开始出现，为古代贵族所用的礼器，也有作为佩玉、馈赠用品或随葬用品使用的。玉环、玉瑗也属于此类玉器。玉璧是最重要的古代玉器，使用年代之长、品种之多是其它种类玉器难以比拟的。

（2）玉琮　一种粗管形玉器，外方内圆。方体上下穿一贯通圆孔，两端孔边有一环状凸起。最早出现于新石器时代，商周时期也比较常见，战国到汉代，明显减少。其用途主要是用作礼器。

（3）玉圭　是由原始社会的铲形器发展而来的重要礼器。东周以后，方形圭不常见，出现了一种一端为长方形状，另一端为玉戈之尖顶状的圭，这种圭为扁长形，顶部凸起尖形圭角。

（4）玉璋　与圭相似，但上端只有一道斜边，故谓"半圭为璋"。

（5）玉璜　是出现最早的一种玉佩饰。原始社会的玉璜是一种装饰，商周以后，玉璜是重要的礼器和佩饰。其形状分为两类，一类为半圆形片状，圆心处略缺，似半璧；另一类则为较窄的弧形，一般在两端穿孔的为佩饰物。

（6）玉琥　是最后加入瑞玉行列的，通常认为它是虎形纹或虎形的玉器。有圆雕、浮雕和平面线刻的虎纹，多作为佩饰之用。

2. 玉兵器

商、周两代较多，主要品种有玉刀、玉戈、玉钺等。春秋战国乃至之后的时代，这几种器物就很少出现了，其后也出现过少量的仿古玉器作品。

（1）玉戈　是重要的玉兵器，戈是商周盛行的一种兵器，以玉为戈始见于二里头文化，其后盛行于商、周两代。由于玉石本身质地无法用于实战，并且大量出土的玉戈没有使用痕迹，由此可知商、周时期的玉戈应该是一种仪仗器。

（2）玉钺　其造型来源于石斧，最早作为兵器，但精玉制作的钺，和玉戈一样，已失去了原有的实用功能，成为礼仪用玉器或丧葬玉器。

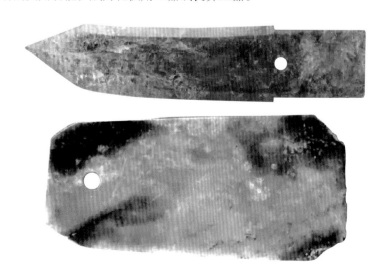

（3）玉刀　最早于商代初期出现，可做礼仪用器，商代中晚期多为佩玉，略是弧形，装饰华丽，刀背饰有连续排列的凸齿，刀面也有复杂的装饰纹。商代以后玉刀不常见。

3. 装饰玉器

装饰玉器和实用装饰玉器，如玉觽、玉带钩、玉带板、玉簪、玉钗、玉笄、玉璏、玉勒、玉珩、玉笏、玉翁仲、玉刚卯、玉剑饰、玉璇玑、玉冲牙等，都可以随身佩戴。

虎呈半卧形，尾上卷。

以阴线勾勒躯肢轮廓。

4. 玉实用器皿

在商周时期就存在，战国时期已普遍使用，玉角杯、玉灯等在战国时期及汉代也较为常见。

5. 随葬玉器

也称葬玉，指那些专门为保存尸体而制造的随葬玉器，而不是泛指一切埋在墓中的玉器。主要有玉衣、玉塞、玉耳珰、玉玲和玉握等。大多数随葬玉器装饰性不强，而多是光素无纹、器形简洁的玉器。玉衣外观与主人体形相同，各部分均由小玉片用金丝、

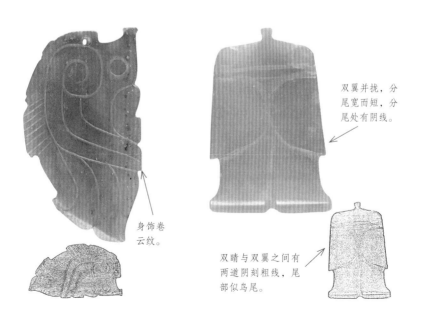

双翼并拢，分尾宽而短，分尾处有阴线。

身饰卷云纹。

双睛与双翼之间有两道阴刻粗线，尾部似鸟尾。

青黄色，较通透，扁平片状卷体。

银丝或钢丝缀成，故又称金缕玉衣、银镂玉衣及铜缕玉衣，按身体部位可分为头罩、上身、袖子、手套、裤筒和鞋子六部分。玉塞，即遮盖或填塞亡者身上九窍的九件玉器。这同玉衣能使尸体不朽的说法相一致，认为玉能使活人平安，使死人不朽。玉耳珰有两类，一类是悬于耳旁的饰物，上有小孔；另一类是塞在死者耳中的葬器，其上无孔，作为耳塞之用。玉玲也称作琀玉，是死者含在口中的葬玉，多为蝉形，故又称"玲蝉"。玉蝉作琀，寓意十分清晰，蝉由地下洞出得生。玉玲在亡人口中，无非是要亡人"蝉蜕"复生，灵魂延续。玉握为死者手中握着的器物。古人认为死时不能空手而去，要握着财富和权力。新石器时代是以兽牙握在手中；商周时期，死者手中握数枚贝币，认为贝是象征财富的。到了汉代，则是用最常用的汉八刀雕法，雕成一只玉猪。因为猪是财富的象征，因此玉猪成为汉代最盛行的玉握。另外还有以璜形玉器作为玉握的。

四、先秦时期和田玉的使用

举世闻名的丝绸之路，前身是一条从新疆向东西方运送和田玉的"玉石之路"。新疆和田玉确实在商代玉器中大量使用，早在商周时期，也就是丝绸之路开通1000多年前，新疆和田玉就通过玉石之路送往中原地区，成为权贵手中的宝物。从西周起，王室、贵族祭祀、朝觐和起居都要用到玉，并制定了繁缛的规定，玉逐渐成为礼制的重要象征。玉器的材质，主要有白玉、青玉等，玉器工艺通常比较规整，表面光滑。阴线纹的刻法较之新石器时代玉器的阴线纹，在形式美感方面有了很大的进步，并为后世玉器的工艺技法奠定了基础。

商代玉器品种繁多，制作精美，是当时人们用于祭祀、仪仗、装饰、陈设等方面的吉祥物，每件作品都是富有文化内涵和时代特色的宝物。妇好墓玉器出土后，对其玉材进行了检测，发现其中有60%的玉器为新疆和田玉，大部分属青玉，白玉较少，青白玉、黄玉、墨玉、糖玉更少。由此可知，早在商代中原地区即与西域有着密切的联系。相比中原地区的玉料，和田玉在材质、色泽、硬度等方面都具有不可比拟的优势，故而被视为珍宝并加以利用，使和田玉在当时的玉料中逐渐占主导地位，成为历代帝王用玉的主要材料。

除和田玉外，妇好墓出土的玉器中还有少量的独山玉、岫岩玉、绿松石、孔雀石、青田石等。独山玉、岫岩玉多为白色、牙白色、米黄色、浅绿色、黄灰色、枣红色等。

春秋战国时期，和田玉大量输入中原，和田玉被权贵诸侯竞相选用。儒生们为适应统治者喜爱和田玉的心理，把礼学与和田玉结合起来研究，用和田玉来体现礼学思想，以儒家的仁、智、义、礼、乐、忠、信、天、地、德等传统观念，对照和田玉的各种自然属性，随之"君子比德于玉"，玉有五德、九德、十一德等学说应运而生。中国的玉文化已经延续了几千年，不仅仅是一时的文化现象，已然内化为一种精神。成为中国玉雕艺术长盛不衰的理论依据，成为中国人爱玉风尚的精神支柱。

妇好墓出土的玉鹿。

双阴线稍宽。

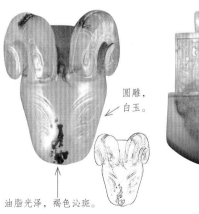

圆雕，白玉。

油脂光泽，褐色沁斑。

先秦时期的玉器，在中华文明发展的历史长河中，承载着厚重的历史和色彩斑斓的文化，用一种特有的方式诠释和表达着中华文明的内涵和意境，它们是中华民族特殊的精神寄托，也是中国先秦社会物质和精神文化的重要载体。

和田玉的产地和分类

1. 和田玉的产地

和田玉分布于塔里木盆地之南的昆仑山。西起喀什地区塔什库尔干县之东的安大力塔格及阿拉孜山，中经和田地区南部的桑株塔格、铁克里克塔格、柳什塔格，东至且末县南阿尔金山北翼的肃拉穆宁塔格。和田玉成矿带连续长1100多公里。在高山之上分布着和田玉的原生矿床及矿点，海拔在4000米以上。

《史记·大宛列传》记载："汉使穷河源，河源出于阗，其山多玉石。"《汉书·西域传》也说："于阗之西，水皆西流，注西海；其东，水东流，注盐泽，河源出焉，多玉石。"这里的所谓"河源"，就是指和田河的上游源头，即玉龙喀什河和喀拉喀什河。

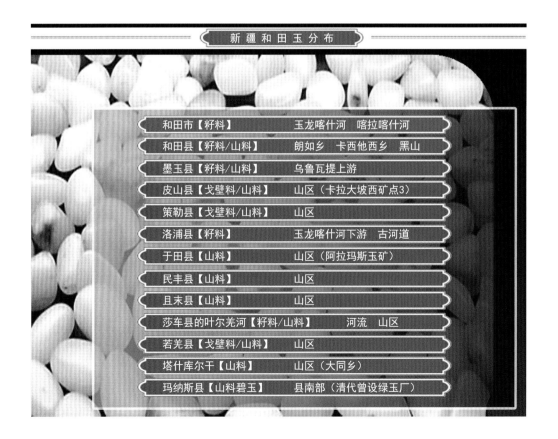

新 疆 和 田 玉 分 布

和田市【籽料】	玉龙喀什河　喀拉喀什河
和田县【籽料/山料】	朗如乡　卡西他西乡　黑山
墨玉县【籽料/山料】	乌鲁瓦提上游
皮山县【戈壁料/山料】	山区（卡拉大坡西矿点3）
策勒县【戈壁料/山料】	山区
洛浦县【籽料】	玉龙喀什河下游　古河道
于田县【山料】	山区（阿拉玛斯玉矿）
民丰县【山料】	山区
且末县【山料】	山区
莎车县的叶尔羌河【籽料/山料】	河流　山区
若羌县【戈壁料/山料】	山区
塔什库尔干【山料】	山区（大同乡）
玛纳斯县【山料碧玉】	县南部（清代曾设绿玉厂）

玉龙喀什河，即古代著名的白玉河。这条河源于昆仑山。流入塔里木盆地后，与喀拉喀什河汇合而成和田河。河流长325公里，有不少支流，流域面积1.45万平方公里。河里盛产白玉、青玉和墨玉，自古以来是和田出玉的主要河流。人们拣玉主要在中游，而上游因地势险恶，很难到达。

　　和田玉英文名称为nephrite。化学成分是含水的钙镁硅酸盐，化学式为$Ca_2Mg_3(OH)_2(Si_4O_{11})_2$。硬度为6～6.9，密度为2.96～3.17g/cm^3。和田玉和辽宁岫岩玉、陕西蓝田玉、河南南阳玉、甘肃酒泉玉并称为中国五大名玉。

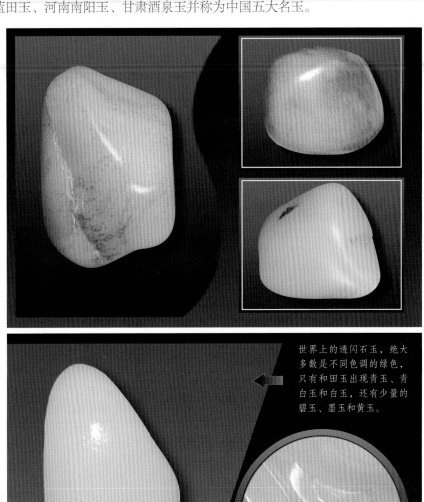

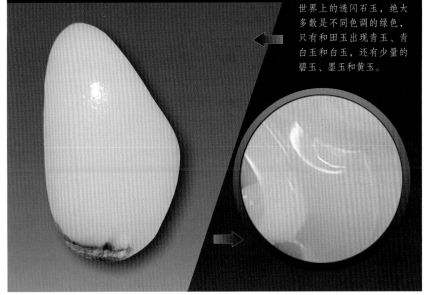

世界上的透闪石玉，绝大多数是不同色调的绿色，只有和田玉出现青玉、青白玉和白玉，还有少量的碧玉、墨玉和黄玉。

2. 和田玉按产地分类

和田玉按产地分类大致分为山料、山流水、籽玉（料）和戈壁料四种。

（1）山料　又称山玉，或叫宝盖玉，指产于昆仑山北麓3500～5000米的高峰中的原生矿。

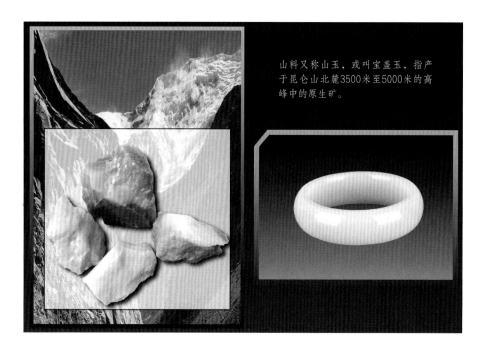

山料又称山玉，或叫宝盖玉，指产于昆仑山北麓3500米至5000米的高峰中的原生矿。

（2）山流水　指原生矿石经风化崩落，由雪水冲下昆仑山，并由河水搬运至河流中上游的玉石。山流水的特点是距原生矿近，块度较大，其玉料表面棱角稍有磨圆。

山流水指原生矿石经风化崩落，由雪水冲下昆仑山，并由河水搬运至河流中上游的玉石。

籽玉

（3）籽玉　又名籽料，指原生矿剥蚀被流水搬运到河床的玉石。它分布于河床及两侧阶地中，玉石裸露地表或埋于地下。它经过千万年的冲刷、碰撞，去其糟粕，留其精华，所以籽玉的质量一般最好。

籽玉的特点是块度较小，常为卵形，表面光滑。主要产于玉龙喀什河（白玉河）和喀拉喀什河（墨玉河）等河流中。

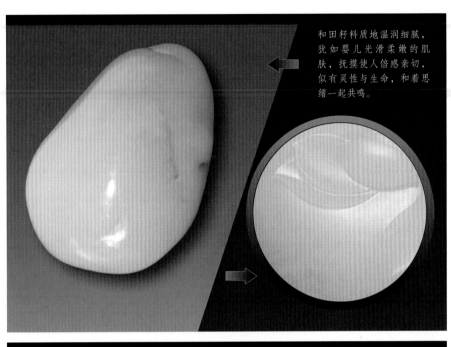

和田籽料质地温润细腻，犹如婴儿光滑柔嫩的肌肤，抚摸使人倍感亲切，似有灵性与生命，和着思绪一起共鸣。

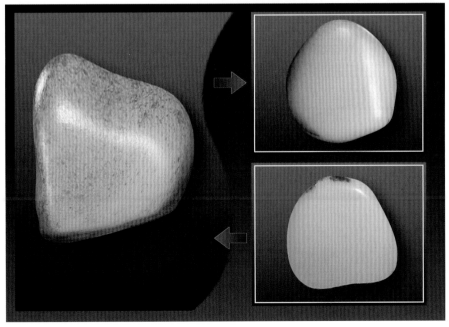

（4）戈壁料　是原生矿山体破碎以后山料崩落，由河水带到山下，后河流改道或断流，亿万年风化形成的。现在发现的很多戈壁料都产自新疆且末县瓦石峡和若羌县一带的戈壁滩。这些戈壁玉留下了玉石最坚硬和致密的部分，表皮凹凸不平，布满圆滑的坑坑洼洼，充满了岁月的沧桑和坚韧。总体感觉油性特好，硬度也大，而且亮度高。

3. 和田玉按色泽分类

（1）白玉　颜色洁白、细腻、光泽莹润，含透闪石95%以上，为和田玉中的优良品种。白玉中的极品为羊脂玉，含透闪石达99%。羊脂玉质地纯洁细腻，色似羊脂，呈凝脂般含蓄光泽，给人一种刚中见柔的感觉，这是白玉籽玉中最好的品种。目前世界上仅新疆有此品种，产出十分稀少，极其名贵。同等重量玉材，其经济价值远高于白玉，汉代、宋代和清乾隆时期都极推崇羊脂白玉。

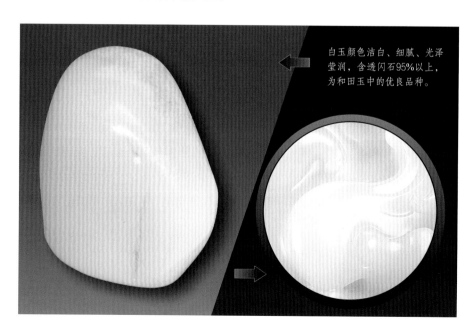

白玉颜色洁白、细腻、光泽莹润，含透闪石95%以上，为和田玉中的优良品种。

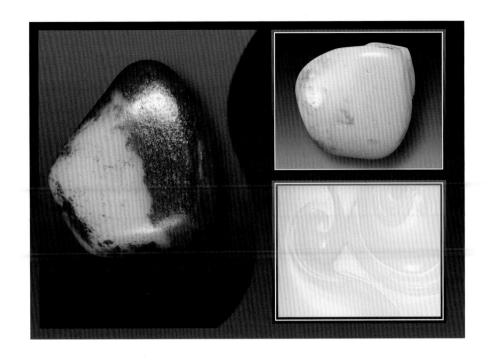

（2）青白玉　以白色为基调，质地与白玉无显著差别。在白玉中隐隐闪绿、闪青、闪灰等，常见有葱白、粉青、灰白等，属于白玉与青玉的过渡品种。在和田玉中较为常见，为和田玉中的三级玉材，经济价值略次于白玉。

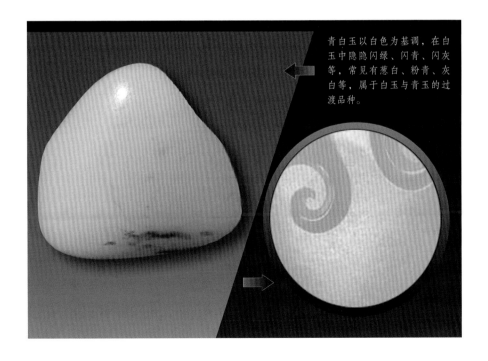

青白玉以白色为基调，在白玉中隐隐闪绿、闪青、闪灰等，常见有葱白、粉青、灰白等，属于白玉与青玉的过渡品种。

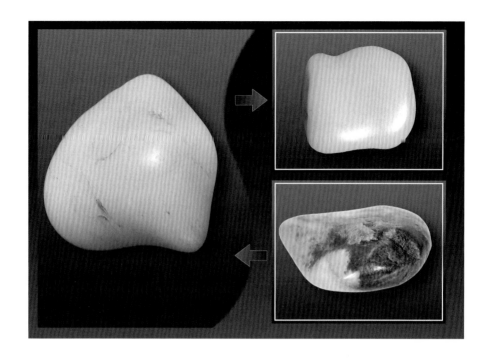

（3）青玉　其颜色深浅不同，有淡青、深青、碧青、灰青、深灰青、翠青等。和田玉中青玉较多，储量丰富，是历代制玉或开采的主要品种。肉质细腻的青玉，这两年价值也在不断地攀升。青玉中有一种颜色叫沙枣青，配上细腻的料子，非常漂亮。

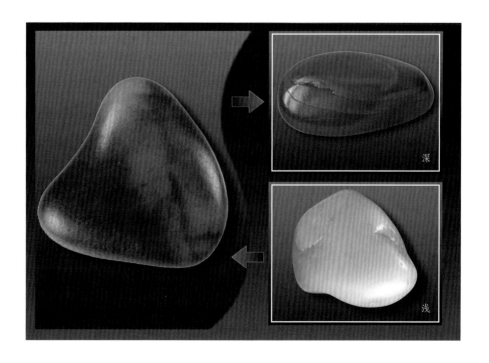

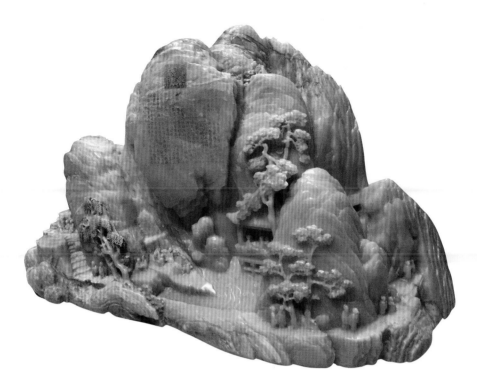

（4）碧玉　籽料油润，细腻，但带黑点或黑斑，没有黑点或黑斑的都是俄（俄罗斯）碧玉或是加（加拿大）碧玉，绝对不是新疆和田碧玉。和田黑碧玉远看漆黑，近看带绿，边缘微透光，较软，石性大。

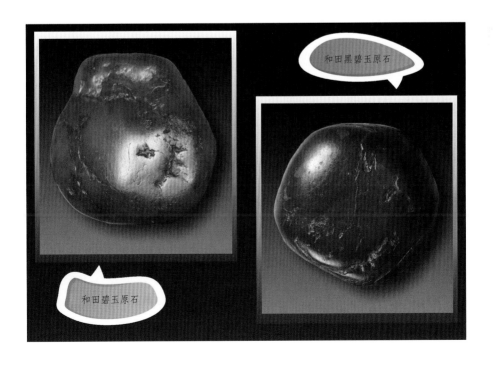

和田黑碧玉原石

和田碧玉原石

在我国以准噶尔盆地南缘的玛纳斯县出产碧玉量最大。俄罗斯碧玉是碧玉的一种，在2000年左右，作为非常优质的品种进入中国人的视野。俄罗斯碧玉原料是原生矿形态，这些山料体量大，玉质好，少绺裂，少黑点，颜色娇艳。很大一部分达到了"首饰级"碧玉，颜色为翠绿色，柔和滋润，质地细腻，油性较好，有光泽，色相庄重。这些碧玉被大量地制作成手镯、珠串、手把件，弥补了中国优质碧玉不足的现状。目前，俄罗斯碧玉是中国境内碧玉使用的主要原料。

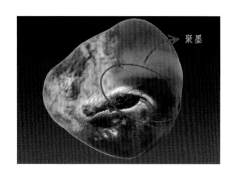

（5）墨玉　是一种较为稀有的品种，它的形成时间为一般和田玉形成时间的两倍之多。这是由于形成过程中受到石墨的影响，并经过漫长的宇宙射线影响而形成的，时间越长，其墨色越浓。

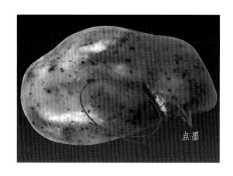

墨玉由全墨到聚墨再到点墨，"黑如纯漆"者乃为上品，偏青或带有灰色的墨玉是次等货。其中全墨因颜色分布均匀，价值最高，聚墨墨玉价值其次，点墨墨玉价值较低，常被雕刻大师雕刻时去除，但点墨和聚墨俏雕者价值较高。其黑色皆因含较多的细微石墨鳞片所致，碧玉和墨玉的密度都大于$3.0g/cm^3$。墨玉籽料和墨碧籽料非常相似，打灯后的透光图不同，墨玉籽料为白底，墨碧籽料为绿底。墨玉虽然是以墨色浓郁为贵，但是其边缘最好能透光，不然极易被看作黑色石头。

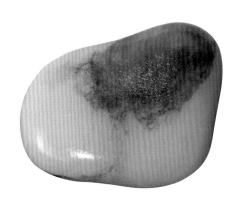

黑白相间的和田墨玉又被称为青花，极其受到坊间的喜爱，作为俏色玉雕的玉材。青花籽料的墨色以雾状、片状和丝状为主。

青海烟青料的产地在青海省格尔木市地区，是青海料其中的一个品种。这种料主要以灰紫色和灰粉色搭配青肉或者白肉为主，因大部分料子的墨色部分颜色酷似燃烧所产生的青烟所以得名烟青料，在行内这种料子也被叫作乌边料。青海烟青料雕件的墨色部分相比和田青花籽料的墨色部分，显得通透很多。青海烟青料雕件明显水质感过强，玉质感觉显得有点飘，而青花籽料的玉质感觉就显得稳重很多，质感更强。

青海烟青料

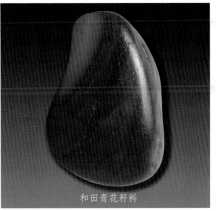
和田青花籽料

（6）黄玉　质地致密细润，柔和如脂，韧性极强，具有典型的油脂光泽，光芒内敛之性更能代表中国文化的深厚内涵，是极好的雕刻玉材，具有很高的收藏价值。黄玉硬度高，莫氏硬度6.5。色黄正，润如脂者，稀有罕见，其价值极高，是玉中的珍品，产量很少，可与羊脂玉相媲美。

根据色度变化定名为密蜡黄、栗色黄、秋葵黄、黄花黄、鸡蛋黄等。色度浓重的密蜡黄、栗色黄极罕见，其价值可抵羊脂白玉。在清代，由于"黄"与"皇"谐音，又极稀少，其经济价值一度超过羊脂白玉。

黄口料

和田黄玉籽料

4. 和田玉按皮色分类

（1）色皮　和田籽玉外表常常分布的一层玉皮有各种颜色，俗称"皮子"。常见皮色有枣红皮、黑皮、白皮、洒金皮、虎皮、秋梨皮、鹿皮、芦花皮和粗地红皮等等。有经验的采玉者，往往能根据皮色来判断玉石的细白程度，例如洒金皮比较容易出现羊脂白玉，而颜色更深的枣红皮，出现白玉的可能性则很低。而秋梨皮、枣红皮、鹿皮、洒金皮都是和田玉的名贵皮色。玉皮的厚度很薄，一般小于1毫米。皮色的形态各种各样，有的呈云朵状，有的为脉状，有的呈散点状。皮色的形成，是由于和田玉中的氧化亚铁在氧化条件下转变成三氧化二铁所致，所以它是次生的。有经验的拾玉者，到中下游去找带皮色的籽玉，而往上游，找到皮色籽玉的机会就很少。此外，在原生玉矿体的裂缝附近也能偶尔发现带"皮"的山料，这也是由于次生氧化形成的。色皮可以利用作俏色玉器，使其观赏度增加，更富有情趣。

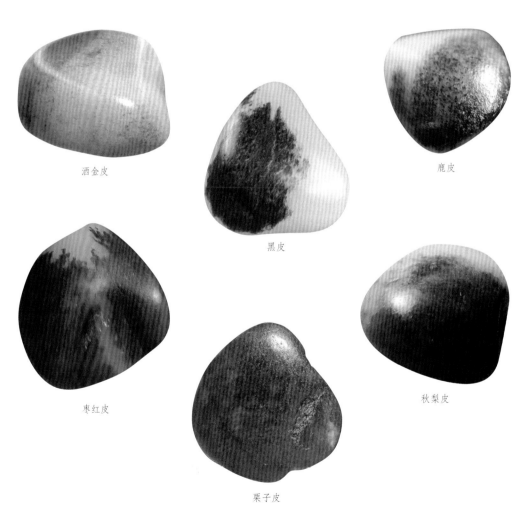

洒金皮　　　　黑皮　　　　鹿皮

枣红皮　　　　栗子皮　　　　秋梨皮

（2）糖皮　指和田玉山料内外分布的一层黄褐及酱色玉皮，因颜色似红糖色，故又把有糖皮玉石称为糖玉。糖玉产于矿体裂隙附近，是氧化环境的产物，系和田玉形成后，由残余岩浆水沿和田玉矿体裂隙渗透，使氧化亚铁转化为三氧化二铁的结果。

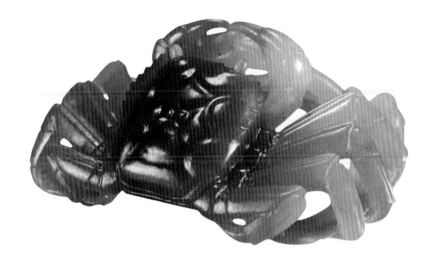

糖山料狭义上指产自新疆地区且末、若羌、叶城三大矿区的和田糖山料。目前市场上流行的高端糖山料主要是俄（俄罗斯）糖。俄糖料的糖色给人的感觉就像是黏稠在一起的奶油，凝结感比较强烈，俄糖料糖色普遍呈淡黄色，也是俄糖白玉山料的主要色调。目前市场上流通的玉质还不错的糖料镯子大多都是以俄糖料为主，因为和田糖料的开采方式和本身存在的玉质问题，和田糖料本身白料子就不多，能开镯子的大料实在是少得可怜。

狭义的糖料指产自新疆且末、若羌、叶城三大矿区的和田糖山料。目前市场上流行的高端糖山料主要是俄糖。

且末产的糖料主要是以大量的糖青白山料为主。上好一点的且末糖白玉跟俄糖比，总体感觉肉质水头感明显，要好于俄糖，糖色也比较鲜艳。而俄糖糖色则略显暗淡，肉质水头也不大。若羌糖山料主要以青白料为主，白料同样不多见。说是青白，更贴切说应该是青黄，因为若羌糖山料的肉质成色普遍呈青黄色。质地多细腻，油性非常好，很适合做规矩一点的仿古件和大型的器皿类东西。糖多呈灰黄色，或者褐黄色，有点类似巧克力的颜色。

（3）石皮　指和田玉山料外表包围的围岩。围岩有两种，一种是透闪石化白云大理石岩，开采时同玉一起开采出来，附于玉的表面，这种石包玉的石与玉界限清楚，可以分离。当它经流水或冰川的长期冲刷和搬运后，石与玉则分离。围岩的另一种是透闪石岩。和田玉在形成过程中，粗晶状的透闪石因质地较松，会逐渐剥离，由于剥离不彻底，在玉的表面常附有粗晶透闪石，这种石皮与玉界限过渡较清晰，形成阴阳面，阴面是指玉外表的石质。

石皮

第三章

秦汉时期和田玉器鉴赏

君子无故，玉不去身

——《礼记·玉藻》

秦汉时期是中国秦汉两朝大一统时期的合称。公元前221年秦灭六国，完成了真正意义上的中国首次统一。秦朝经二世而亡，在经历短暂的分裂之后，汉朝建立，作为中国历史上首个大统一的时期，

秦汉时期也是统一多民族国家的奠基时期。秦代虽然拥有被誉为世界第八奇观的兵马俑，但是当时的玉器却非常少，说明当时的玉器制作工艺并没有较大的进展。在秦代文化的发展历程中，"和氏璧""昆山之玉""明月之珠"等祭典礼玉都曾出现，并绽放光彩。但由于大秦王朝仅仅存在了15年，所以流传的玉器非常之少。而与秦代相比，汉朝长达近四百余年，西汉王朝建立以后，依仗着统一大业的宏伟基础，社会经济加速推进，生活日益富足，文化繁荣的气象不断开创。我国玉器发展在经历红山、良渚、殷商盛世和春秋时代四大高峰之后，因汉代的繁荣昌盛又进入到一个黄金时代。

一、秦汉时期玉器的演变发展

1. 秦代玉器

秦代是中国历史上第一个中央集权的封建王朝，也是政权掌握时间最短的一个统一王朝，从公元前221年立国，到公元前206年被推翻，仅仅短短的15年，因此，关于秦代玉器的面貌并不是特别清晰明朗。东周玉器的快速发展在秦代没有延续下去，秦代玉器只能算是东周和汉代两个玉器繁华过程中间的过渡期。

秦代玉器虽然发展缓慢，但并非断绝，秦代依据玉器的用途，可以分为祭祀用玉、陈设用玉及装饰用玉三大类。

作为一个政治、经济、文化强盛的王朝，秦代也采取了一些有利于玉器发展的措施，一是重视收藏玉器，在统一全国前秦始皇就收藏了"昆山之玉""和氏

模仿束绢形状，就是通常所谓的"蝴蝶结"。

技法古拙、流畅。

璧”及“明月之珠”等玉。昆山玉即新疆
和田玉。秦始皇下令将和氏璧雕刻成“传
国玺”，篆书“受天之命皇帝寿昌”的印
文。秦代规定，玉玺只能皇帝使用。《史
记》载，骊山秦陵藏有大批珍宝。二是重视祭典礼玉，秦始皇到处巡游，每到一地都要
祭祀天地四方及列祖列宗，而祭祀多必用玉，陕西西安北郊联志村出土的祭祀玉，其中
有玉琮、璧、璜、圭、璋、琥这些《周礼》规定的“六器”礼玉。秦始皇二十八年（公
元前219年），南巡长江时，为祭祀水神，曾往长江中投坠玉璧。在重要典礼时，秦代
也用玉器。子婴在继承帝位时，曾戴玉冠。三是重视陈设玉器，《西京杂记》记载，汉
高祖刘邦“初入咸阳宫，周行库府，金玉珍宝不可称言。其尤惊异者，有青玉五枝灯，
高七尺五寸，作蟠螭以口衔灯”，陕西西安西郊车张村秦阿房宫遗址出土的玉杯，既可
实用，又可陈设鉴赏。四是重视玉剑饰，秦代是一个崇尚武力的朝代，战争离不开武
器。秦代流行用玉来装饰剑具，由于秦好战，剑很多，因此饰剑玉也较多，秦代玉器的
发展也由此获得推动。

　　秦代玉器稀少、不如战国或汉代玉器的直接或间接的原因，一是琢玉业是一门雕琢
难度大，技术要求高的工艺，一些高品质的玉器常出于当时名家之手，而高水平的琢玉
技艺不是短时期内能掌握的。秦国由于立国只有短短15年，琢玉名家也很难在短时间
培养出来，故没有形成自己风格的琢玉业。战国时期的一些原有玉匠可能还在为秦代服
务，琢玉风格可能还是延续战国时期，因此要在古玉中分辨出秦代玉器的艺术风格，难
度较大。二是秦末农民起义和楚汉相争之时，刘邦与项羽都曾光顾咸阳城，大肆掠夺奇

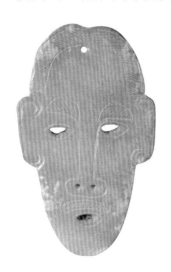

珍异宝。据《史记·项羽本纪》载：项羽烧咸阳宫室，火三
月不灭，并劫走大量宝货，其中包括精美玉器。秦朝灭亡，
大量秦国玉宝器落入起义军首领或富豪手中，有的可能混入
汉玉之中，不易分辨，有的则不知所终。宫廷皇家玉在中国
玉器发展史上是一个时代玉器水平的标志，因皇室用玉不惜
工本，选用最好的玉材，并由最好的工匠雕琢。目前所见秦
代玉器大多为宫廷的祭祀玉或为普通的秦代玉器，不能充分
反映秦代玉器的真实水平。咸阳宫城被毁，秦代宫廷用玉大
多被掠走，但秦代皇陵及上层贵族墓，至今还未发掘，秦代

玉器是否大量存在，秦代玉器的真实面貌如何，还寄希望于考古发掘。

每个时代的玉器，都有其自身的风格特点。秦代玉器虽然数量不多、玉艺特征目前还难于全面把握，但还是能体现出自己的玉器风貌。处于战国至西汉的过渡时期的秦代社会，经历了由分裂走向统一的特殊时期，因而秦代玉器也带有过渡的色彩，既有战国遗韵，又有新的时代风尚。具体表现在材料、用途和雕工的不同。

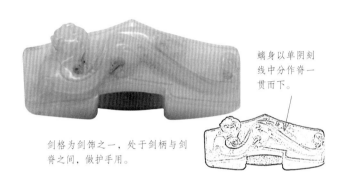

螭身以单阴刻线中分作脊一贯而下。

剑格为剑饰之一，处于剑柄与剑脊之间，做护手用。

秦代玉材有两大类，一类为和田玉，主要琢制陈设玉及装饰玉，如阿房宫遗址出土的玉杯，即为和田玉。另一类是地产玉，是产于秦国境域之内的玉材，此类玉材主要用作祭祀玉和丧葬玉，玉质与陕西蓝田玉和河南南阳玉系统较为接近，如西安市附近出土的秦代祭祀玉坑中的85件玉器，都为青玉质地，应该均是地产玉。

秦代祭玉坑中出土了成套"六器"礼玉，《周礼》规定用苍璧、黄琮、青圭、赤璋、白琥、玄璜祭祀天地四方。周代虽有大量的玉器出土，但未曾见到成套的《周礼》所载"六器"玉同时出土，却在秦代祭玉坑中出土了，说明周代礼学在秦代还是相当重视的。除了《周礼》中玉璧、琮、圭、璋、琥、璜这些成套祭祀六器，同时出土的还有玉人、玉觽等。琮只做成扁方形，璧做成小圆形，两者中间只穿一个小孔。圭、璋既不饰纹，亦不琢孔。璜有环形和双兽首纹两种，前者光素无纹，后者仅在两端琢

兽首形，因璜两端及璜背均无穿孔，无法系挂，因此作为祭祀用玉。琥做成扁平形状，只作轮廓线及首、足形，与东周时期精工细作的奔跑状玉虎有很大区别，专门作祭祀用玉。出土的玉人，面部毫无表情，四肢呈捆绑状，头上有髻，类似于秦兵马俑，这些玉人应该也是用于祭祀，这是人殉制度在秦代出现的新形式。

掠夺来的六国宝器在秦始皇统一六国的过程中被陈设于宫廷中，说明秦代宫廷喜爱展示宝器。据文献记载，秦代的陈设玉数量还是相当多的，并且形态很大，如刘邦进入咸阳宫看到的玉灯，就高达七尺五寸。可惜大部分陈设玉被掠夺、毁坏于秦末战争中，如今只能看见一件玉杯出土于阿房宫，但从中也能映射出秦代陈设玉的迷人风采。玉剑饰、玉璧等是目前比较多见的秦代装饰玉。

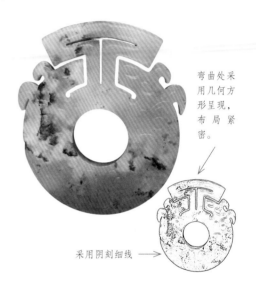

弯曲处采用几何方形呈现，布局紧密。

采用阴刻细线 →

秦代玉器的雕工及装饰技巧，既没有战国玉器的富丽堂皇及精致通明，也没有汉代玉器的精雕细琢及繁复的纹饰，形体较为笨拙，花纹较为简单粗糙。所雕琢的祭祀玉，均为仅具轮廓状的器形，没有细部加工。所雕琢的陈设玉和装饰玉，虽然比祭祀玉精致，但和前后两朝玉器相比，显得还是比较粗糙，谷纹、乳钉纹等不饱满，并且显得稀疏。勾连云纹，线条粗糙而僵硬，底子毛糙，加工修饰也显得十分草率和马虎，由此可以看出秦代玉器的水准还是有些欠缺。从雕工及装饰方面来看，秦代玉器粗犷有余，细

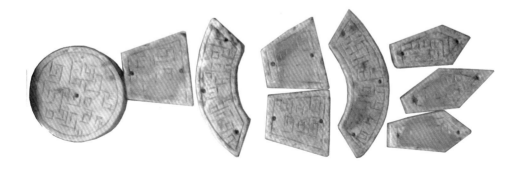

润不足。同时，从秦代玉器中似乎也能隐约看到秦代玉匠不像周汉两朝玉匠那么才华横溢，灵气十足。

2. 汉代玉器

秦汉玉器，从总体上来说传承了战国玉器的工艺，但在玉材、造型、纹饰、雕琢上都与前代有许多不同之处。因历史短暂，秦朝玉器的风格主要沿袭战国玉器的品种。自汉代以来，玉器的风格发生了很大变化。西汉成为我国玉器发展史上又一个高峰期。

生活用器皿依然是汉代玉器中较多的品种，新的玉器品种有笔洗、砚滴和盖盒等。在汉朝统治区内，禁止成组串佩，但单个形玉佩，如玉舞人、玉翁仲、玉刚卯、玉司南佩等数量却十分可观，成为当时佩玉的主流。玉制人神物，除作佩饰用的玉舞人和玉翁仲外，还有凭几而坐的玉人、玉仕女、玉东王公、玉西王母及玉仙人等。动物玉器中，之前出现的龙、凤、螭等，在汉代仍有大量出现，新发现的还有集各种珍禽异兽之长而制作的玉辟邪和"四灵"，即青龙、白虎、朱雀、玄武等。与战国时相比，写实动物的造型有所增加，有玉鸭、玉蝉、玉鱼、玉虎、玉鹰、玉牛、玉马、玉熊、玉犀、玉鸠鸟等。此外，玉带钩、

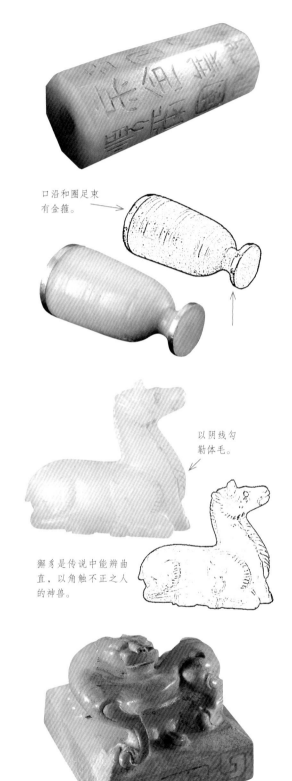

口沿和圈足束有金箍。

以阴线勾勒体毛。

獬豸是传说中能辨曲直，以角触不正之人的神兽。

玉具剑饰物、玉兽面纹铺首等以往出现的玉器仍有出现。只是其造型纹图和含义等均有新的变化，并构成新的风格。器形上出现罕见的新型器物。如葬玉、玉印、辟邪、刚卯、翁仲、玉舞人、铺首、玉剑具、高足杯、鸡心佩等成为汉代玉器的典型代表并影响深远。丧葬玉是汉代玉器中比较有特色的品种，主要有九窍玉，即一对眼盖、一对鼻塞、一对耳塞、一片口琀、一件肛门塞和一件生殖器盖，玉衣、玉

璧、玉握猪等，其完备程度可以说是空前绝后的。汉代玉印比较流行，都是刻有文字，无论是隶书还是篆书，一气呵成，且转折自然，方起方收，方中有圆，线条笔画与战国区别明显，不再是中间粗两头尖。在千百年来，汉印对后人的影响非常深远，清代印坛名师奚冈曾说："印之宗汉也，如诗之宗唐，字之宗晋"。汉印在形制与钮式上十分多样，在字体的雕琢、章法的变化等方面已成为宗范，被历代公认为唯一的法门和楷模。刚卯是用以驱逐疫鬼之物，汉代人佩戴在身，呈柱形，中空穿孔，四面多用篆或隶书字体，刻有辟邪的四字句，均为阴线刻画文字，比较草率，不规整，在卯面也没有纹饰，后世仿的刚卯多数刻的是楷书。司南佩都是有身份的士大夫佩戴，所以通常都是用价值高昂的和田玉料雕制而成。司南佩的造型非常奇特，顶上像把钥匙，上下两截，下面有钮，中间穿孔。除了翁仲外，在汉代的人物雕刻中，还有著名的东汉舞人。东汉舞人一般采用单面工的造型，动态的舞人都是顺一致方向刻画其衣姿和舞姿，如是相背的方向，那一定是后仿的，在舞人的衣饰上刻有很细的纹饰，舞人腰部显得很柔美。玉蝉、冈卯、司南佩、翁仲作为装饰类型的玉器都寄托了当时人们向往太平、祥和生活的美好期望。

各种陈设玉尤其能够体现汉代玉器的特色和工艺水平，其设计新颖活泼，工艺精湛，构图巧妙，纹饰华丽却不落

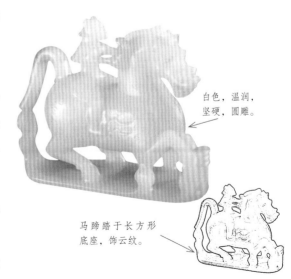

白色，温润，坚硬，圆雕。

马蹄踏于长方形底座，饰云纹。

俗套，整体形象充满灵气和动感，充分展示了汉代雄浑豪放、浪漫潇洒的时代风尚。玉蝉、冈卯、司南佩、翁仲都是当时的典型器物。这些玉器的发现，对研究汉代礼义制度和封建集权制具有重要意义。

汉代玉牌饰是中国玉器史上一个极特殊的品种，在国内外仅出现过数十件。这个时期的玉牌饰大小不一，其中单面浮雕兽面纹比较多见，也有少量有镂空雕的纹饰，可能是用于陈设或镶嵌家具。这种玉牌饰的背部光素无纹，正面的兽面纹兽面图案对折起来，就会看到一个龙头，因此正面的兽面纹应为"龙面纹"。也有的玉牌饰雕刻有凤鸟式螭龙图案。另外，汉代玉牌饰还有方形、长方形的，动物图案的单面浮雕，应该也是用于装饰。汉代玉牌饰一般选料比较好，雕工也很精湛，在雕刻工艺上阴线、阳线、凸雕、圆雕等多种手法相结合，具有丰富的艺术表现力。

汉代玉雕手法丰富多样，出现了许多精雕细琢之作。在汉代的玉器中，圆雕和高浮雕应属于艺术价值较高的陈设艺术品，这类玉器往往玉质非常好，雕琢精细，造型优美，在中国的玉雕史上占有非常重要的地位。反映平常生活题材的玉器在汉代大量出现，其中玉雕牛、羊、鸟、龟、熊等为最常见，风格趋于写实，并一改平面雕刻，由立体圆雕取而代之。以卧牛为代表，牛儿辛勤劳作后慵懒的神态被生动传神地刻画出来。这种写实的表现手法和自然主义的刻画对后世产生了较大的影响。

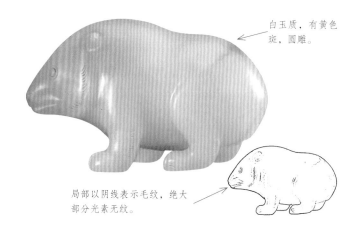

白玉质，有黄色斑，圆雕。

局部以阴线表示毛纹，绝大部分光素无纹。

玉璧在汉代"六器"中的使用最为盛行，其次是玉璜和玉圭，而玉琥、玉璋和玉琮似乎消失或改作他用。如在汉墓中发现的两件玉琮，一加配器座后改作器皿用，一改作玉衣上的生殖器套用。以往葬玉器曾见有玉和缀玉覆面器等，汉代葬玉器不仅品种丰富，且数量众多，以"蝉"尤为突出，在汉代的贵族墓中发现很多。由数千件不同形式玉片组成的玉衣，由多种纹饰同饰一器的玉座屏，吕后生前用过的"皇后之玺"玉印和重达10千克的大型玉铺首等，它们的发现，标志着汉代琢玉技术的重大进步。

从河北满城中山靖王刘胜墓、山东巨野昌邑哀王墓、江苏徐州楚王墓、广州南越王墓这些有影响墓葬来看，汉代出土的玉器范围遍布全国，数量众多而且集中。

汉代，由于封建国家制度在礼制上是由儒家道德学说来维护的，汉武帝"罢黜百家，独尊儒术"，于是，以礼器、佩饰为主的儒家玉器体系，也因此获得了大力扶持。而汉代国运昌盛，中原同西域的交通来往便捷，玉材的来源很丰富，在继承前朝琢玉精华的基础上，汉代玉器把中国古代玉器推到了一个新的发展高峰，并由此奠定了博大精深的中国古代玉文化的基本格局，以至"汉玉"一词几乎成了古代精品玉器的代称。

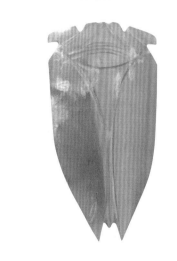

镂空环状云形把柄。

勾连云纹为底雕三组变形的夔凤纹。

玉夔凤纹樽，汉代，白玉材质，有褐色沁斑。此玉樽有盖，盖面隆起，中心凸雕一花瓣形钮，钮周凸雕三个鸟形伴钮；器身表面有带状夔凤纹和谷纹，间刻小勾云纹；一侧有环形柄，顶端形成简单云形出廓，上饰一兽面纹。底有三个蹄形足。此玉器图案精美，造型端庄，系仿青铜尊而作。早先它曾被认为是盛化妆品的奁。1962年，在山西右玉县大川村发现了一批青铜器，其中有两件器物上铸铭文"温酒樽"，并有西汉成帝"河平三年造"字样，其器型与此玉器非常相似，故此玉器被更名为樽。

玉辟邪，汉代，玉料为青褐色，圆雕异兽，卧状，圆目，张口，头顶有角，身有翼，长尾。这件作品形状劲健雄伟，神态凶猛。汉代，造型艺术有很大的变化，很多动物、人物题材的作品取材广泛，形象生动。尤其以形态各异的异兽最引人注目。这些异兽形态上有很强的气势，被赋予了超自然的特性。目前，在汉代遗址中已发现了数件此类玉制品，传世玉器中也有少量遗存。这件玉辟邪造型表现力与工艺都有很高的水平，是此类作品中的代表。此物有一定的重量，可做玉镇使用。

玉螭凤纹韘，汉代，玉为暗白色，局部呈褐赭色，片状，中部为心形玉片，表面饰云纹，中心有孔。玉片上部透雕云头装饰，两侧分别透雕螭、凤，螭细身、大臂、长角、长尾，凤亦细身、长尾，头顶之翎长而且分叉。

玉夔纹韘形佩，汉代，玉为暗白色，片状，弧形，较璜的弧度小，上部有尖锋，其外饰有透雕的夔纹。此玉器应该是东汉玉韘的代表作品，中部的孔径非常小，其外的透雕装饰是从夔凤图案演化而成的非动物形图案。目前可知的早期玉韘为商代作品，其形态呈筒状，外饰兽面纹，并且有一道横向的凹槽。作品具有套于手指扣弦拉弓的作用，又有装饰佩戴于身的作用。战国时期，玉韘变短，外带勾榫，成为纯粹的佩玉，这时还出现了环片状作品。西汉时期，玉韘演化为透雕片状，花纹图案越来越复杂，其上有很多动物形装饰。东汉时期，又演变出透雕长条形韘形佩。

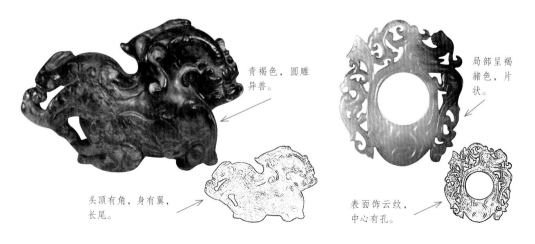

青褐色，圆雕异兽。

头顶有角，身有翼，长尾。

局部呈褐赭色，片状。

表面饰云纹，中心有孔。

玉蝉，为白玉质，有褐色斑，薄片状。扁腹，腹下有纵向的直线纹。长翅，翅上无翼纹。小头，双目凸出于头的两侧。玉蝉的使用历史比较长，在新石器时代的红山文化、良渚文化、石家河文化遗址中都有出现，其后至汉代的各个时期，蝉都是作为玉器作品中的重要题材。玉蝉的用途主要有两项，一为佩饰，流行于商代之前。汉代玉蝉多为逝者口中的含玉，称为"琀"。在逝者口中置玉是古代的一种入葬习俗，用蝉作琀有祝愿逝者蜕变再生之意。战国早期曾侯乙墓中出土的玉琀是一组小牲畜，汉代墓葬中出土了很多的玉蝉，大多数没有穿绳挂系之孔。

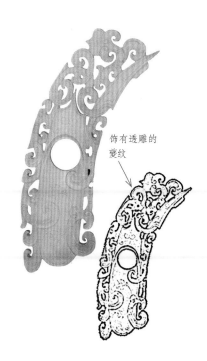

饰有透雕的
蔓纹

西汉刘向《说苑》记载，吴王欲伐荆，对左右大臣们说："敢有谏者死！"舍人有少孺子，有谏而不敢言，在园中等了三天。早晨，吴王看到他问："你过来，衣服怎么让露水湿成这样？"他说，他用弹丸要打黄雀："园中有树，树上有蝉，蝉悲鸣饮露，不知道黄雀就在它的身后，黄雀要捕捉蝉，却不知弹丸就在树下对准了它。此三者都只想得到眼前的利益，却不知道身后有患。"吴王接受了少孺子巧妙的进谏，于是停止进军荆。这个巧妙进谏的寓言故事因其生动美丽而流传至今，成为中华老幼皆知的故事。

又如牛亨问董仲舒："蝉为何叫齐女？"董仲舒回答："过去齐王后幽怨齐王而死，尸体变为蝉，飞到树上，凄唳而鸣，齐王悔恨不已，就称蝉为齐女。"齐女之称，令人

哀婉，痛惜。蝉，亦称貂蝉。貂者，文而不焕，外柔内刚；蝉者，有文而不自耀，有武而不示人，清虚自收，识时而动。此后，蝉如同凤凰具有五德一样，被人赋予君子之德："头上有帻（巾），则其文也；含气饮露，则其清也；黍稷不享，则其廉也；处不巢居，则其俭也；应候守常，则其信也；加其冠冕，则其容也。君子则其

操，可以事君，可以立身，岂非至德之虫哉？"蝉已成为完美君子的象征。

蝉以它独特的生命现象，引起历代的关注。晋代傅玄《蝉赋》云："美滋蝉之纯洁，禀阴阳之微灵。"蝉从可观赏的形态，发展为完美君子操行之五德，从君子五德，又升华为道家的境界。

玉猪，汉代，圆柱状，底面较平，两端略做切削以呈猪首及猪尾的外形，又以粗阴线界雕出眼、耳、四肢，雕琢非常简练朴实。这类玉猪在汉代墓葬中出现的较多，一般都置于亡者手中，作为丧葬使用的玉握。在汉代及其后时代的丧葬礼俗中，玉猪的使用非常流行，有些作品四肢直立，头、臀部隆起，形象比较真实。

青白玉辟邪，汉代，玉料色为青白，表面有橘黄色及赭色斑。雕一兽伏地，爬行状，兽为扁方头，曲颈。从头形看，似虎，头顶有长角，角端分叉，四肢短粗有力，身侧有翼，为前后两组羽组成。

中国古代传说中有许多想象中的动物，依据传说演化出许多玉器中的神异怪兽。辟邪便是在雕塑作品中出现较多并极受人们崇敬的异兽，辟邪制造往往受多种动物造型的

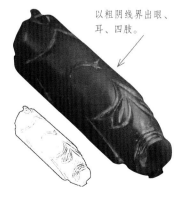

以粗阴线界出眼、耳、四肢。

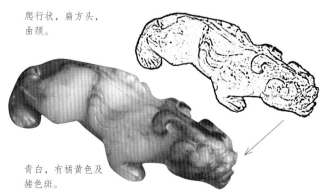

爬行状，扁方头，曲颈。

青白，有橘黄色及赭色斑。

影响。此件辟邪应该是以虎为原型并加以兽形变化，颇具想象力，仅于局部加翼，无鸟身，造型生动。

玉"益寿"谷纹璧，汉代，玉璧为青白色，有暗黄色斑。璧圆形，体扁平，内、外边缘处凸起，两面纹饰相同，均饰颗粒状谷纹。璧的上缘之外饰有透雕的"益寿"二字，字两侧分别雕一螭和一龙。螭为回首状，身有环点，长角。龙为阔嘴长唇，似从鳄变化而来，龙身有鳞，四肢及后身似兽身。清宫档案有关于"益寿"璧进宫的记载，称其为"拱璧"。

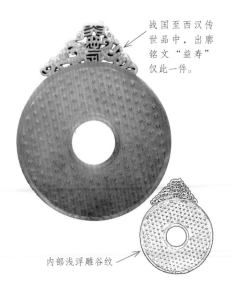

战国至西汉传世品中，出廓铭文"益寿"仅此一件。

内部浅浮雕谷纹

玉龙螭纹洗，汉代，此玉器为青色，圆形，内膛非常浅，可贮水。口沿宽而平，两侧横出片状柄，左侧柄饰龙、螭，螭头似虎而有角，身自云水中隐没，龙隐于螭后，仅露头，头形似熊。右侧柄装饰一长身龙，独角，身亦隐于云水中。柄的背面为阴线刻的图案，与正面图案相似。

中国文化在汉代有了很大的发展，书、画盛兴，文房用具日益丰富。目前已发现砚滴、笔屏等汉代文房玉器。这件作品内膛较浅，口又阔，应该是作为文房用品中的笔洗。

玉卧羊形砚滴，汉代，此羊形砚滴为青玉材质，通身有褐色沁斑，头部特别严重，被沁蚀成深褐色。羊为立体圆雕，呈跪卧式，昂首挺胸，二圆目平视前方。面部呈三角

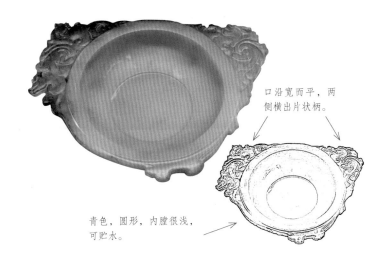

口沿宽而平，两侧横出片状柄。

青色，圆形，内膛很浅，可贮水。

形，双角回卷，贴于头部两侧。身躯丰满，四肢屈于腹下。胸前、眼下部、面颊及腿弯处皆饰阴刻线，线条细短，排列整齐。玉羊背部有一圆形凹洞，洞上放置双兽形圆柱钮盖。此玉羊背上的凹洞及双兽形钮盖和中空的腹部均似明代的制作风格，故此物可能是明代人以汉代玉羊改制而成的砚滴。

汉代玉羊大多饰有以手工刻出的阴线，线条细短、排列整齐且弯曲有度，一般刻于颈下、身体两侧和腿弯处，这些特征可作为后世识别汉代玉兽的重要标志和断代的依据。

玉卧羊，汉代，为圆雕，玉料为青白色，局部有褐色沁斑。羊卧姿，昂首目视前方，眼睛以阴线刻成圆形，外圈加弧线。双角弯曲盘于头后方两侧，颈下及身体两侧以平行的短线饰作羊毛。前足一跪一起，后足贴卧于腹下。自商代，玉羊的造型就已出现，圆雕玉羊的造型在汉代时已十分准确，多为静态卧形，身体肥硕，背部丰满、短颈、嘴部似榫凸，羊角雕琢细致，大而夸张，一般向下盘旋弯曲，羊身上多刻有阴线细纹为装饰。这类玉羊用作玉镇或陈设品。

玉镂雕谷纹"长乐"璧，东汉，玉璧呈青绿色，为和田玉，有红紫色沁斑。体扁圆形，上部有出廓，两面纹饰完全相同。璧两面雕谷粒纹，内外缘各饰凸弦纹一周。出廓部分正中镂刻"长乐"二字，字体圆润浑厚。字两侧对称透雕独角螭龙，两螭龙嘴部分别吻"长"字的两侧，以阴线饰龙身和身上之勾云纹，螭龙躯体翻卷有致，身下饰卷云纹。璧的外圈边侧以阴文篆刻乾隆皇帝御题诗一首。

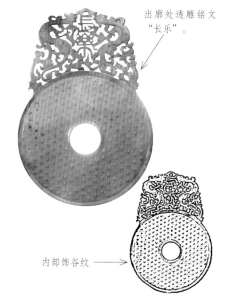

出廓处透雕铭文"长乐"。

内部饰谷纹

汉代玉璧的纹饰、造型和风格在以往传统的基础上有所突破，采用了浮雕、透雕、阴刻等工艺以及在圆形璧外出廓透雕等新雕琢技法，玉璧的立体感和装饰效果得到了增强。

玉夔龙蚕纹璧，在汉代玉器出土较多，在河北省满城县、广东省广州市、北京市、湖南省长沙市、河南省洛阳市、陕西省咸阳市、山东省莱芜市、安徽省亳州市、广西壮族自治区贵港市以及山东省荣成市等地的汉墓中都有发现。

二、秦汉时期玉器的纹饰特点

秦汉玉器的形式和饰纹都发生了不同程度的变化，如玉具剑饰物，因大多是在铁剑上配饰，往往器大而厚重；饰纹历经由简至繁，造型由薄至厚；玉璧中的出廓一式，出廓处饰纹由孔内、两侧转移至上端一处，其饰纹由对称转向非对称，发展到东汉时期还出现镂空铭文之璧，出现有"长乐""益寿""宜子孙"等吉祥语；而那些龙、凤、螭纹，也有较大的变化，如龙，从"S"形游动态过渡为爬行状，并出现眉骨耸起，吐长舌，口吐或含宝珠，有四足，个别身上有鱼鳞甲，出现动感极强的形式。螭龙之态，由战国的侧首侧视过渡为正面正视形，四足由身下一侧行走状过渡为置身两侧各两足成伏

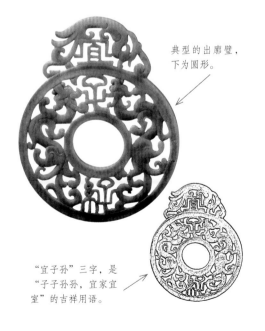

典型的出廓璧，下为圆形。

"宜子孙"三字，是"子子孙孙，宜家宜室"的吉祥用语。

地爬行状，由张牙舞爪向合口形演化；一些几何装饰的纹图，虽然仍有出现，但比战国时期少，并且大多以宽松布局。与此同时也史无前例地出现了新的饰纹，如圆圈纹、短平行毛发纹、云气或流云纹、细如毛发的游丝纹和"汉八刀"饰纹等，其中细如毛发的游丝纹的刻琢，不像是用砣具琢制，其纹多在弯曲处呈现叉边或差道痕，有可能是所谓"它山之石"，如金刚石磨尖直接刻画而成。秦代及两汉早期，许多玉器的纹饰延续了战国玉器的纹饰风格，西汉晚期玉器风格发生了变化。动物纹样、云水纹样在东汉时期有了较特殊的运用。常见的汉代玉器饰纹有下列几种。

1. 谷纹

在战国玉器上已大量使用谷纹。汉代沿用了战国玉器的这一纹饰，可分为以下三种：

（1）卧蚕类谷纹　汉代谷纹中谷粒较大，排列略松，起凸很浅，谷粒上部较浑圆。而战国玉器作品上的谷纹谷粒较小，排列紧密，谷粒顶部较尖。

（2）乳钉类谷粒　为凸起的圆形颗粒。汉乳钉纹玉器出现较多，一些玉器上使用了大乳钉纹。另外，自秦代玉器上就出现凸起较矮、轮廓模糊的小乳钉纹，这类纹饰在一些汉代玉璧上经常出现。战国玉器上乳钉类谷粒纹使用较少，多见于楚文化玉器，谷粒一般较小。

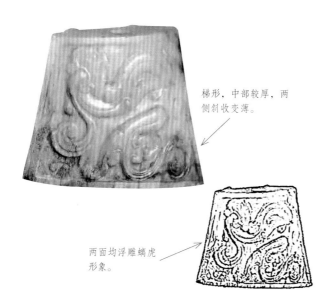

梯形，中部较厚，两侧斜收变薄。

两面均浮雕螭虎形象。

（3）带有阴线勾连的谷纹　汉代玉器上谷纹间的勾连阴线形式多样，两种最常用的连线方法是丁字形勾连、折角形勾连。

2. 蒲纹

汉代玉器上的蒲纹同战国玉器的蒲纹用法相似。大致可分为二类：一类蒲纹很细密，阴刻平行线较深，夹角60°并分三组交叉排列，在线条及交叉点之间留出六角形的空白，空白处较高，似凸起的谷粒，但顶部留出一个小平面；另一类蒲纹较为疏朗，线条的组织方式与上一类相同，但阴线浅而宽，线条间的空白处凸起不是很明显。

3. 柿蒂纹

形似柿蒂，这类饰纹多呈环形装饰，多见于剑首、柱形杯的杯足或其他圆周式装饰的玉器部位。分为多瓣，每一瓣的主体呈横向的椭圆形，前部尖凸，似蒂而有变化。汉代柿蒂的花瓣略宽厚，偶见四瓣，以五瓣、六瓣为多，一般凸起都较浅，饰于玉器凸起或为弧面下凹的部位。

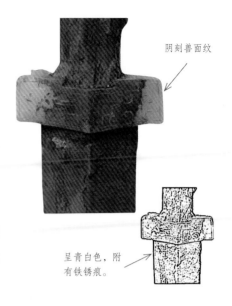

阴刻兽面纹

呈青白色，附有铁锈痕。

4. 云纹

人们对云纹这类图案，自古以来都有各种不同的称谓，这些称谓依据并不充分，也不能充分而形象地表明纹饰的形状。汉代常见的云纹大致有以下几种：

（1）钩云纹　形似以弧线在两个小的半圆环间相连，有些以阴线构成图案，有些则以凸凹结合的方式构成。

青黄色，两面纹样相同。

内侧镂空透雕出两只猴子和两只熊。

由蒲纹双身兽面纹玉璧切割而成。

青灰色，扁平体。

（2）云雷纹、云矩纹　所谓云雷纹是以直线折成近似"回"字状的多层祀形图案排列而成的装饰纹。云矩纹是长祀形状图案排列组成，但不完全封闭的。

（3）云水纹　呈凸凹状，似云水流动，或呈云团状，这类图案只见于佩饰类玉件上。云水纹呈一种连弧状或波状的图案组合。

（4）三叉云　汉代玉器上出现很多三叉形图案，多为在一个柄状图案的端部向前祀及两侧歧出三个叉，两侧歧出的图案略向回钩，被称为三叉云。

5. 涡纹

形似旋涡，图案的外周大多像一个较大的圆环，自圆环向内旋出多组旋线，线端存在多种勾连变化，圆环的中心出现一些小的图案。

6. 龙纹

在汉代玉器中，龙纹是使用较多的纹样。战国玉器上的一些龙纹与西汉早期玉器中的一些龙纹类似，如一些玉锁两端的龙首，上唇厚大而上卷，整体上近似祀形。西汉中期龙纹形状有了非常大的变化，龙纹可以分为三类：

（1）侧面兽身龙纹　这类龙纹龙身或似兽身，或将兽身拉长，有些龙的身上饰有鳞片纹。龙尾大多像虎尾，长且端部回卷。

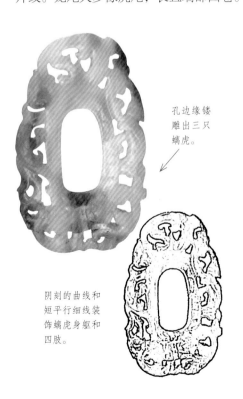

孔边缘镂雕出三只螭虎。

阴刻的曲线和短平行细线装饰螭虎身躯和四肢。

（2）龙首纹　可分为正面龙首和侧面龙首，以侧面龙首较多。侧面龙首的唇变为长条状，上唇上翘或上卷，眼的上祀为额头。有许多龙的额头端部是往前的尖状，头顶有一个角常常为弧状。正面龙头主要出现于饰有龙纹的玉璧，玉璧上分出内外几层环形区，或于外区装饰几组龙首纹。玉器的风格与战国时的作品类似。在江苏扬州老虎墩汉墓出土的一件玉环，其正面为龙首，形态似蝇头，整体似长祀形，下唇很长。

（3）铊身龙纹　龙身地长，或为环状的玉佩，玉佩往往带有一个龙足，呈后蹬状，或为屈身的玉佩。

7. 螭纹

一种头形似虎头的动物纹样常常出现在战国的器物中，人们认为这便是所谓的螭。在玉器中大量出现这类纹饰，一直沿用到清朝。装饰螭纹的作品在汉代玉器中极多，时代特点十分鲜明。后世作品装饰的螭纹，大多是从汉代铜纹的样式上演化而来，整体上相似，局部上出现很大变化。汉代的特点主要表现在头型、五官、身型、角、足、尾等方面。头的上部横宽，近似于长祀形或椭圆形。下部为鼻，异形、变窄而明显前凸，呈现横条形、斧袖形、凸样形、锥形等不同的样式。耳有几种：①短耳，向两侧根出。②几式耳，两耳各呈现几字形。③叉式耳，两耳似双股叉自头顶上竖。尾较长，主要有两种形式：一为分叉式，或三叉，或两叉，其中一叉为主叉，较长，另一叉在其旁，尾端曲卷；一为虎尾式，似虎尾粗而且长，端部回曲，有些上面饰有绳纹。

8. 鸟纹

在玉璧或细阴线刻纹璧中比较常见。鸟形多为回首或昂首前视的形状。鸟纹头部特点为长颈、小头、钩嘴、头顶或有一短的钩形翎，或有一较长的米字形翎。鸟身较长，略细，翅较小，呈钩状。鸟尾较长，有一支主干，其上分出钩卷的仪，尾上无细部的羽毛刻画。

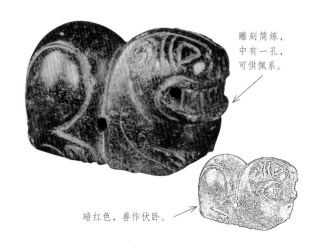

雕刻简练，中有一孔，可供佩系。

暗红色，兽作伏卧。

9. 其他装饰纹样

汉代玉器上出现丰富多样的装饰纹样，常见的还有兽面纹、绳纹、网格纹、小的阴线装饰图案等。兽面纹多表现为浅浮雕状，在平面上略有凸凹变化，小勾云纹布满面部。绳纹有的较细，似扭丝，有的较粗。网络纹的面积较小，在组合图案或兽面图案的局部点缀中比较多见。小装饰图案呈现各种样式，在兽身、螭身、鸟身的肌肉活动处装饰。细阴线和大坡面阴线较多的在汉代玉器装饰中使用。在战国玉器上这两种阴线已较多地使用，在汉代玉器上又有了新的发展变化。纹饰在很多地方似接似断，断断续续，称之为"跳刀"线，像似钉头跳跃划出。大坡面阴线与所谓的汉八刀琢玉法相似。许多加工方法简练的玉器在汉代出现，如玉猪、玉蝉、玉人、玉带钩等，先确定器物形状，将玉材进行较简单的切削，再进行大坡面阴线勾勒，勾画出局部特点。这两种阴线的使用，在汉代玉璧的兽面纹加工中尤为突出，这类兽面纹常常是用细阴线勾出兽面及两侧龙身，再于兽面的眉、鼻、嘴等处刻画几道深槽。

异兽灵物图纹也出现在汉代玉器纹饰上，在汉代首次出现了玉辟邪的制作。玉辟邪的出现一方面是受我国原有异兽神话的影响，另一方面，当时有许多关于异兽的西域传说流入东方，一些动物也从西域带到中原。另外青龙、白虎、朱雀、玄武四种辟邪灵神也经常在玉璧上出现。单独的龙、凤纹装饰也常常出现在玉璧上。有比较多的汉代玉器纹饰，特点是很多的玉璧出廓，谷璧、蒲璧的外边添加螭龙、螭虎、卧蝉、雷云纹等装饰，而且效果很理想。玉璧除了出廓的特点外，还出现了"宜子孙"之类的吉祥语，这种玉璧雕刻技法上具有语言内涵的装饰内容，首次出现在东汉。另有许多继承前代战国时期的纹饰，如卷云纹、谷纹、蒲纹，都是战国较流行的，或为单独出现，或为多种纹饰混合呈现。

三、秦汉时期玉器名称释义

1. 汉八刀

"汉八刀"是中国玉雕技法中十分有特色的技法，是由葬玉文化带来的产物。在秦汉时期的玉器制作上，由纤巧繁细的作风演变为雄浑博大、自然豪放的艺术风格。"汉八刀"的代表作品为八刀蝉，其分为佩蝉、冠蝉和琀蝉，八刀蝉的造型一般采用简洁的直线，其形态特征被抽象的表现，每根线条平直有力，像用刀切出来一样，俗称"汉八刀"。其"八刀"表示用寥寥几刀，即可传神地表现出玉蝉饱满的生命力，并非指一定是用了"八刀"，刀法简略而已。也就是说汉八刀是指刀法简练的一种工艺风格，而非一个工艺的专用名称，更不是专指某一种玉器。

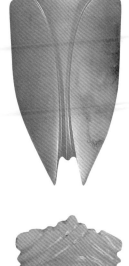

"汉八刀"，其刀法矫健、质朴，锋芒有力。实际上他并非是用刀刻出来的，而用砣具砣成的。"汉八刀"工艺品是中国玉器史上的经典代表，展现出了汉代精湛的雕刻技术，具有非常高的工艺水平和艺术价值，在中国玉器史上占有重要的地位，而此风格的玉器自汉代之后再无出现。

"汉八刀"是中国玉雕技法中十分有特色的技法，是葬玉文化的产物。这种技法随着葬玉文化的衰落，也逐渐不再采用。后世虽多有模仿，但脱离了那个特殊时代，仿制的作品很难琢出那种气势，缺少神韵，加上工艺水平欠缺，仿作总是留下许多破绽。

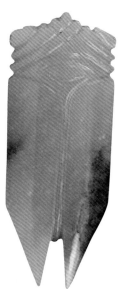

2. 游丝毛雕

是战汉时期流行的一种细线纹雕琢技法。线形若游丝，又被称为"游丝刻"或"跳刀"。其特点是细如毫发，逶迤道劲，顺畅婉转。正如明人高濂在《燕闲清赏笺》中所描述的："汉人琢磨，妙在双钩，碾法宛转流动，细入秋毫，更无疏密不匀，交接断续，俨若游丝白描，毫无滞迹"。游丝毛雕的技法雏形最早出现于春秋晚期，但当时线纹的长度和连贯性比不上战汉时期，主要是用于填补每组单位浮雕图案间的空白之处而构成的矩形绹索纹、网格纹。游丝毛雕线纹的具体形态可细分为两种形式：

一式，较粗。在放大到60倍的情况下观察：线槽边沿规矩整齐，未见崩口，只在弯转之处偶见歧出线纹；阴线痕迹为多条短凹槽连接而成，每道凹槽都是两头尖浅、中间宽深的枣核形，故同条长线纹的宽窄略微有所不同，槽底为既相连接又大致等长的弧形磨砂痕迹，这是微观见到的典型砣痕。根据微痕推测，此形式应该是由小型勾砣以湿砂为媒介砣出，此处的勾砣是采用一种形制较小的铁质砣轮，制作时先碾出多条短断线，再于间隙处补砣，接短成长，从而形成一种断续相连，顺畅自然的形态。

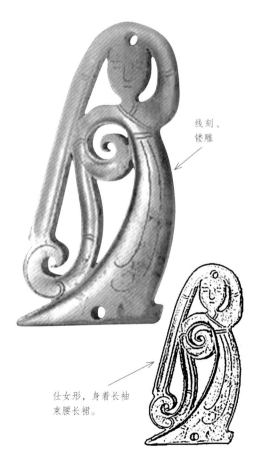

线刻、镂雕

仕女形，身着长袖束腰长裙。

如北京丰台大葆台2号汉墓出土的一件玉舞人。白玉质地，表面局部被沁成黑色。扁平体，镂雕作舞人造型。舞人作折腰甩袖形，一臂广袖上扬逾首垂至另一臂，另一只手置于弯折的细腰间，长袖至下摆一侧且回卷。舞人之眼小、细眉、鼻直、口小以及长裙上的花纹皆以"游丝毛雕"技法琢出，线纹遒劲有力，断续相连。上、下端各钻有一圆孔，可作穿系结缀之用。作品高5.2厘米、宽2.6厘米。

二式，较细。在放大到60倍的情况下观察：线槽边缘有锯齿状的崩口，并且有不规则歧出的细毛刺出现；槽底深浅不同，有多道细丝状划痕。明显是由良渚文化时期使用的金刚石、水晶和燧石等尖状硬性刻具琢画出后，再加以修饰打磨而成。

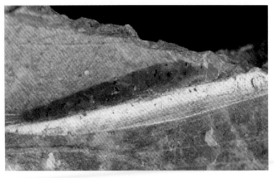

如陕西咸阳师范专科学校出土的一件玉璧。青玉质地，略微泛白。玉璧造型规整，呈现圆形扁平体，中间有一孔，两面纹饰相同。内外边缘都饰有阴线纹一周，中部琢出一周束丝纹为界，将玉器表面纹饰分为内外两区。内区为剔地隐起蒲纹为地，上饰阴刻谷纹；外区系两组四条双身兽面纹，以对称状分布，兽面朝外。纹饰繁缛精美，都是以"游丝毛雕"技法琢出，线纹纤细清晰，自然连贯，犹如一气呵成，其边缘有毛茬。

3. 玉辟邪

辟邪在中国古代文化传说中是龙的第九子，它龙头、马身、麟角、貅身，全身披鳞，肋生双翼。

辟邪喜食金银，其最大的特点就是有嘴无肛门。据说是因为曾经触犯天条被玉皇大帝惩罚，因此只能进不能出。除了以财为食，辟邪还食各种猛兽、邪灵，且护主心强，其之能胜父千倍，能腾云驾雾，号令雷霆，巡视天庭，阻止妖魔鬼怪、瘟疫疾病扰乱天庭，因此在民间辟邪有挡煞、镇宅护院之威力。综上所述，辟邪在人们眼中就成为吸财纳宝、辟邪挡煞，有着特异神通的灵兽。

辟邪在民间的称呼有多种，南方人称辟邪为貔貅。生意人喜欢的不是龙，而是辟

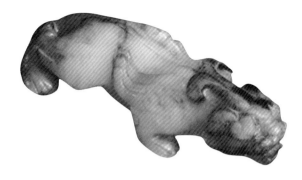

邪，因为辟邪以财为食，广纳四方之财。所以很多人都喜欢随身佩戴辟邪，或在桌上摆放一个辟邪。在东南沿海地区，经常台风肆虐，人们祈求神灵庇佑，更相信辟邪有镇宅作用。辟邪是龙的九子中最威猛的一个，并且从不主动发起攻击，而是坐等对手上门，人们觉得它既勇猛又稳健，最适合守家护院。另外，民间有"一摸辟邪运程旺盛，再摸辟邪财源滚滚，三摸辟邪平步青云"的说法。玉制品能护身辟邪的理念在中国源远流长，玉制的辟邪通常作为人们随身携带的护身挂件。

今天所见到的玉器上的辟邪，最早出现在西汉中期，当时国力昌盛，出土玉器件头部硕大，雕琢豪放，种类繁多，工艺精湛。这时统治阶级在社会礼仪、日常生活中更广泛的使用玉器，崭新的时代风格逐渐形成，对后世玉器的发展有着重大影响。汉代遗址和墓葬中曾出土了三件玉辟邪，其中两件在陕西咸阳市汉渭陵遗址出土，一件高2.5厘米，长5.8厘米，圆雕，作昂首前视、张口露齿状，头顶中部有独角，额下有须，尾垂于地，腹部两侧有羽翼，表面保留一些原玉皮质色，呈挺胸伏卧状。另一件长7厘米，高5.4厘米，形式与上一件玉器相同，亦为圆雕，形作直目前视、捕物前的爬行状。第三件是出土于陕西省宝鸡市一东汉墓，器形较高大，高18.5厘米，长18厘米，形式与前述西汉渭遗址出土的两件相似，只有背中有圆筒式插座，脑后有方筒形插座及身上阴刻圆圈纹、短平行线纹等，略有不同。

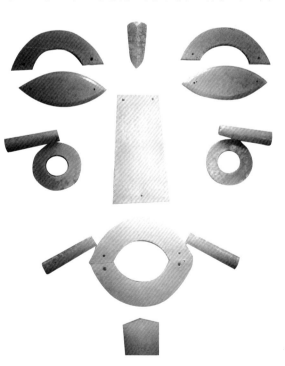

4. 玉塞九窍

即所谓"九窍玉"，堵塞或遮盖在死者身上九窍的九件玉器。所谓

"九窍"，是指人的两只眼睛，两个鼻孔，两个耳孔，一个嘴，以及生殖器和肛门。"九窍玉"即塞在这些部位的玉器：眼盖2件，鼻塞2件，耳塞2件，口塞1件，肛门塞1件，生殖器盖（塞）1件。其中眼盖又称眼帘，圆角长方形；鼻塞略作圆柱形；耳塞略作八角棱形；口塞如新月形，内侧中端有三角形凸起，口塞不能全部含在口中；肛门塞为椎台形，两端粗细不同；生殖器盖（塞）男性为一短琮形，一端封闭，女性为一短尖首圭形。

玉塞源于这样一种信念："金玉在九空与，则死人为之不朽"。这同玉衣能使尸体不朽的说法相一致的。我国古代对玉有一种近乎迷信的崇拜，认为玉能使活人平安，使死人不朽。

5. 高古玉

一般是指战国和汉代以前的玉器，明代之前的玉器称为古玉，汉代以前的玉器称为高古玉。高古玉多作为帝王皇家达官贵人用玉，从用料、制作工艺、文化气息上内涵厚重。高古玉形成于西周早期，为天子戴于胸前以示威仪。

把玩高古玉，品位高古玉，如同品读着年代久远的历史传奇，高古玉中神韵飞扬的历史文化内涵和精湛的琢玉技艺，人玉灵通的心境都是难以用语言描述的。价值不菲的高古玉，雕琢技艺十分精湛，无论是浅浮雕、透雕，还是阴线刻画，均拙朴细精，其中的"汉八刀"和"游丝毛雕"，在今天也是难以模仿的。

汉代前的高古玉选材，有的源于地方玉，有的来自新疆的和田玉，大都取材于河床中的籽料或山流水料，这两种玉料因剥离矿床的时间久，在不同的外界环境影响下，其自身可能会形成玉皮和沁色。但皮和沁在古人看来全是杂质，在制玉时要将其去掉，只保留玉的精华部分，高古玉器大部分都带有沁色。玉的沁色因玉质的不同、地域和土壤的环境不同、埋藏的时间不同等因素而不同，有时一件玉器上往往会有几种沁色存在。分辨古玉的真伪常常可以通过古玉的各种沁色来断定。我们今天看到真古玉的沁色，都是成器后沁入的。

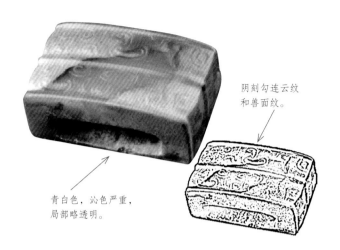

阴刻勾连云纹
和兽面纹。

青白色，沁色严重，
局部略透明。

　　鉴赏高古玉有许多方法。除了传世品，高古玉深藏地下两三千年以上，会发生一些质变，不同的物质沁入玉器里面，就会给玉器带来了各种各样的颜色，叫作沁色。比如氧化白斑（俗称灰皮）、钙化、瓷化、晶状物析出、次生物出现等。高古玉沁色种类较多，有红沁、朱砂沁、土沁、水沁、金属沁、水银沁等。所产生的颜色主要有红色、黄色、黑色、白色、绿色、紫色、蓝色及过渡色。沁色是外界化学元素沁入玉中所呈现出的状态特征。受沁程度因土壤、气候、压力、温度等条件而异。沁色通常都由表及里地去分布，产生一种层次、灵动和通透感，呈现得很自然，很舒服。而仿制沁染的玉器，浮在表面，缺乏层次感。

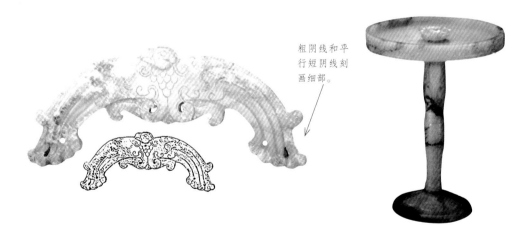

粗阴线和平
行短阴线刻
画细部。

　　以和田玉为材质的高古玉，留存至今，大部分在博物馆及少数藏家手里。近些年来，高古玉成为有一定实力收藏爱好者的追逐目标，高古玉中所蕴含的厚重的文化内涵，更成为收藏爱好者心生向往而频频出手的动因。高古玉因悠久的年代、丰富的文化内涵、极高的历史研究价值更是受到国内外收藏家的追捧，被认为是东方艺术品中的顶级奢侈品。

玉龙与一虎头金带钩
套合而成。

龙扁体如"S"形。两面饰突起涡纹。

中国人对玉的特殊喜好自古有之，从未减退。古人云，石之美者为玉。也曾有人把玉比喻成大地的舍利。被誉为华夏文明第一块奠基石的高古玉，充满高深莫测的神秘色彩。神玉时期和王玉时期是中华玉文化发展的早期阶段，那时只有享受特权的王、贵族及部落首领才能佩玉，玉不但是拥有权力和财富的象征，还作为通达神灵、汇聚天地灵气的媒介。孔子曰："君子比德与于玉""君子无故，玉不去身"，是以玉作为高贵品性的同义词、以佩玉展现人的好德。现在，新疆和田玉开采难，出产越来越少，其价格已经非常高，而出于对仿制成本和加工难度的考虑，高古玉的作伪者往往会用和田玉中青海料、京白玉或俄罗斯料作假。而这些玉往往缺少新疆和田玉的温润感、油脂感，硬度也偏低。高古玉器不仅存在古朴的包浆和厚重的历史文化气息，而且具有独特鲜活的神韵，这是现代的仿品无法比拟的。

鉴别高古玉的方法通常有：一是判断新老，高古玉器的钙化、沁色过渡自然，并且深入肌理，短时间作假，绝对不会如此。二是看包浆，高古玉除了被腐蚀外，都会产生包浆，最重要的是，孔洞及刀工中的包浆应该与外面的包浆一致，并且浑然一体。有的还会有局部的氧化突起同时存在，在盘玩时，有钙化的地方会渐渐地回到玉的本质，钙化的轻重不同，时间有长有短，上面的沁色会越来越浅，但不会消失。完全变化后，玉器会变得很润泽，而仿品绝对不变；若把玉器放进

80℃左右的温水中，钙化的，会从裂缝中连续不断地冒出细小的气泡，因为钙化后，内部结构被改变了，变得疏松了。没有钙化部分不会出现这种现象。土沁放入水中或是沾上水，用手恒搓会感到有一种黏黏的感觉，并且次次都是这样，直到盘玩通透；盘玩中的器物，

遇到汗液或是水后会呈现一层灰皮，即出灰现象，用pH值试纸测试，基本显示为中性，这与周围的土壤环境有关；玉器存在自然的裂纹，这是因为玉器长期在地下，受地热、地湿等影响所致，也就是我们常说的"十玉九裂"。这也是出土玉器的一个显著的特性。出土玉器都有阴阳面，由于受地湿、地热、矿物质等的影响，阳面钙化、沁色、腐蚀等比阴面差，也就是变化较阴面小。三是看反光，因为古玉都是手工加工而成，用力难免不均，器面会出现很多细小的面，所以迎光看时，会出现不同的反光。

　　高古玉的作伪主要有以下几种方法：狗血法、烟熏法、火烧法、油浸法、硫洗法。

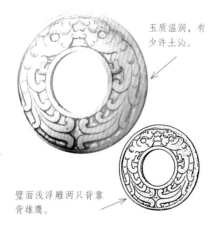

玉质温润，有少许土沁。

璧面浅浮雕两只背靠背雄鹰。

　　高古玉的仿制一般有以下几个特点：一是制作工艺、材料和沁色十分的粗糙，并且制造的数量也十分泛滥；二是多以罕见的器型为主要仿制对象；三是都是通过人工染色或者做旧方式做出来的仿制皮色，这也是主要鉴定高古玉的手段之一；四是仿制玉器的器型、纹饰和款式大多是杜撰出来的，这是因为对高古玉所处年代的器形特征不熟悉所致；五是仿制玉器的玉料质地很差。

四、秦汉时期和田玉的使用

　　秦汉时期（公元前221～公元220），是中国封建社会的成长时期，也成为中国玉器发展的全新时期。特别是汉代通西域以后，丝绸之路的建立，为新疆和田玉大量进入中原地区提供了方便。

从汉高祖刘邦于公元前206年建立汉王朝，至汉献帝刘协，历时400多年。汉代的历史经过西汉、新莽与东汉三个阶段。从西汉开始，玉雕工艺就进入一个独特而自我的发展时期，除部分器物形制相同外，还大胆地创造出独特的雕琢风格。汉代刀法苍劲有力，粗犷流畅；动物造型优美，转折有序。

狮子山楚王陵出土的龙形玉佩作为徐州博物馆的馆标，是以和田白玉雕琢而成，玉质温润，又有玻璃般的光泽。龙身长17.5厘米，宽10.2厘米，厚0.6厘米，比一个巴掌略大。由于在陵墓中埋藏了两千多年，龙身局部有沁斑。玉龙造型威猛刚劲，身体蜷曲，张须露齿，双目圆睁，鬣毛向两边卷曲，前肢曲折，爪趾锐利，龙尾上卷并平削，通体饰蝌蚪状的涡纹。玉龙眼睛下方有一钻孔用于佩戴时穿系丝线，表明这是一件佩饰。制玉工艺采用了阴线刻、浮雕和局部透雕的技法，把作品的意蕴表达得淋漓尽致。

徐州狮子山的这件竖S形玉龙，非常精美，并且十分巨大，在国内首屈一指。战国时期，群雄争霸所造就的社会风气，直接影响了玉器的审美取向，这件出土于汉代早期楚王墓的玉龙就有明显的战国遗风。到了汉中期，四海升平，并且皇权得以强化，加之玉器风格变得平和柔顺，可以说，这件玉龙是中国玉器史上威猛时代的绝唱。狮子山楚王陵出土了两千余件各类文物，其中，玉器是最大的亮点，有金镂玉衣、镶玉木漆棺、玉璧、玉戈、玉璜、玉卮、玉枕等两百余件（组），品种之丰富、玉质之优良、工艺之精湛，在全国考古发现中无出其右，独占鳌头。

两汉时期，社会安定繁荣，是社会经济发展的重要时期，玉文化高度发达，相对安定的政治局面给玉器的繁荣发展创造了必要的条件。汉代的玉材如同其表现出的玉文

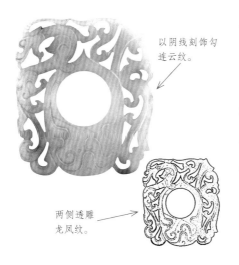

以阴线刻饰勾连云纹。

两侧透雕龙凤纹。

化一样，在以和田玉为主的脉络下呈现出多种玉材共存并举的状况。西汉张骞出使西域，东汉班超任西域都护，开通了与西域文化交流的通道，使新疆的优质玉料大量运往内地，中国用玉的主流正式成为和田玉，而和田玉在汉代之前，尤其是和田羊脂白玉的使用是非常少的。

汉代玉器的材质基本属于透闪石软玉，其中新疆和田玉和玛纳斯玉占很大比重。和田玉中又多见籽玉、羊脂玉等优质玉材。玉材颜色有白玉、青玉、黄玉、碧玉等。和田玉玉料主要来源于玉龙喀什河，为和田籽料主要产地，当时和田山料因条件不具备尚未开采。

西汉末年到东汉时期，厚葬之风并未减弱。但因连年征战，国力虚弱，不得已还出现了以石代玉的现象，如用汉白石制作的汉代祭祀用玉，陕西地区就出土了大量的此类玉器。这是因为玉石的开采成本和加工成本都较高，逐渐衰落的国力无法支撑众多的祭祀活动所需要的大量玉器，只好用易取得、易加工的汉白石代替玉材，这是国力渐弱的侧面反映。现代仿汉玉器的材质出于成本考虑，也往往用价格较低廉的青海料、俄料、韩料等来替代。

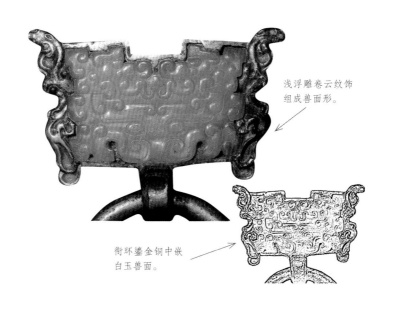

浅浮雕卷云纹饰组成兽面形。

衔环鎏金铜中嵌白玉兽面。

小 知 识

和田玉的质地和特点

1. 和田玉的质地

（1）细腻度、油润度和糯性、白度、透明度、光泽度　质地是和田玉评价的核心因素，和田玉根据产状区分为山料、山流水料、籽料和戈壁料。和田玉质地由本身固有的结构所决定，当这些玉料制成玉器后，它的细腻程度、油润度和糯性、白度、透明度和光泽度等，就明显地表现出不同的质地。

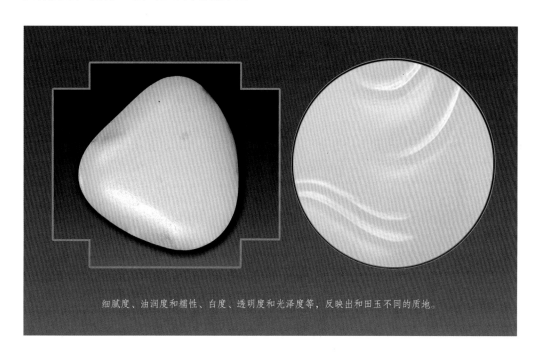

细腻度、油润度和糯性、白度、透明度和光泽度等，反映出和田玉不同的质地。

① 细腻度　细腻度是和田玉很重要的品质指标之一，也是成品外观和手感差别的主要原因之一，和田玉的质地越细腻越好。和田玉晶粒间隙小，排列均匀一致，透光性能一致，显微裂隙越少，质地就越细腻。细腻度包括两个方面：一是和田玉晶体颗粒大小及均匀度，和田玉籽料结构虽有松有密，但其颗粒的大小一般远较俄料和青海料细。俄料和青海料一般颗粒较大，所以不易打磨，容易出现斑斑点点，成品盘起来

会感觉涩手。虽然可以通过特殊的打磨让俄料和青海料表面看起来像和田籽料一样细腻，但这种靠打磨出来的细腻和油性，经过了数个月的盘玩，会渐渐消退。所以很多人说俄料和青海料越盘越涩，其实就是那层打磨层消退了，否则，玉哪有越盘越干的道理。

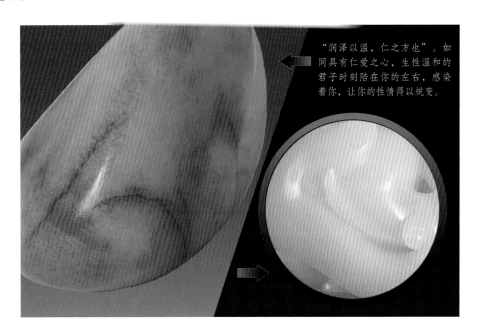

"润泽以温，仁之方也"。如同具有仁爱之心，生性温和的君子时刻陪在你的左右，感染着你，让你的性情得以蜕变。

另一方面指结构的细度，即短云絮的细密均匀程度。籽料里面一般都会有短云絮结构，看短云絮结构应该打侧光看，而不是从背面打光，背面打光只能看杂质，是看不到结构的。对籽料而言，云絮越细密越好，白度高的籽料一般云絮会略大些，白度又高结构又致密的很少，价格是很贵的。

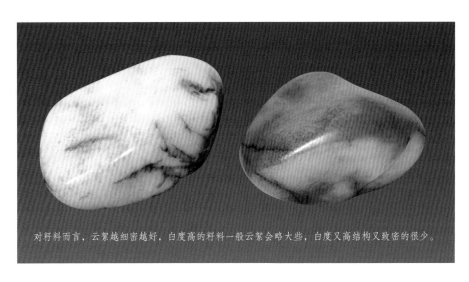

对籽料而言，云絮越细密越好，白度高的籽料一般云絮会略大些，白度又高结构又致密的很少。

需要注意的是对籽料而言，打光看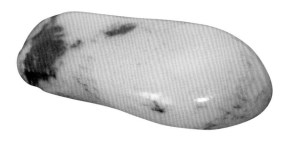
不到结构的是少数，而青海料是打光更
看不到结构。青海料其实并不是云絮结
构细密，而是云絮结构发育不全，放大
后会发现其实更多的是细点状结构。俄
料一般云絮结构较大，同时夹杂斑块结构，但也有少量很细的以至看不到结构的。高白
打光看不到结构的以青海老料和优质俄料居多。

② 油润度和糯性　和田玉之所以吸引人，除了几千年的玉文化外，一个主要的原
因是和田玉具有了其他宝玉石所不具有的一个特点，就是它的油糯性，温润的和田玉会
让人感觉到一种亲近感，会感觉它和你融为一体。怎样来看和田玉的油润度以及糯性，
怎样算油性好和糯性好，跟什么有关系？

a. 油润度

（a）视觉上的油润光泽。怎样的油润光泽在视觉上是好的？总的来说是油脂光泽强
同时光泽柔和。它跟和田玉的紧密度（即间隙大小）、硬度以及打磨方式有关。紧密度越
高光泽越强，硬度过高光泽会偏刚性，刚性的光泽对翡翠来说是好的，但对白玉来说却是
缺点。大部分籽料抛光后为油脂光泽，对打磨来说，打磨速度越高，打磨越细，越会显得
光泽强些。有些打磨师傅喜欢打磨结束后用牛皮过一下，这样会显得油润些，但其实未必

人手盘出的油性是最好的，所以
有些玉件打磨成亚光，开始看上
去并不油的东西，盘出的效果反
而更好，但前提是料要够好。

好，因为人手盘出的油性是最好的，所以有些打磨成亚光，开始看上去并不油的东西，盘出的效果反而更好，但前提是要料够好。如果是没打磨过的原料，通过切痕就可知道成品出来的光泽会如何，切痕会出现一丝丝强油脂光泽的料出的成品油脂光泽会很好。

（b）手感上的油润感觉。好的料还须具备手感上的油性，手感上的油性是指略有阻力感的油润的感觉，就像手里握着一坨油，用手一推，有一种油要化开的感觉。那种感觉非常棒，在手感方面和田籽玉具有独特的优势。

b. 糯性　糯性就是一种浑厚的感觉，人们一般只知道这种视觉上的糯性，其实和视觉上的糯性如影相随的是它还有一种黏性，雕刻时，你会发现糯性好的料与钻头间有一种粘连。颗粒细小、交织致密的料会显得糯性较好。

越细腻浑厚的材料出油越快。细腻浑厚度实际说的是料的密度，密度越高，出油越快，手感越好，相对来说产量越少。比如熬猪板油，熬好了热的时候是细腻的，半凝固的时候是浑厚（凝重，如蜡状）的，全凝固时就是带浆气的了。

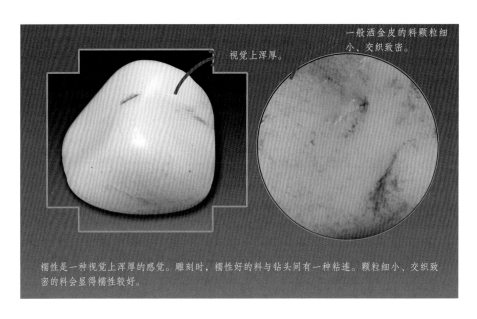

一般洒金皮的料颗粒细小、交织致密。

视觉上浑厚。

糯性是一种视觉上浑厚的感觉。雕刻时，糯性好的料与钻头间有一种粘连。颗粒细小、交织致密的料会显得糯性较好。

白玉的结构是由透闪石与其结构类似的阳起石发生交织而形成的，它们相互缠绕形成常说的短云絮结构等。由于两种物质的交织、缠绕使玉的韧性和硬度比单一的透闪石和阳起石要高，结构也会更致密。当透闪石含量很高时，白玉的白度就较高，但由于阳起石的不足，交织会不够，这时会结构较松，出现萝卜花（大云絮结构），韧性和抛光的光泽就会较差。相反当铁含量增加时，阳起石增加会与透闪石充分交织，这就是为什么偏青黄色调的白玉及青白玉油性会较好。

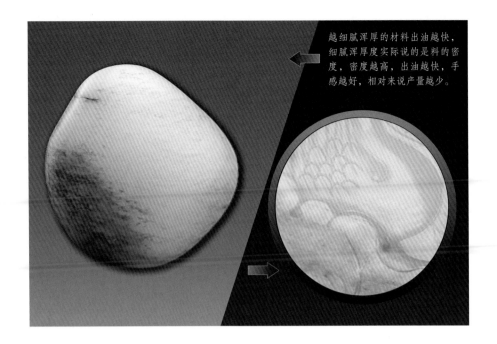

越细腻浑厚的材料出油越快，细腻浑厚度实际说的是料的密度，密度越高，出油越快，手感越好，相对来说产量越少。

③ 白度　一般细腻浑厚的料子很少有白的，以细腻的白料子、闪青料子（包括比较青的）和闪灰料子（包括比较灰的）为例。如：闪青，一般行家会说买青不买灰，为什么呢，因为闪青的材料一般上了机器加工后会变白，而且闪青的材料里面浑厚的料子是一般材料所不能比美的，闪青料里有一种我们称为粉皮青，就像夏天绿豆凉皮的颜色，这样的材料也称见砣白，就是一上了机器就会明显的变白，并且幅度比较大。闪

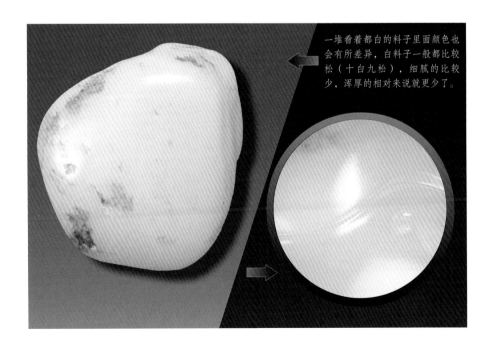

一堆看着都白的料子里面颜色也会有所差异，白料子一般都比较松（十白九松），细腻的比较少，浑厚的相对来说就更少了。

青料的价格相对低些，但是对于盘玩的价值却是一点都不差，对于现在籽料的收藏和把玩，应该是上上选。再说闪灰，为什么不招喜欢呢，因为闪灰的料就像阴天的天空，暗暗的，没有一丝的亮光。而材料到成品颜色都没多大改变，一直都那样，在材料价格方面，灰料子是最低的。一般来说灰料子会出细腻的料，浑厚的料不多程度，如果到了浑厚，一般会灰得比较厉害。而灰料子带棉的、料松的相对闪青料来说要多很多。对于白料子，通常一堆看着都白的料子里面颜色也会有所差异。白料子一般都比较松（十白九松），细腻的比较少，浑厚的相对来说就更少了。

④ 透明度　透明度是指玉石允许可见光透过的程度。这主要与玉石对光的吸收强弱有关，矿物学上一般分为透明、半透明、不透明三种。玉石行业中对透明度好的叫"水头足""地子灵"或"坑灵"；透明度差的叫"没水头""地子闷""坑闷"。透明度是玉透光强度的表现量，这种表现量既与玉内部结构密切相关，同时也对和田玉质地、颜色产生烘托作用。虽然水头足可以烘托玉石的质地和颜色，但并非所有透明度高的就是好玉。和田玉在一般厚度下就属于一种半透明、微透明体，虽然能够透过光线，但看不清物体。这种透明度增强了和田玉光泽的温润之感，故而和田玉器在雕刻时不宜琢制太薄。各种软玉都有自己的最佳透明度标准，最佳的透明度可以把玉材的质细、色美烘托得更好。

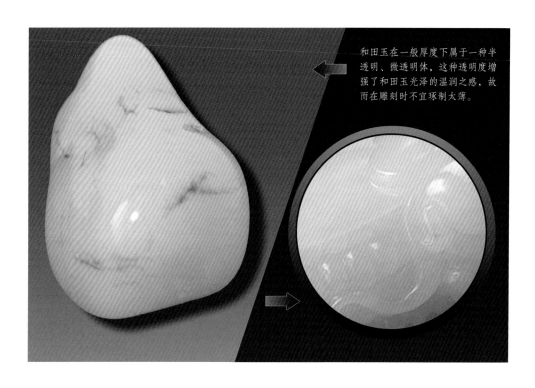

和田玉在一般厚度下属于一种半透明、微透明体，这种透明度增强了和田玉光泽的温润之感，故而在雕刻时不宜琢制太薄。

⑤ 光泽度 和田玉的光泽属于油脂光泽，这种光泽很柔和，使人看着舒服，摸着润美。古人称和田玉"温润而泽"就是因为它的光泽带有很强的油脂性，给人以滋润的感觉。特别是和田玉中的羊脂玉就是因为有着像羊的脂肪一样滋润的光泽而闻名天下。光泽是评价和田玉质地的一个

重要依据，一般光泽油润者价值较高，光泽干涩者价值就会降低。白玉一般都具有不同程度的油脂光泽，油脂光泽越强，质地越好。这就要求玉的透闪石晶粒要有一定的粒度。

由此可见，和田玉质地的细腻度、油润度和糯性、白度、透明度和光泽度归根到底是由其显微结构，即晶粒的大小、形态及其排列方式所决定。

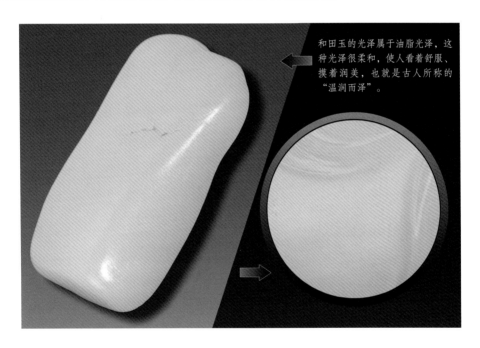

和田玉的光泽属于油脂光泽，这种光泽很柔和，使人看着舒服、摸着润美，也就是古人所称的"温润而泽"。

（2）和田玉原料水线、棉、浆和裂等缺陷对产品的影响

① 水线 一般籽料带水线的比较多，在加工的时候应尽量避免。

② 棉 基本上所有类型的料子都可能带棉，哪怕是很浑厚的料子也会带棉。棉说起来也分很多种状态，如颗粒大的、颗粒小的、雾状的和花状的等等。需要指出的是棉点如果是穿的，那这样的料是建议不选择的，如果料整体比较浑厚，那穿棉可以根据料的情况决定是否要选择。

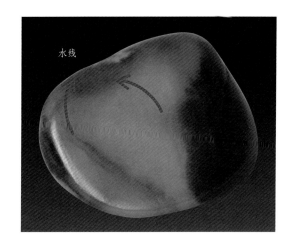

水线

棉在籽料里扮演的角色一般是减分的，但是也有加分的情况，比如在雕刻题材上设计成"寒江独钓"等，利用棉点做成雪花的样子，作品的意境就不一样了，这时棉点就变成加分了。

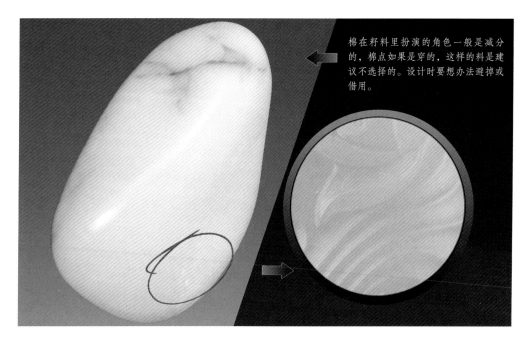

棉在籽料里扮演的角色一般是减分的，棉点如果是穿的，这样的料是建议不选择的。设计时要想办法避掉或借用。

③浆（僵） 浆是什么？形象点说是糨糊，浆常常分为两种，硬浆和穿浆。我们买料会比较喜欢带硬浆的料，穿浆料是不考虑的材料，因为穿浆料是最没把握的料子，有可能你外面看着很美的一块料，里面却很差，穿浆和穿棉一样是尽力不碰的材料。

浆（僵）

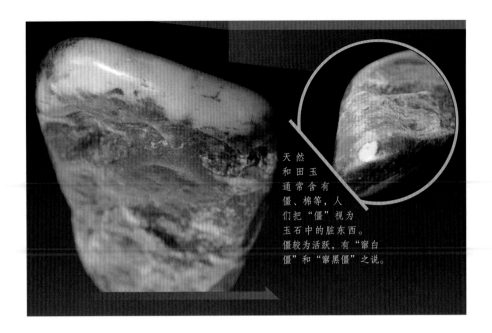

天然和田玉通常含有僵、棉等，人们把"僵"视为玉石中的脏东西。僵较为活跃，有"窜白僵"和"窜黑僵"之说。

因为，除了阳起石可以和透闪石交织，氧化钙含量的增加，也会使交织发生，但由于结构不够类似，氧化钙含量稍多些，就会发生析出，这就是我们平时看到的僵花，当氧化钙继续增加，就会钙化出现石化现象即浆（僵）。所以开玉时会发现靠着僵但没有僵花穿入的玉是很好的。

白玉的僵花看上去与棉较像，都是白色的点状物，两者是容易混淆的，虽然两者外观相似，但却有很多的不同。白玉的棉一般较易出现在较透的料里，像山料，特别是青

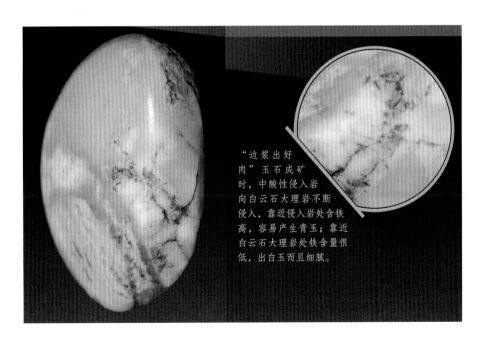

"边浆出好肉"玉石成矿时，中酸性侵入岩向白云石大理岩不断侵入，靠近侵入岩处含铁高，容易产生青玉；靠近白云石大理岩处铁含量很低，出白玉而且细腻。

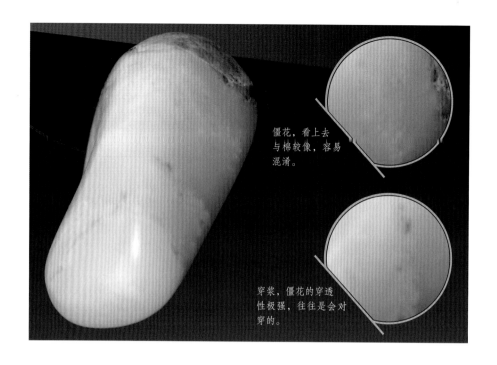

僵花，看上去与棉较像，容易混淆。

穿浆，僵花的穿透性极强，往往是会对穿的。

海料里的棉较普遍，青海料里的棉以孤立较大的点棉居多，而新疆山料以极细小的密集点棉居多。为什么棉易出现在较透的料里？这是因为较透的料富含二氧化硅，二氧化硅的析出即为棉，成分分析也证明了白玉的棉的成分为二氧化硅。所以大家应该知道棉是不能被盘掉的，因为二氧化硅是很稳定的。而僵花却往往易出现在白糯的料里，是白玉籽料最怕出现的东西之一，因为僵花的穿透性极强，往往是会对穿的。

含氧化钙较高的白玉会显得白糯，但过高的氧化钙含量会造成氧化钙析出在晶粒间隙，形成僵花。僵花一般是点状也有呈薄雾状的，那种集结成块状的就不能称为僵花了，只能称为僵或石了。

知道了僵花的成因就不难理解为什么僵花易于好料相随。也就知道了为什么较靠表面的极薄的僵花是有可能被盘掉的，因为晶粒间隙的氧化钙被汗液里的尿酸慢慢地带走了。但汗液是很难进入到玉里面的，所以只能盘掉靠近表面的薄僵花。

④ 裂　行家都说十籽九裂，意思是说一般的籽料都会带裂。那么裂不好看怎么办呢，设计的时候就要想办法去借掉，雕的时候避掉，如果关联很多因素在里面借不干净的话，那也是没有办法的事情，所以不要太计较。但是对于人物件来说，脸上有裂是比较大的忌讳，因为谁会喜欢人脸上有裂呢，所以人物件对于制作的材料要求比较高。

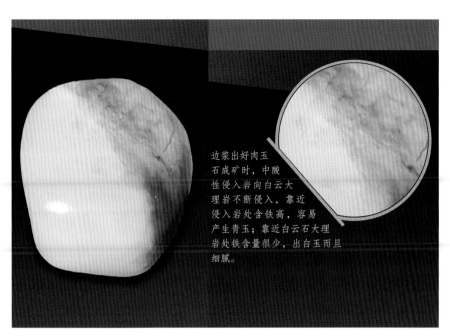

边浆出好肉玉
石成矿时，中酸
性侵入岩向白云大
理岩不断侵入，靠近
侵入岩处含铁高，容易
产生青玉；靠近白云石大理
岩处铁含量很少，出白玉而且
细腻。

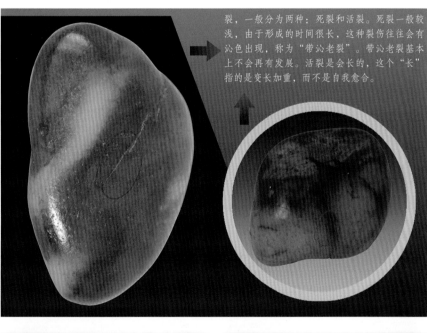

裂，一般分为两种：死裂和活裂。死裂一般较
浅，由于形成的时间很长，这种裂伤往往会有
沁色出现，称为"带沁老裂"。带沁老裂基本
上不会再有发展。活裂是会长的，这个"长"
指的是变长加重，而不是自我愈合。

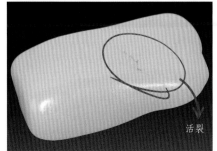

活裂

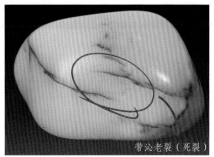

带沁老裂（死裂）

（3）皮色、沁色　在籽料的表皮上带的颜色叫皮色，俗称皮子，是籽料身份的重要依据之一。在玉的裂隙上带的颜色叫沁色，虽然两者形成的原因是一样的，但皮色可作为籽料判断的依据，而沁色只能作为籽料判断的参考而不能作为判断依据。就是说带真的皮色的一定是籽料，带沁色的未必是真籽料，就算沁色是真色。

玉的表皮较光滑，铁质等一些杂质很难黏附并沁入土形成皮色，而在土的裂隙中，铁质等一些杂质很容易进入，进入后还不易出来，同时裂隙处的玉质较松，容易形成沁色。所以籽料中的沁色通常比皮色形成的久远，比如一个红皮的籽料可能有黑色的沁色，但一个黑皮的籽料是不可能有红色的沁色的（黑色的皮色形成的时间要比红皮久远，也就是通常讲的"千年红万年黑"）。有些山料由于雨水把周围土质中的铁质等一些杂质离子带入裂隙中，在裂隙中形成了沁色，这种现象在俄料中较多出现。有些奸商就用这些天然形成的沁色来冒充籽料，同样对于假皮来说，作假的沁色要比作假的皮色要来得容易。

和田玉籽料的皮色是次生的，一般厚度小于1毫米。形成原因是和田玉中氧化亚铁在氧化条件下转变为三氧化二铁所致。常见皮色有白皮、黑皮、枣红皮、洒金皮、秋梨皮、鹿皮、芦花皮和粗地红皮等。有经验的玉工有时凭皮色就能知道料子的好坏和玉肉的大致走向，从而决定如何创意制作。

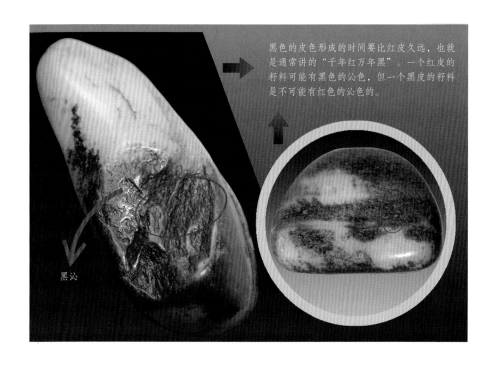

黑色的皮色形成的时间要比红皮久远，也就是通常讲的"千年红万年黑"。一个红皮的籽料可能有黑色的沁色，但一个黑皮的籽料是不可能有红色的沁色的。

黑沁

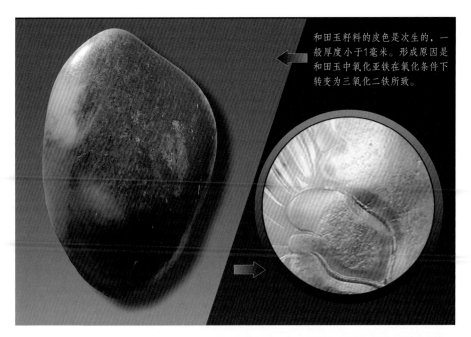

和田玉籽料的皮色是次生的，一般厚度小于1毫米。形成原因是和田玉中氧化亚铁在氧化条件下转变为三氧化二铁所致。

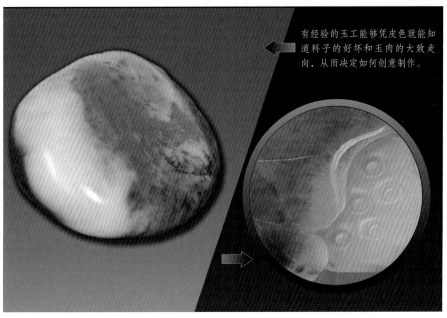

有经验的玉工能够凭皮色就能知道料子的好坏和玉肉的大致走向，从而决定如何创意制作。

　　玩玉的人都喜欢带各种皮色的籽料，如：洒金、秋梨皮、虎皮、枣红皮、黑皮等等，尤其对红皮最感兴趣，只要是红皮料子，价格就会非常高。其实好籽料因为密度高，外皮是挂不上色的。顶级的羊脂玉可能就是自身毛孔或是带很淡的洒金皮，就算有皮色也多是上皮色的部分有伤裂和带微微的浆才挂住的皮色。而且，经验告诉我们带洒金黄皮的料子是带皮色料子里最白的。红皮料子底下一般玉质都是偏青的，很少白玉，更不要说羊脂了。掌握了这些可以对我们买料时起指导作用。比如这个料子达到顶级的白度，但却长上了漂亮的红皮，我们就要怀疑这个红皮是不是染色的。一般来说红皮料子里玉质发青带脏的可能性远远大于洒金的料子。对于黑色皮，一般情况下都会在皮下出现黑脏点，红皮下面，脏的现象会少一些。

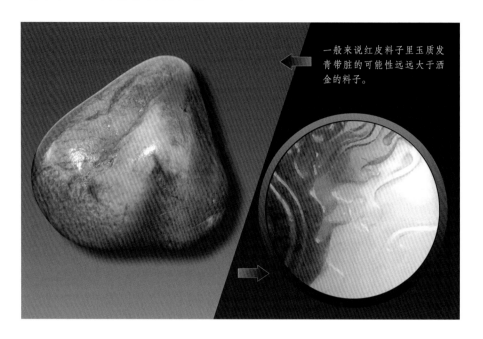

一般来说红皮料子里玉质发青带脏的可能性远远大于洒金的料子。

（4）对和田玉质的不同理解　对于和田玉的玉质不同的人有不同的理解。对于开料师傅来说，料的硬度高，切的时间久，料对锯片有黏力，切边整齐不出毛口等等就是玉质好的表现；对于雕刻师傅米说雕刻时雕细部线条不易起崩就是玉质好；对于打磨师傅来说比较能磨平整，不易斑斑驳驳，同时比较容易打出光泽和油性就是玉质好；对于普通玩家来说油润度以及看不到结构会说玉质好；对于资深玩家来说玉一眼看上去的老气感、玉质感以及一种天生的高贵之气是玉质很好的表现。

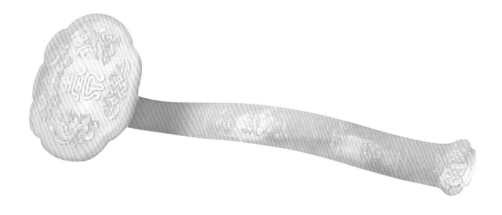

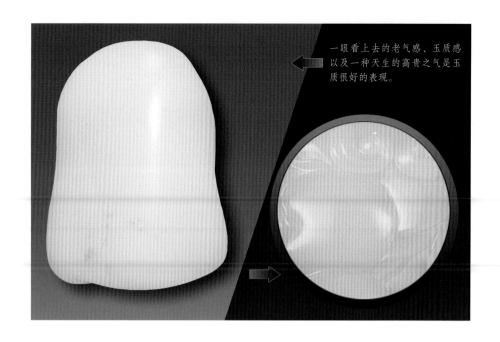

一眼看上去的老气感、玉质感以及一种天生的高贵之气是玉质很好的表现。

常常看到一些新手一上来比白度，然后打侧光看结构，这样能正确评价和田玉吗？这样的结果常常会把好的青海料和俄料当作顶级的籽料买来了，因为那些料既白又看不到结构，但那些料真比籽料好吗？开料师傅也会跟你说不，那些料的硬度比好的籽料还是低一些。雕刻师傅也会说不，那些料雕特别细的线条还是要比籽料易起崩口。打磨师傅更会对你说不，那些俄料、青海料很难打磨平整光滑，比较容易斑斑驳驳，要靠比较复杂的打磨方法才能取得与籽料类似的光泽和视觉效果。资深老玩家会对你说不，那些料的油润度、手感、玉质感、内光都是无法和籽料比的，时间玩久了还会变得干涩。

和田籽玉玉质的所有表现形式包括细腻度、油性、糯性、光泽、玉质感、老气感、内光等。其中老气感是指细腻度、致密度、交织度、纯度都不错而产生的一种综合的感觉。如果学会了从以上几点来把握和挑选和田籽玉，那就一定会选到玉质好的玉料，也就一定不会上那些假籽料的当。

2. 和田玉的特点

（1）矿物为透闪石，矿物粒度极细，具有毛毡状结构 世界上闪石玉有透闪石和阳起石两类。和田玉属透闪石类，矿物成分为透闪石。主要特点：一是透闪石含量极高，一般在95%以上，其中白玉（羊脂玉）为99%，青白玉为95%～98%，青玉为95%～97%，在国内外同类透闪石玉中和田玉透闪石含量是较高的。二是杂质矿物极

和田玉结构以毛毡状为典型，粒度均匀，交织成毡毯一般，这是质地细腻致密的重要原因，而这种结构为其他类玉石所少有。

少，一般为1% ～ 3%，多在1%左右。三是矿物粒度极细，为显微晶质和隐晶质。粒度之细在国内外同类透闪石玉中也是少有的。四是结构以毛毡状为典型，粒度均匀，交织成毡毯一般，这是质地细腻致密的重要原因，而这种结构为其他类玉石所少有。

　　和田玉是软玉的一个品种，狭义上讲的玉，一般指新疆和田玉。目前，和田玉已摆脱地域概念，并非特指新疆和田地区出产的玉，而是一类产品的名称。目前，常常把透闪石成分占98%以上的玉石都统称为和田玉。

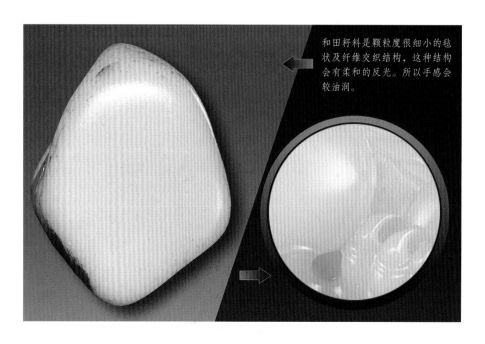

和田籽料是颗粒度很细小的毡状及纤维交织结构，这种结构会有柔和的反光。所以手感会较油润。

和田籽料是颗粒度很细小的毡状及纤维交织结构，这种结构会有柔和的反光。如果放大看表面，会发现表面的起伏是圆润柔和的，所以手感会较油润。里面的结构都是交织在一起，分布均匀而边界模糊。于田料是一种呈层状分布的纤维交织结构，颗粒也较小，反映在结构上也较油润，它的层状结构较有规则，所以感觉会较和田籽料稍透一些。95（％）于田料是于田料中的上品，层与层之间的解理不明显，白度高，细腻油润，不比籽料差。95（％）于田料品质不太容易与普通籽料区分，但也不必区分，因为价格是差不多的。其他的可以根据层状结构来判断。

（2）质地细腻、温润　质地是玉石质量的综合表现，包括形状、滋润程度、裂纹、杂质等等。和田玉由于其矿物组成和结构的特点，决定了其质地优良。表现在：一是由于其粒度极细，所以质地非常细腻，是古人所谓的"缜密而栗"，为其他玉石所不及。二是温润滋泽，即具有油脂光泽，给人以滋润柔和之感，是古人所谓的"温润而泽"，羊脂玉就是以玉滋润如羊脂一样而驰名天下。三是有适中的透明度，呈微透明，琢成的玉件显得温润而有生气。四是杂质极少，有的达到无瑕的程度，而且里外一致，是古人所谓的"瑕不掩瑜，瑜不掩瑕"。

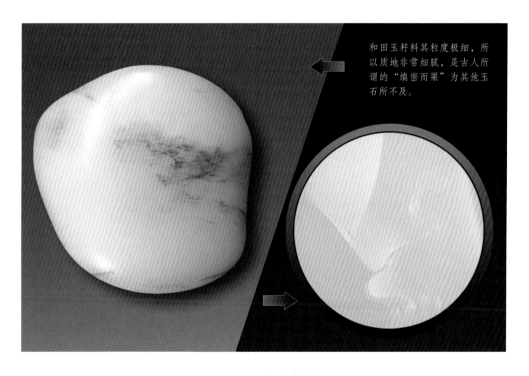

和田玉籽料其粒度极细，所以质地非常细腻，是古人所谓的"缜密而栗"为其他玉石所不及。

（3）硬度较大　硬度是玉石质量的重要标准之一，是指抵抗外界压入、刻划、研磨的能力。在宝玉石学中通常所用的摩氏硬度就是指其中的刻划硬度。硬度是鉴别和田

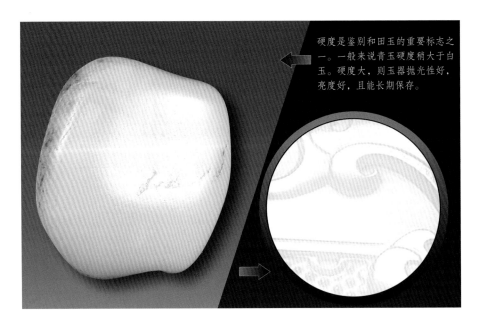

硬度是鉴别和田玉的重要标志之一。一般来说青玉硬度稍大于白玉。硬度大，则玉器抛光性好，亮度好，且能长期保存。

玉的重要标志之一。硬度大，则玉器抛光性好，亮度好，且能长期保存。因此，以往在划分低、高档玉时，硬度是一个重要指标，一般说来，高档玉硬度较大，低档玉硬度较小。经测定和田玉的摩氏硬度在6～6.9，不同品种略有区别。一般来说青玉硬度稍大于白玉，比蛇纹石玉（硬度一般为4左右）和叶蜡石类石为高。独山玉硬度与和田玉相似，但是质地不如和田玉。

在选购和田玉饰品时，也许会发现一些人用和田玉刻划玻璃进行辨别，这是因为和田玉的硬度要高于玻璃（摩氏硬度为5～5.6），刻划后玻璃上会留下明显的划痕，而和田玉却丝毫不会被划伤，硬度对玉器的琢磨是很重要的。由于和田玉的硬度较大，不仅器饰的抛光性好，而且保存时不易受损。

（4）韧度极大　韧度通常是指玉石内在的结合能力，也就是对外界压力或破碎力的抵抗能力。韧度对玉器极为重要，韧度大，则不易破碎，而且耐磨，对于玉器的艺术造型和精雕细刻有极大好处。和田玉的抗压强度高达641.1MPa（6542公斤/平方厘米），也就是说，如压碎和田玉，必须在每平方厘米上施加约6.5吨压力，而压碎钢铁，只需要施加4～5吨压力。和田玉属透闪石玉，韧度大是其特色。

据世界宝玉石韧度资料显示，黑金刚石为10，透闪石玉为9，翡翠、红宝石、蓝宝石为8，金刚石、水晶、海蓝宝石为7～7.5，橄榄石为6，祖母绿为5.5，黄晶、月光石为5，猫眼石为3，萤石为2。可见，透闪石玉的韧度在玉石中是最大的，这是和田玉最重要的特色，是其他玉石不能比拟的。和田玉有如此大的韧性与其特有的毛毡状结构是

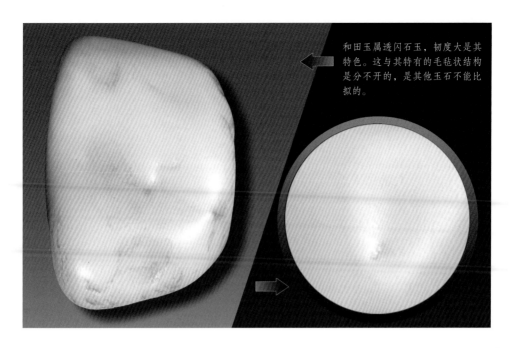

和田玉属透闪石玉，韧度大是其特色。这与其特有的毛毡状结构是分不开的，是其他玉石不能比拟的。

分不开的。和田玉韧性大，雕刻时不易损坏，可以做细工工艺。因此和田玉器在雕工上更注重线条的细腻与流畅。

在实践中，玉匠通常通过观察碴口来查看玉石韧度，在相同摩氏硬度或高于其摩氏硬度的宝玉石当中，和田玉在雕刻过程中，阴刻线绝不会起碴起崩口，在加工过程中可塑性非常强。

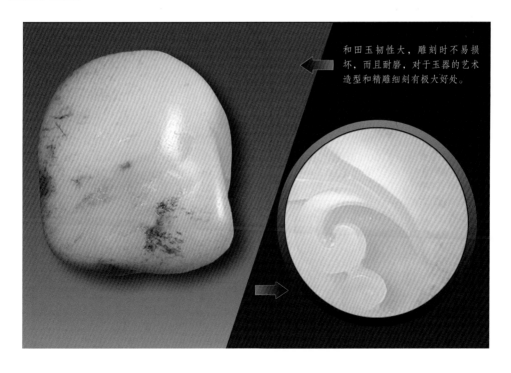

和田玉韧性大，雕刻时不易损坏，而且耐磨，对于玉器的艺术造型和精雕细刻有极大好处。

（5）颜色纯正　玉石的颜色，对工艺鉴定十分重要。玉石有多种多样的颜色，人们对玉石颜色的追求也因时代而不同。和田玉的颜色，与其他玉石比较，主要特点如下：一是色纯，如古人所说："黄如蒸栗，白如截脂，黑如纯漆"；二是有羊脂玉，这是和田玉特有的美，人们称其"精光内蕴，体如凝脂，坚洁细腻，厚重温润，佩之可以养性怡情，驱邪避瘟，有益于人者，美不胜收。"；三是有璞玉，自古以来对璞玉都是非常重视的。明代科学家宋应星说："璞中之玉，有纵横尺余无瑕玷者，古帝王取以为玺，所谓连城之璧，也不易得。其纵横五六寸无瑕玷者，治以杯斝，此已当之重宝也。"。

中国古代对和田玉的颜色非常重视，它不仅是玉质的重要标志，而且附含了一定的意识形态。古人可能受五行说的影响，依四方和中央分配五色玉，东方为青，西方为白，南方为赤，北方为黑，中央为黄。古代以青、赤、黄、白、黑五色为正色，其它为间色，从而将玉也分为五色。

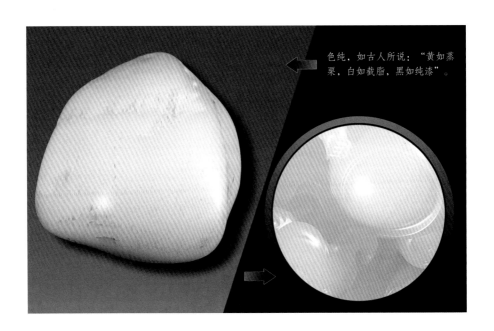

色纯，如古人所说："黄如蒸栗、白如截脂，黑如纯漆"。

现在，和田玉按颜色不同，可分为白玉、青白玉、青玉、墨玉、黄玉、碧玉、糖玉七类。

（6）声音优美　玉受打击后发出的声音是古人鉴别玉石的重要方法。和田玉制成的玉磬，敲击时发出的声音清越绵长，如金磬之余响，绝而复起，残音沉远，徐徐方尽。这就是玉德中所说的："叩之其声，清越以长，其终诎然，乐也。"这一特性，是其他非闪石玉不及的。

玉石的硬度越高，矿物颗粒越细，发出的声音频率就会越高，声音就越清脆，玉石中所含的杂质越少，玉石发出的声音传播的就越远。和田玉的结构紧密，玉质细腻，硬度高，所以优质的和田玉发出的声音应该是清脆悠扬的。

和田玉的质地和特点在中国悠久而厚重的玉文化中做了很好的诠释。东汉许慎《说文解字》说："玉，石之美者，有五德。润泽以温，仁之方也；䚡理自外，可以知中，义之方也；其声舒扬，专以远闻，智之方也；不挠而折，勇之方也；锐廉而不忮，洁之方也"。至此，玉彻底成为君子的化身和代表，是纯洁之物，更是中国传统美德的代名词。

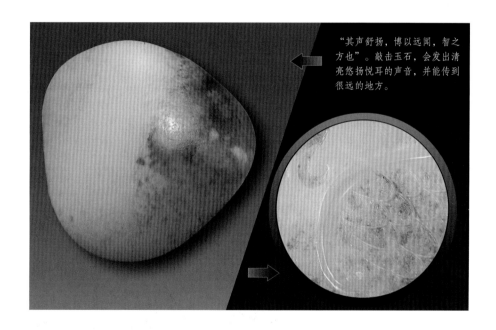

"其声舒扬，博以远闻，智之方也"。敲击玉石，会发出清亮悠扬悦耳的声音，并能传到很远的地方。

第四章

隋唐时期和田玉器鉴赏

有匪君子，如切如磋，如琢如磨

——《诗经·国风·卫风·淇奥》

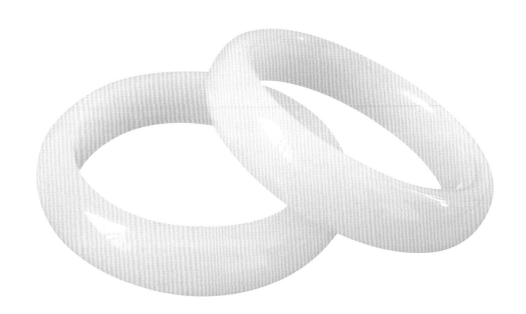

在中国历史上，隋和唐是中国封建社会的两大强盛帝国。隋唐时期，经济繁荣昌盛，文化多元发达，对外交往频繁密切，国富民强，长安逐渐成为国际化大都市。隋唐时期的手工业非常兴盛繁荣，手工艺品也是常常作为对外贸易的重要商品。此时东西方有着密切的政治、经济和文化交流，外来文化进入中国，给中国人带来了许多新鲜的事物与观念，这对隋唐时期玉文化的发展产生了很大影响。隋至盛唐玉器，不论是简练还是精琢，其处理都恰到好处，均可达到气

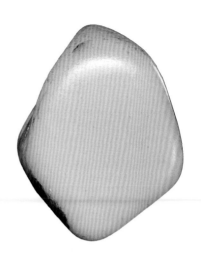

韵生动的艺术境界。此时的玉器加工技艺日趋成熟，砣法简练遒劲，纹饰流畅，颇具浪漫主义色彩。尤其是立体肖生形象的肌肉转折处理能收到自然而生动的良好效果，形象的精神和气韵得到很好的展现。在隋唐时期已普遍采用产自新疆的和田玉。和田玉温润晶莹的特性在各种玉雕人像、动物造型中也得到了充分的体现，从而使玉器的形象美与材质美和谐地融合为一体，玉器的艺术性和鉴赏性都获得了很大提升。晚唐至五代十国时期，中国再次出现分裂，此时期战乱频频，民不聊生，社会经济严重萧条，玉文化也受到极大的影响。如今出土明确为五代十国的玉器少之又少。

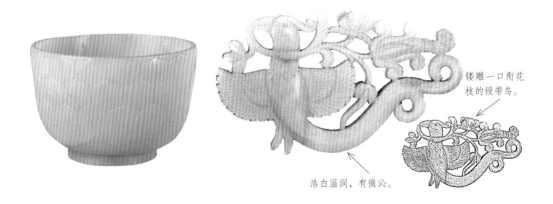

镂雕一口衔花枝的绶带鸟。

洁白温润，有微沁。

一、隋唐时期玉器的演变发展

源远流长的中国古代文化，进入隋唐五代时期，发展到了一个全面鼎盛和繁荣的新阶段。从公元581年隋朝建立，到907年唐朝灭亡，是我国历史上著名的隋唐盛世。

隋唐时期的玉器存在许多独特之处。唐代玉器上的植物纹图，是首次以写实而又具体的形式在玉器上展现，具有某种特殊含义。比较常见的有蔓草、缠枝莲、牡丹、石榴和葡萄等花果。他们或单独组成纹饰器，或与其他动物复合组图。唐代花果植物在玉器上首次出现是当时玉器的创新之举，为其后玉器纹饰的多姿多彩提供了更为开阔的自然景物纹图。玉器上的花果植物纹图宁静清丽、柔媚轻曼。它们代表了主体与客体的融合，表达了人与自然浑然统一的审美情趣，纹饰是典雅的、也是优美的，是人们推崇自然、物我和谐的审美志趣与现实生活的融通在玉器制作上的体现。

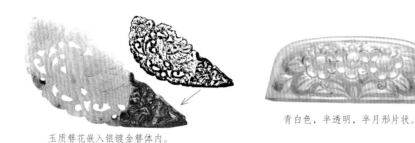

玉质簪花嵌入银镀金簪体内。

青白色，半透明，半月形片状。

花叶以放射状的阴线纹刻画。

隋唐时期，达官贵人身着佩玉，尊卑有序。《隋书·礼仪表七》记天子白玉，太子瑜玉，王玄玉，自公以下皆苍玉等。唐代沿用，咸阳底张湾北周王士良与董氏墓出土玉环1件、玉璜2件、玉佩4件、佩饰1件，应是一组玉佩饰，这组玉佩都是扁平片状，有梯形、半月形、云头形等。江西南昌市出土一组南朝时期云头形玉佩，西安市北朝晚期墓出土一组玉佩，它们的造型类似。陕西礼泉县兴隆村唐越王李贞墓出土玉佩6件，其中2件大，为上窄下宽，上饰云形边，两侧连弧形，底边平直，上有一孔；另外4件较小，有璜形与云头形，上下两边各一孔，为一组佩饰，青玉，光素无纹，与王士良墓出土的玉佩相近

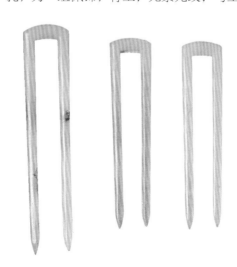

似。在西安唐大明宫遗址出土一件白玉嵌金佩饰应为皇家用品，此为片状，近似三角形，底边平直，顶尖有一小孔，两腰是三连弧形，正面镶勾连云纹金饰，金玉辉映，格外耀眼，纹饰流畅，玉质洁白无瑕，精光内敛，显得富丽堂皇。隋代玉钗开唐宋玉钗之先河，作为一种传统的发具和发饰，玉钗因双枝插入发内，阻力加大而更为牢固。

唐代出土的玉佩大多是光素无纹，说明在春秋战国到汉代非常盛行的佩玉，发展到唐代渐渐失去它的光辉，越来越走向下坡。唐代玉器上的人物、动物、花卉纹样和春秋到秦汉时期盛行的玉佩饰纹样风格迥异，宗教色彩的意味也不同。上层社会把人物、仕女、动物、花卉纹样等当作艺术与审美的对象，玉器纹样与当时绘画风格相一致，是以现实生活为题材，并出现新的突破与发展。隋唐玉器受到波斯文化的影响，也出现了一些新的造型和图案。隋唐玉器中佛教题材玉器有飞天，肖生玉有立人、双鹿、寿带、凤等，都受到当时绘画与雕塑艺术的影响。

1. 隋朝玉器

隋朝在中国历史上是上承南北朝下启唐朝的大一统朝代。隋代同秦代相似，秦代是经过分裂割据后首次统一的帝国，而隋代是经大分裂和大变革后又重新统一的王朝，其

历史均较短。隋朝的历史不足40年，但却为大唐帝国的创建打下了坚实的根基。在中国玉器史上，隋代玉器工艺似乎也没有什么独特的建树，却为一个崭新而辉煌的玉器时代拉开了序幕。隋朝的玉雕风格和雕刻工艺基本上与前代的风格和雕刻手法接近。其玉器的品种此前已见的绝大多数消失，所能见者有新出现的玉铲形佩、玉双股钗、玉嵌金口

杯和玉兔等近十种。所见玉杯，圈足矮圆形，在口沿嵌有金箍一圈，是迄今所见金玉合作的最早实用器皿之一。这与殷商和西周时见到的玉兔有明显的差别。至开皇九年灭陈之后，玉器风格开始出现一些变化，略微有了一些新的动向、新的尝试。但由于地域不同，风格和手法也就各具特点，还没有形成统一完整的样式，隋朝就已经匆匆灭亡了。尽管如此，对于下一时代的唐代来说，确实起到了酝酿和发展的作用。

著名的镶金边白玉杯于1957年陕西省西安市李静训墓出土，高4.1厘米、口径5.6厘米、底径2.9厘米。白玉杯为直口平唇，深腹，下有假圈足，平底实足。口部内外镶金一周，金沿宽0.6厘米。此杯用白玉制成，保存完整，造型、制作均非常精美。从这件镶金边白玉杯来看，隋代已有了很精湛的玉器制作工艺。

2. 唐代玉器

唐代的经济繁荣，国力强盛，开拓西域，畅通丝绸之路，新疆和田玉料源源输入中原，玉器制作工艺在秦汉时期的基础上得到了快速发展，出现了新的高峰。玉器与唐代其他工艺品相同，不论器物大小均达到非常高的艺术水平和审美高度。

唐代玉器风格出现显著的变化，主要表现在玉料的精美化，功用文玩化，装饰鉴赏化。唐代玉料以和田青白玉为主，其它玉料较少见。除此之外，还有大量的杂玛瑙、透明水晶等，多数没有出现于国内矿藏。功用文玩化，说明唐代玉器比起周汉玉器更加亲切可爱，更具玩赏性。周代玉器以礼仪玉器为主，比较严谨规整。汉代的丧葬，由辟邪玉器主宰和统治，把玩受到限制和束缚。唐代之前玉器装饰有些也是相当精美，但神味太浓，礼性太足。然而，进入唐代，玉器装饰风格出现很大变化，在装饰上鉴赏化。

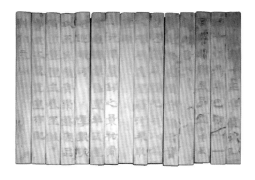

唐代玉器造型与用途的特点：一是玉器造型与用途趋于统一，玉器功能性明显，这与早期玉器造型与用途有时相分离，一器多用的风格明显不同。二是玉器中旧的礼仪玉逐渐消失，出现新的礼仪玉，而丧

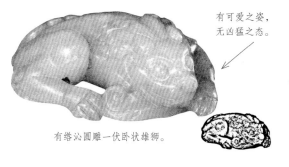

有可爱之姿，
无凶猛之态。

有绺沁圆雕一伏卧状雄狮。

葬玉器也难觅踪迹。唐代的佛教玉器、实用玉器皿、摆饰玉极为盛行，大量出现。唐代朝廷玉器有祭祀及礼仪两大系列，前者主要是封禅用玉册，帝王盖棺论定的玉哀册；后者有玉带板，玉步摇等。禅地玉册，呈简牍状，多五简为一排，以银丝连贯，册文作隶书。玉哀册是帝王下葬时的最后一篇悼文，是称颂帝王功绩的文辞。玉哀册呈扁平片状，但均较宽长，表面磨平，正面刻着楷书文字，字内填金，背后顺序编号。唐代佛教玉器主要有玉佛和玉飞天两种类型。玉飞天在传世玉器中出现较多，多为女性形象呈现，其造型可以与敦煌壁画中的飞天相媲美。

唐代的宫廷用玉其实都是装饰玉，不过这种高贵的装饰玉难以在民间流行，而只能在宫廷使用，这类玉器可归入宫廷玉器类，主要有玉带板和玉首饰两大类。器皿玉器最早出现于商代，但由于社会及雕琢技术方面的原因，直到唐代才有了较大发展。唐代摆饰玉以动物、人物居多，摆饰玉中的飞禽、走兽、人物等，一般为佩饰挂件，立体圆雕，形态较小。在雕琢中因形象不同，表现手法也不同，在雕刻中抓大型和主要部位，在正确比例和形态结构的基础上，动物与人物的雕琢采用了夸张手法。玉雕动物的题材广泛，羊、鹿、犬、马、骆驼等表现得温驯、忠厚、吃苦耐劳，而狮子、虎、怪兽表现凶猛刚劲、气势庞大、威猛有力。

唐代玉器常见的装饰手法：一是在玉器的装饰材料上，金和玉并用，色泽互补，金玉辉映，金相玉质形成了唐代玉器绚丽多彩、富丽堂皇的面貌。黄金饰件出现在玉器上，最早出现于战国至汉代，当时的黄金饰件主要作用是垂勾之用，如金链串玉佩、金玉带钩等。唐代用黄金饰玉，虽然也起到了特殊的功能作用，但主要是起着装饰的作用。二是唐代玉器在装饰图案纹样上，大量采用花卉纹样，图案非常完整齐备，花蕾、花叶、花茎一应俱全。在中国绘画史上，直到元代以后才形成了花鸟科，唐代玉器上的花卉纹样比绘画

青白色，有
少许沁色，
圆雕。

还要先行一步。唐代玉器装饰纹样的花卉形，还出现造型与装饰两种形式。唐代玉器纹饰中如意云纹是与花卉纹同时流行的，通常饰于人体、花、鸟旁边。三是玉器装饰在唐代之前，纹样主要通过线条来展示，表达主题。唐代玉器在装饰手法上，细密阴线与网状细阴线被主要采用。表现图案的方法，如衣纹、发丝、花叶、羽翎都采用平行细阴线，花蕾、动物鳞衣都采用网状细阴线绘就；所有线纹均用砣琢出，落脚深，中间粗直，收笔细尖，线纹的脉络非常明显。常见的人纹、花纹图像外缘都有一条粗弦纹边框，框内地子内凹，在内凹的地子上用浮凸及阴线描绘的方式，雕琢出人纹、花纹、禽兽纹等图案。

　　唐代经济发展，社会开放，长安的外国使官、学者、僧侣、商贾与工匠云集，玉器人物形象、题材不同于以前，横扫神秘文化，同时由宫廷迈向社会各阶层。各种各样的世俗题材丰富多彩，唐代玉器上的雕刻纹样就是很好的例证，无论是龙凤起舞、成对鸳鸯、双喜牡丹还是飞天侍女、颗颗石榴和各种舞蹈奏乐等，都充满浓浓的世俗人情味，呈现出雕琢艺术与内容融为一体的现实美。唐代妇女能够骑马狩猎，能够穿上男装上街观灯，能够佩戴各式各样玉器。通常所见的唐代绘画与陶俑中的妇女不是丰硕盛装、高髻美发、露肩裸臂就是彩色柔丽、轻纱薄罗、安然悠闲的形态。妇女头上戴的，身上佩的各种玉饰真实反映了唐代现实生活，是唐代艺术的组成部分，形式风格与以后宋代出现的大量复古玉礼器与仿古玉器有所不同。

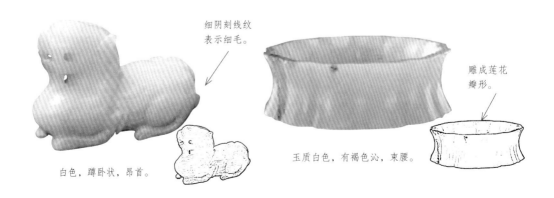

细阴刻线纹
表示细毛。

雕成莲花
瓣形。

白色，蹲卧状，昂首。

玉质白色，有褐色沁，束腰。

唐代玉器与汉代玉器在类型上有所不同，这个时期的礼仪、殉葬用玉的数量大大减少，精品尤其少见；官服上用于标示等级的组佩玉器也远不如汉代的

优质，而作为随身佩戴的饰物、装饰品、实用品和艺术品等却在制作上雕琢精美，数量上大大超过以往，成为这一时期玉器中的主流。玉质首饰多为新疆和田玉材质的钗、簪、手镯等，温润细腻，工艺精湛。实用玉质工艺品在唐代较为盛行，说明玉雕器的使用领域不断拓展，不仅有玉雕装饰构件、医药用具，还有梳妆用具、生活饮食器等。妇女化妆盒在唐代墓葬中常有出土，如海棠形玉粉盒，最长5.5厘米，最宽4厘米，高不

到1厘米。有盖，子母扣，盖面隆起，面阴线雕刻花朵与盒形相呼应，简单明了。玉制饮食器，在何家村出土的有刻花白玉羽觞、玛瑙羽觞、镶金牛首玛瑙杯、水晶八瓣花形长杯等，选料精美，造型十分奇特，器壁很薄，纹饰也十分流畅。

唐代玉器新出现的重要品种有玉带和各种新型佩饰、坠饰。玉带也称为玉銙，是镶钉有玉饰片的革带。其玉饰片的形式多样，包含方形、桃形、长方形以及一端半圆等形状，玉带主要是由銙和尾两部分组成，唐代玉銙中方形比较多见，也有腰圆形，边棱微微朝内倾，呈面小底大形状，銙面中心上凸，与边缘一样高，除光素者外，大部分题材为浅雕伎乐人、飞天、鸟兽、行龙，其中伎乐人多为当时西域地区胡人的形象。这些玉带板背面四个角都有穿孔，可以缀附在衣带上面，佩戴这种玉衣带成为官场礼服上的重要组成部分，是上层统治者系腰所用。唐代有明确而严格的用玉带制度。《新唐书·车服志》记述：其后以紫为三品之服，金玉带銙十三；绯为四品之服，金带銙十一；浅绯为五品之服，金带銙十；深绿为六品之服，浅绿为七品之服，皆银带銙九；深青为

八品之服，浅青为九品之服，皆瑜石带銙八；黄为流外官及庶人之服，铜铁带銙七。品级的高低是以带板的质地、纹饰、块数不同来表示。

穿长衫是中国古代非常独特的衣着方式之一，穿长衫时腰部需用大带束住。唐代玉器开创了富有时代特征的按照官级高低服饰佩戴玉带銙的形式，作为一种"等贵贱"玉器，是中国封建社会历史上的首创。官位及其权力通过玉带銙的佩戴形式来象征。一是紫色位阶最高，带銙的颜色由紫色向其它颜色递变。紫色其内涵源于紫微星，传说是天帝的居所，因而以紫色位为至尊。带銙以玉为最高品级，依次为金、银、铜、铁。二是所用玉带銙的节数有着严格规定，据官爵的高下，由13～7块，尊卑有变。其使用的规范化与制度化，是中国古代礼仪玉器中的创新之举，具有重要的意义。

封建帝王制度下的等级与权力观念随着玉带銙制度的出现得到了充分突显。也因此呈现出旺盛的生命力，使其能在唐代之后的五代十国、宋、元、明、清历朝历代官仪中沿用。

唐代非常善于吸收外来文化因素，成为汉族传统文化的营养。伎乐纹玉带板是唐朝引入西域音乐、文化的历史见证，是唐朝成功地进行东西部文化交流的重要内容和体

现。唐朝将新疆龟兹国的伎乐人带进长安，并与汉族的音乐相互融合。唐太宗将唐代官廷燕乐九部乐增加为十部乐，唐十部乐集汉、魏、南北朝乐午之大成，用于外交、庆典、宴享，礼仪性非常鲜明。唐玄宗李隆基又将十部乐改为立部伎和坐部伎。唐代大诗人白居易在《立部伎》诗中有："立部贱，坐部贵"之说，表明坐部伎演出水平和地位高于立部伎。今天所见唐代玉带板上的伎乐纹中，演奏乐器者属坐部伎，铊尾上的舞蹈者属立部伎，其形象为：深目，高鼻，留胡须，着胡衫，足蹬乌皮长靴，舞姿生动传神。白居易诗曰："心应弦，手应鼓，弘鼓一声双袖举，回雪飘飘持蓬舞，左旋右旋不知疲，千匝万周无已时，人间物类无可比飞"。场景所描述的舞蹈正是盛行于唐朝的"胡旋"。玉带板上的伎乐纹饰是唐代玉器善于学习与借鉴、吸收西域音乐、舞蹈、文化并将它融合于中华传统玉文化之中的产物。

唐代玉器玉料精美，种类多样，工艺精湛，内涵丰富，以超凡的文化艺术品质在中国悠久的玉文化历史上留下了光辉灿烂的一页，其后，清代康乾盛世时痕都斯坦玉器的传入，可以认为是唐代玉器引入外来文化艺术成果的延续与发展。

中华玉文化和佛教文化的亲缘关系由来已久，我国最古老的"玉石之路"不仅是和田玉向中原运输的通道，还是西域与中原进行文化交流和传播佛教的文化之路，由此可知，中华玉文化与佛教文化天生就具有不解之缘。

唐代玉器出现了玉飞天，在很多新型佩饰中都有出现。飞天，梵文名乾达婆。飞天在佛教中被描绘成专采百花香露，能乐善舞，向人间散花放香，造福于人类的神仙。目前在中国发现最早的飞天形象出现在新疆克孜乐千佛洞内的壁画中。飞天形象，早期多

作男像，后来逐渐演变成为娇美的女性。唐代玉雕飞天一般都是雕琢一飞身女子，手持花枝，几朵镂雕的云或卷草纹位于身下，双臂抬高，两腿略微盘绕，上身裸袒，下身穿着长裙或肥裤，玉飞天同宗教壁画中的飞天相比较，更像似人而不似神，很难从玉雕作品上看出它们同宗教的关系。目前从传世作品来看，玉制飞天最早出现于唐代。唐代飞天玉器选料都是由新疆和田羊脂玉、白玉雕琢而成，飞天的圣洁与高贵在玉材和艺术审美上得到了充分的体现。

唐代玉器的雕琢方法除继续保留和运用传统的镂雕、圆雕等手法外，大量地使用阴刻线，例如表现动物的腿毛，经常使用非常密集的阴刻线装饰，无论粗线或细线，刀法都纹丝不乱，在造型上注重起伏，能够表现出作品内在的美感和神韵，强调并突出形体的肌肉、动态、力量和体积感，风格和雕琢工艺基本上和同时期的石刻雕塑相同。唐代玉雕还有一个突出特色，是采用繁密的细线与短阴线表现装饰纹、阴阳凹凸面等。例如雕刻白玉胡人舞蹈，首先是按照人物舞蹈的造型铲周围的地，雕琢由外向里形成斜面，呈现浮雕感，凸显出人物，细部都用阴线刻画，绸带采用长阴线刻画，表现出飘动而轻薄的质感，通过身体各部位

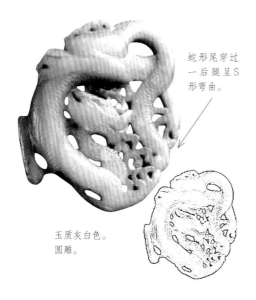

蛇形尾穿过一后腿呈S形弯曲。

玉质灰白色。圆雕。

的平行短阴线表现向背阴阳面，从而能够体现出阴线的巧妙应用。西安市考古所藏白玉鸳鸯头花饰中的鸳鸯扇起的翅膀，用繁密的细阴线来刻画羽毛，花叶用短阴线来刻画，作品显得生动活泼，质感很强。

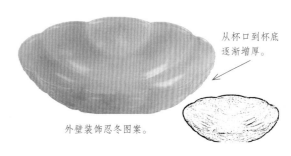

从杯口到杯底逐渐增厚。

外壁装饰忍冬图案。

唐代社会和平昌盛、国泰民安，在中国几千年的封建社会中属于一个极为特殊、极少束缚的时期，也是一个思想文化开放的社会，善于和敢于向外来的优秀文化学习，大胆借鉴创新，并将它融会贯通于中华传统文化之中。唐代玉器也改变了以往的古拙风貌，脱胎换骨，以焕然一新的面貌出现，朝气蓬勃，颇具浪漫主义色彩，显示出浓厚的生活气息和别具特色的社会风貌，为中华玉文化注入了新鲜的血液，丰富了玉文化的内涵，促进了玉器的创新和发展。

隋唐时期的圆雕艺术品在考古发掘中出现的并不多，目前出土的有：西安南郊何家村的白玉刻花羽觞、水晶杯、镶金牛首玛瑙杯等，在传世作品中还能够见到一些圆雕的兽件玉雕作品，如唐代的玉雕骆驼等。

五代在中国历史上是一个时间短暂并处于动乱的时期，这一时期的玉器与其他动乱朝代一样，也进入一个衰败阶段。但在局部的小王国中仍多多少少有一些玉器被发现，其中比较重要的出土玉器有南京市发现的南唐二陵的出土玉器和四川省成都市前蜀王建墓出土的玉器等。出土的玉器包括玉龙纹带一条、玉飞天纹残器、玉哀册和玉成组佩等。其中一块龙纹带板的背面采用阴刻铭文记述了它的制作情况，这对于玉器的断代和玉带的发展演变史，具有重要的研究和参考价值。玉飞天残器是迄今所知道的最早琢饰在玉器上的出土飞天形象的实物。几十件玉哀册不仅作为当时重要文字资料实物，而且填金在阴刻铭文上，数量非常多，也是今天存世玉器中，最早在墓中发现的，对于当时的历史、文化和字体的研究尤为珍贵，在玉器发展史上也占有非常重要的地位。

正面减地浮雕奔龙。

玉质青白色，柔润洁净，近正方形。

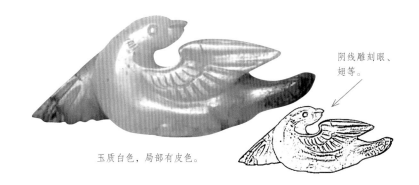

阴线雕刻眼、
翅等。

玉质白色，局部有皮色。

二、隋唐时期玉器的纹饰特点

唐代玉器是在传统的基础上发展起来的。汉代以来程式化、图案化纹样以及古拙遗风逐渐消失，转而趋向写实的风格，展现出一种健康饱满、蓬勃向上的时代风貌，宗教用玉、礼仪用玉大大减少，谷纹、蒲纹、变形云纹、螭纹等纹样基本消失。唐代玉器纹饰多表现现实，常见有卷云纹、卷草纹、连珠纹等，动物纹有龙、凤、牛、马、鹿、雁、孔雀、鹤等，有的飞鸟成双成对，植物纹有牡丹、石榴、莲花等都是来源于现实生活。因常与国外文化间交流往来，吸收融合外来文化，玉器中出现外来的造型与纹饰，促使唐代玉器的发展呈现出一个崭新局面。在品种方面，实用器越来越多，包括羽觞、长杯、牛头杯、钵、单柄杯、碗等，实用饰品如玉梳子、玉梳背、粉盒等，饰件玉带板、玉钗头镶件、玉镯、玉兽、玉鸟等大量出现。

唐代玉器的时代特征非常显著。以龙纹为例，白玉线雕龙纹璧，龙头上长双角，张口露牙，颈后有须，下唇留须，龙身满满装饰方格形鳞纹，背部生火焰状鳍，四肢作腾飞状。鸟纹，短翅，多呈现展翅形，翅端向头部扇起，排列整齐。阴线表示羽毛，丰满健壮，活泼和谐，生活气息浓郁，与金银器、瓷器、铜器等鸟纹一致。人物形象也是多样的，出现西域人，能

歌善舞、吹拉弹奏各种乐器，场面活泼欢快，构图新
颖别致，刀法精湛娴熟。总之，唐代的雕刻工艺精
巧，注重整体造型的严谨和准确，又在细部刻画用功
用力，大形上凸显精神，细节中彰显灵气，体现出唐
代玉器丰满健壮，雍容大度，浪漫豪放的时代气息。

　　唐代玉器的制作和刻纹的表现手法在局部上也
出现了很大的发展与变化。其中以整体图案隐起，
又称挖地或剔地阳纹，再在其上加阴线，尤为突出的是局部细纹法。如所饰阴线，用
一道砣纹完成者较多，呈现平行或放射短条形态，细密而富有时代特征，给人一种近观

景物的视觉效果。凡植物的花叶脉络、动物的毛发、
人物的衣纹等均是清清楚楚，一目了然。再如云纹，
唐代玉器均以花朵形态表现，并由尖长尾附于花朵
状云头之后部。唐玉云纹有着重要的审美价值，它
们极其飘洒极为典丽清奇。玉带板的形态，四周边
从正面到背面向外斜坡而下，致使玉带板正面的面
积小，背面的面积大，而呈现出典型的时代特征。

　　唐代实用器中以玉制梳背最具特点，唐代妇女
往往在头部插梳以为装饰，赏心悦目。玉梳背都制成半月形薄片形状，双面均采用浅浮
雕的方法雕琢出各种纹饰，这种玉梳背在造型和风格上与前后各时代都有所不同，是奢
华的实用工艺品。

　　玉梳背薄、齿短，梳齿集于下弦，齿密而间距细小，底端平齐。玉梳不仅是用于梳
理头发，也可是置于头部的饰物。唐代至五代，用于头部的玉饰品一般都比较薄，而且

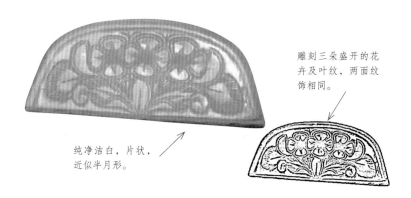

纯净洁白，片状，
近似半月形。

雕刻三朵盛开的花
卉及叶纹，两面纹
饰相同。

玉质精良，表面平整光滑且起伏小，刻画图案多采用阴线，线条笔直而细密，这些特点在此玉梳上有明显的呈现。

唐代玉器装饰纹样，以阴刻线和剔地浅浮雕表现。隋唐时期的常见玉器纹样如下。

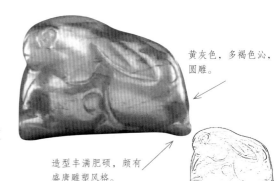

黄灰色，多褐色沁，圆雕。

造型丰满肥硕，颇有盛唐雕塑风格。

1. 胡人伎乐纹

纹样图案分两种：一种为胡人盘腿而坐，吹奏各种乐器或和唱；另一种为胡人舞蹈于圆毯之上。常装饰于玉带铐等带饰上。所雕琢的胡人大眼高鼻，卷发后披，窄衣细袖。在唐代，中亚地区的波斯人大量进入内地，他们把中亚的宗教及生活习俗带入我国。此件带板上的图案表现了大唐时期与异域文化的融合。

2. 云纹

唐代云纹图案有两类：一类为多齿骨朵云，云头似"凸"字形团状，其后有一条须状云尾；另一类似"品"字形，其后亦带有云尾。唐代用古典与

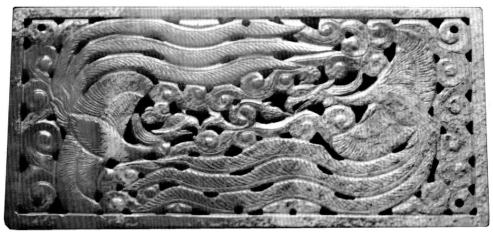

浪漫相结合的手法，赋予云纹以生命活力，把云
纹视为万瑞的象征。唐代玉器云纹是所有古代玉
器云纹中最优美、最生动的形式，它把古代玉器
云纹的审美意趣，发展到了极点。

唐代的云纹与之前的战、汉时期的云纹有所
区别，战、汉云纹称"勾云纹"，两个云纹连在一
起的称"勾连云纹"，一般是通过阴、阳线条的刻
画或隐起手法来表现，虽然隐起是一种铲地的工
艺，但仍然可以视为平面的线造型。唐代云纹的立体造型是以镂雕、浮雕的工艺来呈现
的，也被称为"流云纹"。唐代的流云纹与战、汉时期的勾云纹相对比，两种造型其实
是处在两个不同的审美平面上，战、汉时期的勾云纹是西周一面坡刀法的改进和升级，
纹饰演化得更为抽象，在整体纹饰设计中常常充当填充物的角色，尤其是在以蟠虺纹、
卧蚕纹为主题的纹饰中，其填充作用表现得更为明显，这也是为什么我们常见的战、汉
时期云纹都是一种形似的几何造型，不够具象。云纹的设计发展到了唐代，逐渐发展成
为一种造型写实的立体纹饰设计，虽然将传统的几何图案转变而成为花朵一样的造型，
仍然不像是"云"。该如何表现出云的形态，唐代通过云纹所处的位置譬如出现在飞天
身下面以表示"飞"，以及与真的云彩一样都有"朵"的形态特点而获得准确的阐释。
唐代的云纹在造型上肯定也一定参考和融合了西域植物纹样大弧线设计的元素，弧线流
畅大气、生动优美，恰到好处的弧度是云纹最为根本的时代特征。

虽然宋代飞天下面的云纹造型表现与唐代有所不同，但不能因此得出孰优孰劣的评
价，造型表现只是反映出了不同时代的不同设计理念。

唐代的云纹由于多在一个与弧线相连的主云
朵两侧再设计出左右两朵，所以又称为"歧头云
纹"或"歧云纹"。如果在主云朵后面再歧生出
云朵，则称为"多歧云纹"。

3. 鸟纹

唐代鸟纹鸟的眼睛呈三角形，翅宽而短，翅
尖前翘或指向身后，翅上有细长的阴刻饰线，尾
部如同花叶的排列。

4. 凤纹

唐代凤纹凤喙短钝，头上有冠羽，双翅展开，尾翎飘逸，末端分三叉，两爪贴腹。凤的周围常常有云纹和花草纹作衬底。与龙纹相似，常装饰于玉佩饰和器皿上。

5. 龙纹

唐代龙纹龙头一般头长而细窄，上颚长而尖，唇部略翘，眼形细长，有飘发，龙身似蛇身，鳞纹多呈网格状，龙身龙尾近似蛇尾，龙爪三趾或四趾。龙的周围往往有云纹和花草纹作衬底。常装饰于玉佩饰和器皿上。唐代玉龙具有生机勃勃、神姿奔放、激扬飞腾的气势美。龙纹多伴有云纹，如飞行于云间。追溯唐玉龙的生动美与气势美，源自战国玉龙，但唐代玉龙更为精彩。

6. 狮纹

唐代狮纹图案为姿态各异的狮子形象，以阴刻线和剔地浅浮雕表现，常装饰于玉带铐上。

7. 花叶纹

唐代花叶纹有海棠、石榴、牡丹、卷草、荷花、野菊等，一些花瓣呈现圆形而且内凹，边缘饰有短而细密的细阴刻线，花蕊呈桃状，或呈现椭圆形纹饰网格纹，或为三角形饰细阴线，花叶以大尖叶为主，呈相叠的"人"字形排列，叶中心往往有锥形梗。

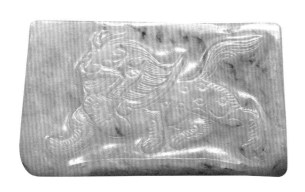

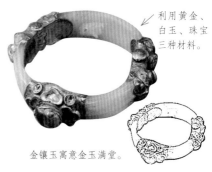

利用黄金、白玉、珠宝三种材料。

金镶玉寓意金玉满堂。

在隋唐时期，妇女们用玉镯来装饰手臂已经非常普遍，一些画家的画作中就常常出现手臂佩戴玉镯的妇女形象，唐宋之后，手镯的材料和制作工艺都有了很大的发展，直至明清时期，镶嵌宝石的玉镯出现并经久不衰。

三、隋唐时期玉器名称释义

1. 玉飞天

玉飞天是唐宋时期出现的以传说中的飞天为造型的玉器，这种造型的玉器大量出土于唐宋时期的墓葬，也有清宫旧藏。

飞天形象源于印度佛教，伴随着六朝以来印度佛教与中国传统文化的融合而盛行于隋唐。在之后的宋辽两朝均有继承和发展，特别是辽代，对于玉飞天可谓是情有独钟，几乎是享国多久，玉飞天便盛行多久，而且在继承中还逐渐演变出了自己鲜明的特色，辽代的玉飞天与唐宋相比，表现方式有所不同。尤其是都以细密的阴线表现身上的纹饰，云朵甚至只保存其形态，局部不作任何雕琢。这样处理看似简单，其实雕琢工艺非常精细和苛刻，表现出飞天强烈的艺术效果。玉飞天发展到了元代时便已没落，几乎绝迹，明清时期尚古风气盛行，又大量出现，仿古飞天。

现藏北京故宫博物院的唐代青玉飞天就是清宫旧藏，这件玉飞天高3.9厘米，宽7.1厘米，厚0.7厘米，形态为一个依靠在祥云上腾空而飞的仙女形象，玉质为青玉，局部有黄色斑纹。玉飞天整个造型呈现向上凌空驾云之态，面部丰满碾磨细腻，头梳发簪，

右手扶云头，左手缠绕着飘带，姿态极其优美。飞天曼妙的身姿被身下的云团轻托着，自然流动的线条飘动感十分强烈，充满浪漫的情怀。

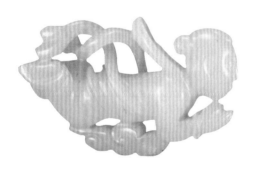

唐代玉飞天的特征继承了北魏、北齐石窟壁画佛像的风格，并融合中国古代道教文化。玉器造型多表现为昂首挺胸的飞舞状。头顶高盘发髻，上身多呈现裸体状，身体由胸部扭转，圆润丰满的脸型，微微凸起的鼻、眼、嘴，细长形的眼睛，体态丰腴娇美，神态慈祥端庄，如同天仙一般；或者玉飞天上身微微侧起，紧贴身躯的汉式衣裙和披肩长带，随风飘拂，两腿相交，露出玉足，饱满如花朵一般的如意形祥云飘于身下，给人轻妙曼丽的视觉灵动感。整体上，唐代玉飞天与唐代开化的民风以及以胖为美的审美观相符合。唐代玉飞天佛教文化艺术浓厚，为古代佛教贵族所崇拜。

魏晋南北朝以来，玉飞天作为儒释道兼修的多元化宗教信仰的混合形象，广泛吸收了民间舞蹈艺术的形体语言，寄托着人们对佛国的无限向往和对超越尘世理想境界的追求。

2. 玉带銙

中国古代衣着特点之一是穿长衫，腰部需用大带或革带束住。带銙，古代附于腰带上的装饰品，用金，银，犀，铜等制成。玉带銙，顾名思义是以玉为原材料制作的腰带装饰品。玉带銙的佩戴形式象征官位及其权力，是作为一种"等贵贱"玉器。

唐代带銙以玉带为主，其结构是由鞓、带扣、带板和铊尾组成。将多块玉带板缀缝于鞓上，围于腰周，以铊尾插入带中以固牢。玉带板的造型是除砣尾为长方形，一端平直，一端凸弧形外，其它均为正方形。唐代素面的玉铃居多，也有雕琢出各种图案的，玉带比较厚，边侧立面上窄下宽，呈方形或椭圆而底边平直，正面饰有人物、花鸟和动物纹样，常常以胡人、伎乐人居多，特别精致的是雕刻有浅浮雕的龙纹，纹饰采用剔地隐起法，先将主体勾勒出后从廓边剔地，凸显主题，并辅以短阴线来加强立体感，背面四角有蚁鼻式隧孔以便缝缀。有的还镶以金边，或以玉为缘，内嵌珍珠及红、绿、蓝三色宝石。

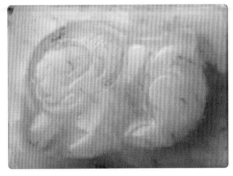

唐代用佩戴玉带铃的形式象征官位高低及其权力是历史上的首创，其规范化与制度化是礼仪玉器中的重要发明，封建礼制下的等级与权力观念通过玉带铃制度得到了充分展现，它在以后历代官仪中一直被沿用，并与皇权仪规存在着密切的联系，直到明清时期，玉带钩、玉带扣一直沿用，经久不衰。

3. 圆雕玉器

圆雕玉器作品又称立体雕，是可以多方位、多角度欣赏的三维立体玉雕。圆雕是艺术在雕件上的整体表现，它要求雕刻者从全方位进行雕刻，观赏者可以从不同角度看到物体的每个侧面。圆雕玉器的手法与形式多种多样，有写实性的与装饰性的，也有具体的与抽象的。雕刻内容与题材也是丰富多彩，包含人物、动物和静物。

4. 浮雕玉器

浮雕玉器是在玉石平面上雕刻出凹凸起伏形象的一种玉器，是介于圆雕和绘画之间的艺术表现形式。浮雕玉器作品主要是从正面观赏，玉器中大多数玉佩属于此类。其特点是在玉石平面上雕刻形象，依表面雕琢的厚度及方式不同可分为高浮雕、中浮雕和浅浮雕。在充分表达审美思想情感的基本创作原则之下，一般来说，高浮雕较强的可塑性和较大的深度空间，

使其能够充分表达出玉器庄重、沉稳、严肃、浑厚的效果和恢宏的气势；浅浮雕则以水般涌动的线条和多视点切入的平面性构图，表达出轻音乐般的平和情调和抒情诗般的浪漫柔情。浮雕玉器的不同形态各有艺术品格上的侧重或表现。

5. 透雕玉器

又称镂空玉器，是在圆雕或浮雕的基础上，钻空其背景部分，使作品显得玲珑剔透，如玉器花卉作品。透雕大体有两种形式：一是在浮雕的基础上，通常镂空其背景部分，有的为单面雕，有的为双面雕，一般有边框的称"镂空花板"；二是介于圆雕和浮雕之间的一种雕塑形式，也称凹雕、镂空雕。镂刻是创作的最关键阶段，要求雕刻的功力、线与面的处理以及各种造型手段的变化，都必须切实服从主题内容的需要，使意、形、刻有机地融为一体。同时灵活运用各类雕刻表现技法，以及具有丰富内涵的东方艺术语言，在造型的疏密虚实、方圆顿挫、粗细长短的交织、变奏中，表现精巧入微、玲珑剔透的艺术效果，使玉器作品产生音乐般的韵律和感染力。

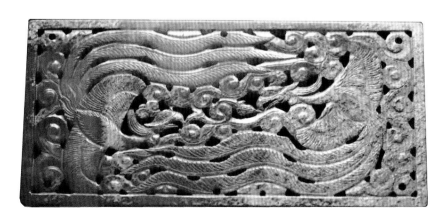

6. 薄胎玉器

是玉器器皿中的一个特殊
品种。制作薄胎玉器的要求是
选料适当，加工精湛，胎的厚
薄要求一致，器形端庄别致，
装饰繁简相宜，制成品显得轻

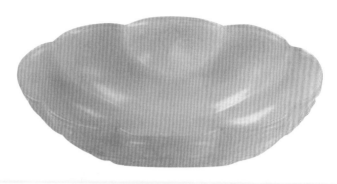

盈玲珑。"薄遍片刻铢，轻于举鸿毛，在手疑无物，定睛知有形。"这首诗是清朝乾隆皇
帝写的，描绘的是薄胎玉器的精美和轻巧。乾隆皇帝对这种薄胎玉器十分喜爱。薄胎玉
器早在唐代就已出现，唐代是我国历史上文化发展的鼎盛时期，各业兴旺，特别是手工
艺的发展，促进了玉器制作技能的提高。这突出表现在薄胎玉器的制作上。唐代的薄胎
玉器主要为碗、杯、盅等器皿件。由于受佛教文化的影响，其纹饰多为莲花香草纹。宋
代盛行仿古玉器，而薄胎玉器却少见记载，元代的薄胎玉器也很罕见，明代的薄胎器皿
有元朝遗风，如明代的玉花形杯及陆子冈的青玉合卺杯等。薄胎器皿很难做，要做成一
件就得坏几件，所以每成功一件，乾隆就要赋诗一首。

7. 金镶玉器

顾名思义，是以玉为主体，镶嵌上金银丝，又称金银错、压金丝嵌宝等。压金丝玉
器，金丝是一种装饰，在某种意义上说它是玉器本身纹饰的替换，与玉器互相辉映，可
谓"锦上添花"。

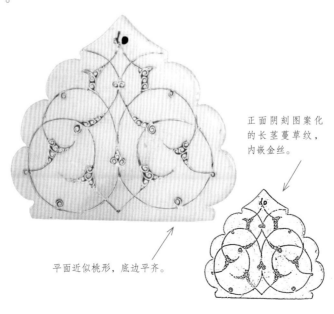

正面阴刻图案化
的长茎蔓草纹，
内嵌金丝。

平面近似桃形，底边平齐。

四、隋唐时期和田玉的使用

隋唐玉器材料以和田玉为主，隋代玉器虽品种和数量不多，但均用优质和田玉青白制作，这与战国以前和魏晋南北朝玉器用料较杂、使用优质和田玉较少的情况呈鲜明对比。如玉兔是和田羊脂白玉圆雕而成，通体光素无纹，两侧腰有一横穿圆孔，以供佩系用。这与殷商和西周时见到的玉兔有明显的差别。唐代是我国封建社会的鼎盛时期，由于开拓西域，使得新疆和田玉大量地输入内地。唐代玉器，生产数量虽然不多，但在质量上均是精雕细琢，其品种和艺术风格上都有新的发展，带有明显的承前启后的特点。唐代玉料较多选用和田青白玉，其它玉料较少见。唐代飞天玉器用料均由新疆和田羊脂玉、白玉雕成，在玉材和艺术审美上表现出飞天的圣洁与高贵。

对于中国玉器发展史而言，唐代玉器可谓是开启了新的华章。在隋唐时期，文化发展进入一片繁荣的景象，政商方面清洁廉明，经济发展前途一片大好，此时玉器进入一个发展的高峰期。和田玉已经不仅出现于皇家贵族之中，在民间的普通老百姓家中也

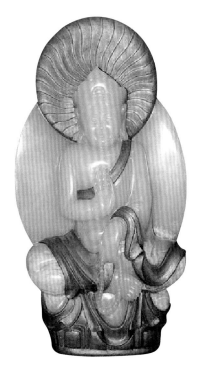

能常常见到。唐代玉器经魏晋南北朝时期的相对衰落后，又有所复兴。从唐代开始，随着历史背景的转换以及文化艺术交流的频繁，玉器逐渐褪去了神秘和神圣的光环，走进寻常百姓家。由于社会经济的迅速发展，市民阶层的兴起，玉器的商品化、世俗化进程日益加快。

自唐朝开始，玉的选料就大多使用和田玉。玉器图案在这个时期已经更加完整，雕刻的纹路也非常细腻鲜明。大唐帝国繁荣强盛，人民生活安定，因而更加关注生活、崇尚审美。大自然最富神采和浪漫情趣的花朵、花鸟成为艺术追求的主要对象，在玉器上也开始大量使用花卉图案了，雕刻的花卉与实物相似，体现出写实的风格。唐代玉器云纹是所有古代玉

器云纹中最优美、最生动的形式，唐代玉器采用古典与浪漫相结合的手法，赋予云纹以生命活力，把云纹视为万瑞的象征，它把古代玉器云纹的审美意趣，发展到了极点。唐代所见玉器，除个别品种，其它之前流行的器物几乎全部消失。新出现的玉器品种丰富，有供玉带上嵌饰的带板；人物形象也是多样的，出现西域人，能歌善舞、吹拉弹奏各种乐器，场面活泼欢快；出现玉梳、玉发簪和各式玉杯等。尤其是玉杯的形式变化十分引人注意，有写实性的云形杯、莲花形杯、瓜棱形杯、三鸠式杯和椭圆式杯等。上述全新造型玉器的出现，特别是佛教文化内容玉器的融入使唐代玉器以崭新的面貌独放异彩。

小 知 识

和田玉的鉴别

1. 和田玉新疆料与俄罗斯料、青海料、韩料的辨别

（1）俄罗斯料　俄罗斯料（简称俄料），20世纪90年代初期开发利用的一种玉石（根据国家标准，属于和田玉），产于昆仑山脉延伸到俄罗斯境内的余脉之中。大部分产自俄罗斯布里亚特共和国境内，有四个矿石产地：嘎沃赫达、布罗姆、嘎留柏和海伊达。其中部分矿区已枯竭，有的已经整座山的被夷平了，这也是俄料的价格不比和田玉新疆料低多少的原因。

从海拔和气候上讲俄料和和田玉新疆料有形成上的相似点。这种玉料的矿物成分、内部结构与和田玉大体相似，主要有白玉、青白玉、青玉、碧玉、墨玉和糖玉。呈油脂状玻璃光泽，通体微度透明，硬度在5.2～5.4之间。从光泽度上看，俄罗斯玉虽是玻璃光泽，但略带瓷感，通体发干，白玉发"死白"之光。经过盘磨，由深白变得干透，放在白布上特白，拿在手中却显干涩。由于结构粒度较粗，手感较轻，佩戴久了会变

俄罗斯白玉

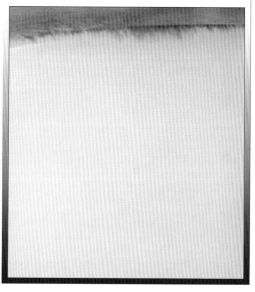

和田白玉籽料

黄、变黑。同时，俄罗斯料韧性差，易起性，出"崩口"，所以要注意观察玉器线条的崩裂情况。从外形上看，俄罗斯料在透光的地方，用肉眼稍稍观察，就能看到"毛毡状"的结构，而和田玉新疆（若羌）料内部颗粒非常小，一般情况下用肉眼看不清楚。俄料普遍颗粒较大，也就是细腻度较差，表现在不容易打磨平整光滑，同时手感会较生涩，这是因为晶体的颗粒会比周边硬，颗粒越大这个差异也就越明显，所以俄料打磨时往往会产生亮点或斑驳感，现在的打磨技术还是可以把这些料打磨得看上去很细腻、很油滑，但却无法改变其颗粒大的本质，所以经过较长时间盘玩以后就会变得生涩。举个例子可以帮助大家理解，你用水泥浇注成一块石板，水泥颗粒很细腻，所以表面比较光滑，在上面越走越油滑光亮，但你如果在水泥中加了很多石子或黄沙，那就不太容易磨平整，用机器还是可以磨平的，但时间长了，水泥的地方硬度较低就凹下去了，而黄沙和石子由于硬度较高就突起了，这样时间久了反而变毛了。这就是俄料盘久会变得生涩的原因。

　　将和田玉若羌料与俄罗斯料放在一起加以比较，一个糯，一个粳；一个白得滋润，一个则是"死白"，其高下之别不言自明。同时，敲击时一个声音清脆，一个沉闷，也不难分辨。俄料的物理特性与新疆山料基本相同，有僵硬的感觉，油润性比较差。现在市场上最好的俄料价格已超过新疆料了，因为新疆已好几年没有开采出上等的山料了，现在出产的新矿料质量还比不上上等的俄料。所以，好的俄料升值潜力还是非常巨大的。

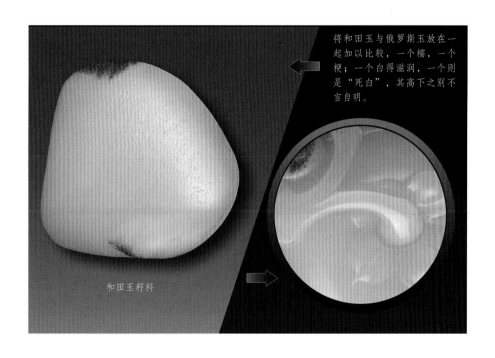

将和田玉与俄罗斯玉放在一起加以比较，一个糯，一个粳；一个白得滋润，一个则是"死白"，其高下之别不言自明。

和田玉籽料

（2）青海料　青海料（又称青海玉）属于和田玉，因产自青海而得名，行内人也称之为昆仑玉。但我们并不提倡这种叫法，因为众所周知，和田玉也是产自昆仑山脉，如果仅青海料被命名为昆仑玉，并不确切。青海料呈半透明状，比若羌料透明度要好，质地比若羌料稍粗，不如若羌料细腻，缺乏羊脂玉般的凝重的感觉，密度比若羌料略低，经常可见有透明水线；青海料颜色也稍显不正，常有偏灰、偏绿和偏黄色，也多有黑白、黑黄、绿白、绿黄相杂的玉料而被用作俏色。青海料中带翠的较多，很好看。其绿

青海白玉

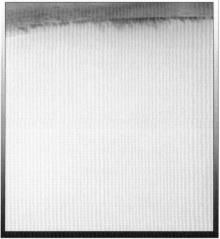

和田白玉籽料

青海翠青料

青海烟青料

色特征似嫩绿色翡翠，与青玉、碧玉的绿色有明显的不同，这部分绿色软玉很少单独产出，而是附于白玉、青白玉原料的一侧或形成夹层、团块分布。目前市场上高档青海料价格也相当不菲。

青海料基本都是山料。青海白玉总的特点是"水、灰、透"，其透明度比若羌白玉高，用它加工的成品有半透明的感觉。青海料一般抛高光，抛柔光会显得很干。籽料一般抛柔光，最能体现出籽料的温润感。一般来说，青海白玉佩件贴身盘玩后，很难达到若羌白玉所特有的滋润、糯柔的感觉，显得"粗""涩""粳"。

很多青海料打侧光基本看不到结构，这说明青海料交织发育不全，所以青海料韧性不足，切起来比较软，同时发脆，一般来说青海料是三种产地中品质较弱的。俄料就比青海料好多了，至少能看到云絮结构，一般结构较大，说明交织的还不够。于田料的结构（交织）有方向性，所以不同方向切于田料时，有的方向容易起崩口，有的方向就还好。总的来说，和田玉需要有交织，交织越细密，韧性越好。对于看玉料来说，不打光看不到结构，打侧光能看到很细密很均匀的结构就是在交织度方面好的料子。

（3）韩料　现在市场上，大量充斥韩料。韩料顾名思义来自韩国，是一种产于朝鲜半岛南部、春川地区蛇纹岩矿床中的一种软玉，又称作"韩国玉""南韩玉"，收藏界有个不好听的名字，叫作"孬料"，显然品质不太好。大约是在2007下半年左右，韩料大

韩料

韩料颜色青中泛黄，蜡质感强，温润不足而干涩有余。云絮状纹理呈团块状，具有粥样糊状的鲜明特征。上手后感觉偏轻。

量进入中国市场，最早主要集中在河南及苏州、扬州等地区。到了2008年下半年，韩料辗转流入至新疆及台湾地区等。

比较青海料、俄料，韩料原料充足、价格低廉。由于新疆和田玉的身价不断高涨，比较起身价动辄上万的和田玉，便宜的韩料很快地被玉商相中，将韩料进口到中国境内充作代用品，因为韩料的外观与和田玉非常相像，一般人不容易一眼辨认，令不少初学者受骗上当。

韩料与和田玉的化学成分相近，都是以透闪石为主的玉石，硬度与密度也相近，但其蜡质感强，温润不足而干涩有余，结构不是很细腻，玉里面的云絮状纹理呈团块状，更显浑浊感，颜色青中泛黄，具有粥样糊状的鲜明特征。还有，韩料上手后感觉偏轻。

2. 和田玉与石英岩玉、大理岩玉、岫玉及料器等的辨别

与和田玉相似的玉石有石英岩玉、大理岩玉、岫玉及人造玻璃。首先用一把小刀，进行刻划试验。对大理岩玉、岫玉而言，硬度低于小刀，可在不起眼的地方刻划，如能刻下划痕，则将大理岩玉和岫玉排除在外。另外用一个放大镜借助观察，石英岩玉和人造玻璃在破损的地方呈贝壳状，而和田玉为参差状，和田玉肉眼常可看到细密的小云片状、云雾状结构的玉花，和田玉的光泽很温润，不是那种很强的玻璃光泽。

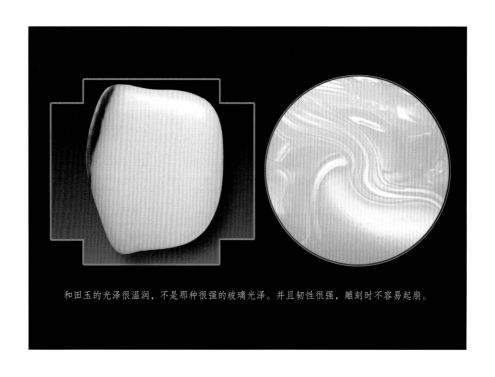

和田玉的光泽很温润，不是那种很强的玻璃光泽。并且韧性很强，雕刻时不容易起崩。

由于和田玉韧性很强，雕刻时不容易起崩，阴刻线两侧不容易起崩口。石英岩类玉石硬度虽然高，但韧性差，脆性强，阴刻线容易起崩口。正是由于这个原因，许多石英岩类玉石都是用模子高温压出来的，没有手工雕刻的痕迹。在大小相同的情况下，用手掂一掂两块石头，和田玉较石英岩类玉石重，因为和田玉的密度较石英岩类玉石的密度大。

（1）石英岩玉　石英岩类白玉，色白、质地较细，外观很像和田白玉。过去所谓的"京白玉"，就是一种细粒石英岩，颗粒很细，但不能称为白玉。白色石英岩玉在颜色方面是纯白色的，白颜色当中没有任何其他的色调，给人的感觉特别干净，甚至有一种煞白的感觉，就像没有污染的白雪一样，洁白干净，通过这两种玉石的对比，就能明显的区分白色石英岩玉和和田玉白玉。石英岩类的玉石硬度比和田白玉高，因此比和田白玉显出更强的玻璃光泽，在没有仪器检测的情况下，可以据此分辨。和田玉的硬度是很高的，韧性也很强，和田玉可以划玻璃，而自身无损伤。对于其他的玉石来说，只有石英岩类玉石可以划玻璃而自身无损伤。

① 水石　这种玉石主要成分是石英岩，其硬度较高，但脆性强，易断裂。内部结构是颗粒状。水石常用来冒充和田玉中的极品羊脂玉，羊脂玉色如羊脂肪的白色，水石是苍白的颜色，羊脂玉是油脂光泽，水石较干涩，光泽不好。

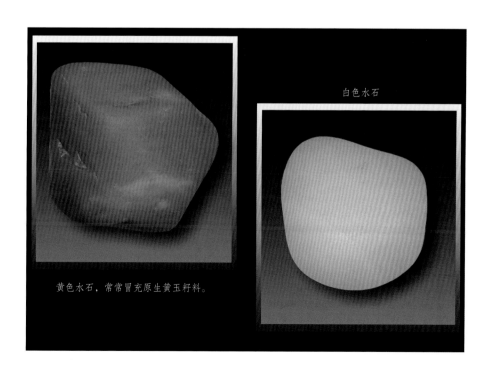

白色水石

黄色水石，常常冒充原生黄玉籽料。

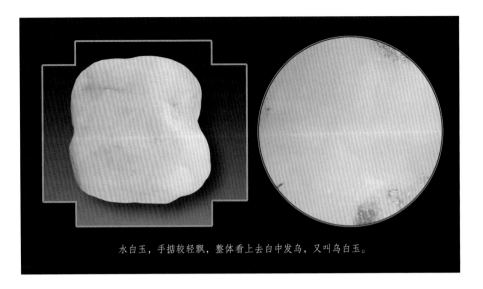

水白玉，手掂较轻飘，整体看上去白中发乌，又叫乌白玉。

② 水白玉　是河南南阳玉的一种，属斜长石。玻璃光泽，有的非常透明，也有半透明的，手掂较轻飘，整体看上去白中发乌（与发灰或烟青的青花玉全然不同），但仔细看时又找不到"乌"在什么地方，所以又叫乌白玉。

与和田羊脂玉比较，羊脂玉油润细腻，精光内蕴，油脂光泽。水白玉颜色苍白或者发乌，感觉湿，水气大，没有油润光泽，阴暗发亚光，油性差。

③ 东陵玉　东陵玉产地较多。通常有绿、黄、粉、红、白、蓝等颜色，绿色最为常见，化学成分主要是二氧化硅，属石英岩。粒状结构，光泽强，重量略轻，东陵玉也

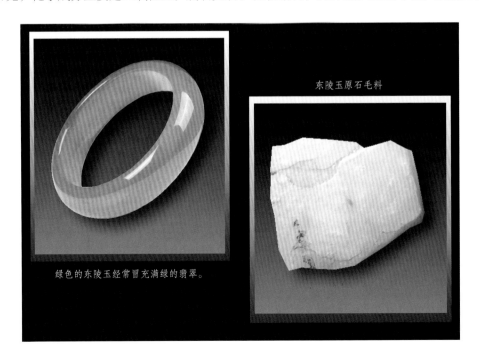

东陵玉原石毛料

绿色的东陵玉经常冒充满绿的翡翠。

常用来做玉饰品，价格低廉。绿色的东陵玉经常用来冒充满绿的翡翠。绿色东陵玉底色油绿不正，上面有光亮的小点，密度低于翡翠，其价格也远逊于优质翡翠。为一种具砂金效应的石英岩，颜色因所含杂质矿物不同而不同。

石英矿原为无色及纯白色，在漫长的形成过程中，包容了其它的物质和微量元素，呈现出一系列诱人的颜色和特殊的光学现象，形成了人们所看到的东陵玉。

（2）大理岩玉（方解石类玉） 外观近似白玉，例如市场上所谓的"阿富汗玉"就是由方解石形成的玉石，其实就是一种大理石，只不过色很白，半透明。这种玉石硬度很低，普通小刀即能刻动，是不难识别的。

① 大理岩 颜色主要呈白色，硬度较低，光泽是蜡状光泽，内部结构为水线状、条纹状。

② 阿富汗玉 行内简称"阿料"，由于阿富汗玉玉质非常细腻均匀，光泽油润，肉眼看不到玉花，经常用来冒充上等和田白玉或羊脂玉，辨别的方法很简单，只要用手指甲使劲刮一下，如果能刮下一点白色的皮，就不是和田玉。另外，和田玉是云絮状纹理，而阿富汗玉主要成分是方解石，里面可以看到晶状闪点，大的摆件还能看见一层一层的结构，辨别方法是小件看有没有晶状闪点，大的看内部有没有片状结构。

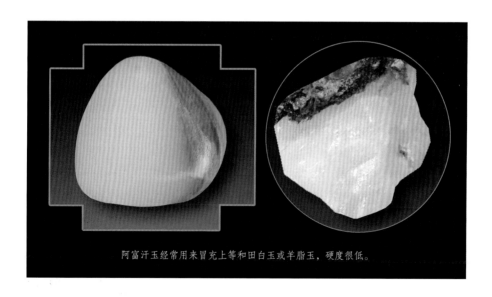

阿富汗玉经常用来冒充上等和田白玉或羊脂玉，硬度很低。

（3）岫玉 岫玉，产于辽宁省岫岩县，岫岩玉是岫岩出产的各种玉石的统称，岫岩主要有透闪石质玉（老玉、河磨玉）、蛇纹石质玉（岫玉、花玉等）和透闪石质玉与蛇纹石质玉混合体（甲翠）三大类。岫玉的颜色多种多样，多呈绿色至湖水绿，其中以深

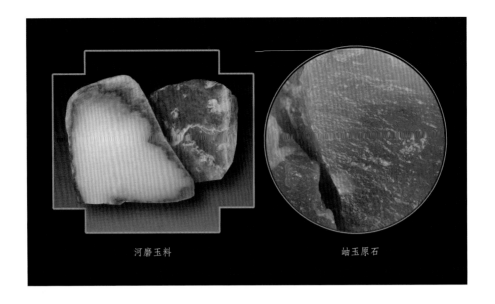

河磨玉料   岫玉原石

绿、通透少瑕为珍品。其基本色调为绿色、黄色、白色、黑色、灰色5种，每一种又都可根据色调由浅到深的具体变化分为多种。它的突出特点是质地细腻、温润，外表呈玻璃状光泽，颜色绚丽多彩，透明度较高，非常漂亮，适合雕制比较大型的工艺品。1983年在海城小孤山仙人洞人类洞穴遗址中，出土距今1.2万年前的3件岫岩透闪石玉砍研器，为迄今人类最早制作使用的玉制品。

岫玉质地、硬度和密度都不及和田玉。加上岫玉开采量大，故市场价格比较便宜。一般质地细腻，水头较足，以湖水绿色为主。岫玉中也有白色的，而且玉中常有棉絮。新疆也发现了大量蛇纹石玉。由于岫玉莫氏硬度低于5，易吃刀，鉴别的最好办法是用普通小刀刻几下，吃刀者为岫玉，如果身边没有带刀，只需细看雕刻时的受刀处，和田玉受刀处不会起毛，而岫玉则有起毛。

（4）"料器"（人造玻璃） 坊间通常还以玻璃来冒充和田玉，俗称"料"。这方面的鉴别相对不是太难，一般说来，玻璃颜色一气呵成，没有自然变化，可里面常有料泡或融流痕迹，雕刻时雕工可以把料泡做掉；和田玉的油脂光泽是由内部发出的光泽，而料器的玻璃光泽为表面的贼光；其质料内部干净，毫无杂质，质地均匀，断口呈亮碴贝壳状，和田玉则呈暗碴参差状；玻璃的硬度低，容易吃刀，和田玉则硬度高，不吃刀；和田玉密度较大、较压手，而料器没有和田玉的重感；把玻璃料贴在脸上感觉，其凉的程度低于和田玉；此外，敲击时一个声音沉闷，一个清脆。

从雕刻成品来说，玻璃仿和田玉的东西一般都是比较简单的制品，比如手镯、平安

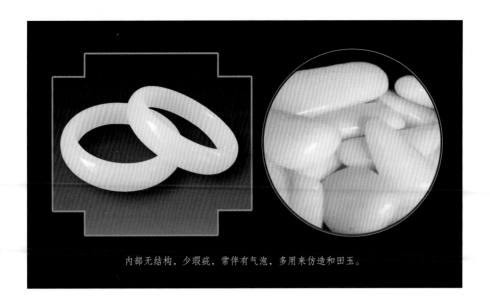

内部无结构，少瑕疵，常伴有气泡，多用来仿造和田玉。

扣和玉牌之类的居多，不会有特别复杂的工艺。近年来，料器仿制和田玉产品的水平越来越高，有些甚至在料器的内部做出水线的结构，并把表面的光抛成亚光。经验不足的人看到了水线就以为是青海料，其实不然。

3. 和田玉皮色真假辨别

皮色为什么受到欢迎？第一，皮色是真假籽料的身份证，一般来说，只有真的和田籽玉才会有皮色；第二，在加工过程中，色好、聚集的皮能做巧雕处理，使玉雕作品色彩更丰富，对玉雕的价值提升很大。所以在肉质相同的情况下，有皮色的料子会比没皮

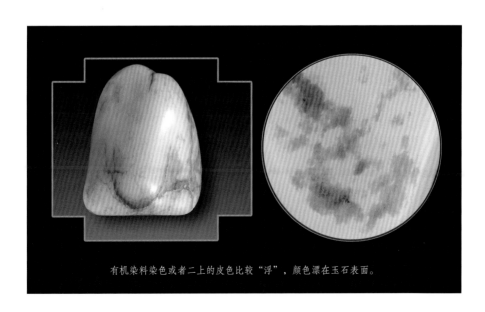

有机染料染色或者二上的皮色比较"浮"，颜色漂在玉石表面。

色的料子价格高很多。造假皮者就是为了迎合玉友们的这种心理，对料子进行上色，通常工艺好的假皮子，可以让料子的价格翻几倍。

皮色其实是玉体中的金属离子被氧化后形成的颜色，主要是铁离子的氧化。亚铁离子为灰绿色（故青玉中铁含量较高），而三价铁离子是红褐色。形成皮色的过程，实际上是玉石"生锈"的过程，染色的手段无非就是那几种，属于有机化学染料染色。染色前，先要进行修型滚籽，是指将一些山料之类的料子，进行人工修形，然后放入搅拌机内，加入金刚砂之类的东西，不停搅拌，用来消除棱角，然后再进行染色。最后冒充籽料。

（1）皮色造假的鉴别

① 皮色造假有两种形式

第一种是上色：是指料子本身无皮色，纯染。

第二种是二上：是指料子原本有真皮色，在真的皮色的基础上又进行染色。

② 常见的染色方法有三种

第一种是冷沁：这种比较简单，也是最常见的染色方法。一般是在棉、僵等玉质比较疏松的地方染色。用药水冷沁一段时间， 一般都是一个星期左右。然后去掉看起来比较假的，留下看起来比较真的。

第二种是热处理：一般是用汽油喷枪或者天然气喷枪对准，用瞬间的高温改变局部结构，使被加热部分结构变得疏松，然后将事前调配好的药水抹上去。这种方法行内叫作点皮。

第三种是慢加热染色：先用冷沁的方法先染出一层色，然后将被染色的料子用棉布包裹起来，用事先调配好的药水倒上去使药水沁透棉布，然后把料子放入一个特制的铁桶或者是烤箱中慢加热，被染色的料子的自身温度会越来越高，棉布上的药水会源源不断地沁入料子里面。行内这种方法叫作烤皮。

（2）造假毛孔　是用雕刻工具里的金刚石尖针一个一个捣出来的，刻意的捣出深浅不一的感觉，然后用比较粗的油石打磨，出来以后会自然一点，但是与真的毛孔比还是有一定区别。真毛孔分布自然，错落有致，深浅不一，看上去很自然。

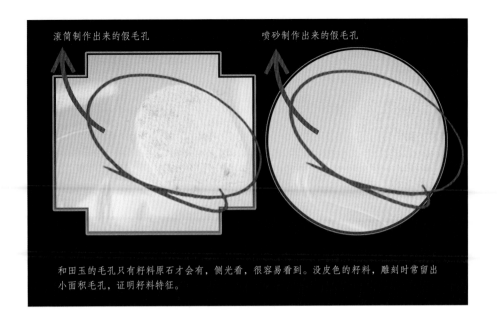

滚筒制作出来的假毛孔　　　　　　　　喷砂制作出来的假毛孔

和田玉的毛孔只有籽料原石才会有，侧光看，很容易看到。没皮色的籽料，雕刻时常留出小面积毛孔，证明籽料特征。

　　另一种方法叫作喷砂。真籽料上的毛孔是籽料在河水中与其他石头碰撞产生的，一般都是局部存在的，并不是特别密集。喷砂制作出来的毛孔过多且过于均匀一致。

　　（3）真假皮色辨别的方法　籽料的"皮"和"汗毛孔"是次生的。是由于地质、气候的变化，在漫长的"睡眠"中受到周围物质环境的侵蚀，其表面质地松软的部位和受伤裂痕处慢慢形成了"皮"色和"汗毛孔"。皮是一些金属元素的侵蚀融入造成的；而"汗毛孔"也是长期冲刷和侵蚀导致的，这些都是大自然的刀工神斧所造就的。面对形

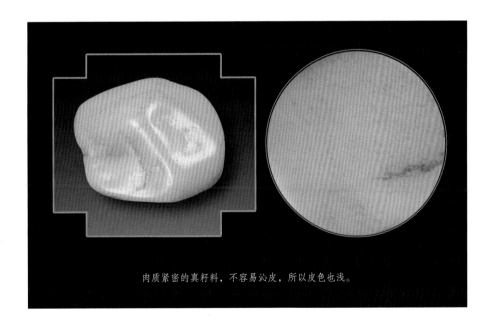

肉质紧密的真籽料，不容易沁皮，所以皮色也浅。

形色色多种多样的假皮，使人眼花缭乱真伪难辨，初学者要看懂真假皮色的确是有相当的难度。做得好的皮色就是玩料多年的人也难免会有走眼的时候。在实践过程中，必须强调要多看实物，或细看图片，从中慢慢地领悟，这方面的知识要有一定的积累时间，且不可操之过急。

① 真籽料在河水中经千万年冲刷磨砺，自然受沁，它会在质地软松的地方沁入颜色，在有裂的地方深入肌理。肉松，皮色也深；肉质紧密，不容易沁皮，所以皮色也浅。另外，特别疏松的料子，包括石根的部分，如果形成皮色的速度赶不上水流冲蚀的速度，那么可能不会留下皮色。高白高密的白玉籽是很难长皮的，即使有，也是星星点点，或在细小的裂里出现。

真实的皮色是很自然的。它的颜色浸入玉内有层次感，过渡流畅，皮和肉的感觉是一致的。假皮颜色单一，一般无深浅变化，更没有天然皮色那种由内向外的颜色渐变特征。

② 有机染料染色或者二上的皮色比较"浮"，"浮"这种感觉新手往往会觉得难以理解，其实上手一看就明白了。因为人工染色时间短，染料不能深入玉石内部，颜色只漂在玉石表面，就会造成这种感觉。这种染色的皮子，在半年后基本就会褪色了。而真皮沁入一般比较深，切开看，皮沁入玉体的痕迹像植物的根系一样。

③ 仔细观察有裂的地方，这往往是分辨真假皮的重点区域。只要裂上有真皮，皮色就会沁到底，裂多深，皮子就"咬"到多深，这是因为裂处存在毛细作用的原因，把含氧的液体吸入裂隙最深处，氧化形成的颜色又不容易被冲蚀掉，所以保留下来了。而染色的料子，因为时间短，染料的黏稠度较大，无法吸入裂隙之中，所以在裂的表面形成线状聚集，而裂内往往没有颜色。这是明显的假皮特征。

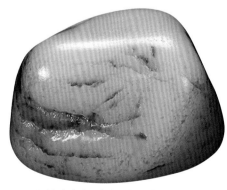

只要裂上有真皮，皮色就会沁到底，裂多深，皮子就"咬"到多深。

④ 二上的皮子很有迷惑性。在本身带皮，皮色不艳丽的情况下在自然皮上加色，从而达到皮色鲜艳，价格翻倍的效果。也可称为"加强皮"。要注意二上皮中真假皮两种皮色的差异。比如裂里有黑色的皮，外面或许是染色的假皮。二上皮两种皮色往往没有过渡，层次分明，色调突变。做得好的二上皮，有真有假，极难分辨！而且现在做假皮的原料更新很快，

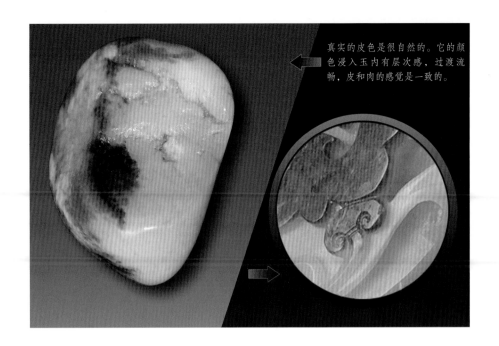

真实的皮色是很自然的。它的颜色浸入玉内有层次感，过渡流畅，皮和肉的感觉是一致的。

不是所有假皮都可以用84消毒液洗掉，有时行家都会被这些皮子所迷惑，举棋不定。可行的办法是用强光照出内在的沁色，观察里面的沁色和外面的皮色颜色是否一致以及外面的鲜艳皮色有无内沁和呼应，特别是出现鲜艳的枣红皮时就要更加小心了。

假皮子一般是用有机染料人工染色而成的，去除和田玉的假皮子没有特别好的办法。目前，最常用的方法是84消毒液浸泡法，但对玉质有一定的伤害，其次，还可以采用人工打磨或后期雕刻去除等。市场上最多的假皮色是橘红色，这类料子基本没有毛孔，料子也透（青海料居多），大多为各地次品料磨光上色，一般玩家都可以分辨得出。

第五章

宋元时期和田玉器鉴赏

言念君子，温其如玉

——《诗经·秦风·小戎》

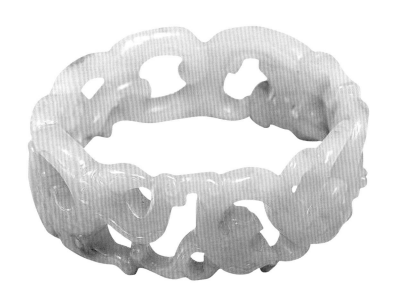

在继承唐代玉器写实风格的基础上，宋代玉器出现了世俗化的倾向，从而使长期以来的帝王贵族用玉开始过渡到民间用玉。玉器社会功能的转变，致使玉器的造型、图纹都出现了许多新的形制和内容，并且使宋代民间生活用玉获得了进一步推动和发展。宋代玉器的礼仪感快速减退、把玩鉴赏的意味愈发浓郁，十分擅长运用多种动植物纹饰组合在一起的图案，同时，宋代玉器在创作中还出现了嬉戏顽皮的形象。这说明，宋代大量生活的内容和题材在玉器中得到了充分的选用，选择的范围也是非常广泛的。宋代玉器的造型及纹饰，不同于唐代那样富丽堂皇，又不像明清时期追求精雕细琢装饰美的艺术风格，此时，往往采用生活中最普遍的景物、人物这些形象进行塑造，同时又赋予了它们更浓郁的主观感情色彩。玉器造型比较秀气，清新雅致，形神兼备，极具文人情趣，玉器装饰手法也十分简练，虽然没有繁缛的雕琢，却能够以形神兼备的高雅情调，获得称颂和赞誉，这与宋代玉器受当时的绘画艺术影响有很大关系。

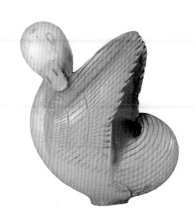

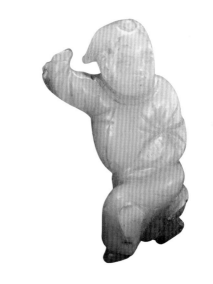

元代玉器制作是在宋代基础上蓬勃发展起来的，是草原文化和中原文化结合的产物，在继承的基础上，融入了清新的文化内涵。元代玉器总体特征是传统胜于创新，继承胜于发展。元代玉器工艺可分为官方玉雕工艺和民间玉雕工艺。玉器的表现题材极为丰富，除了象征帝王的龙、螭之外，人物、动物、花果、虫草等现实主义题材都是常见的内容，图案大都寓意祥瑞，即"图必有意，意必吉祥"。元代玉器的造型简练朴拙、刀法粗犷遒劲，这些特点，为明代玉器中粗壮放达的艺术格调做了准备。受中原文化和宋、辽、金文化的影响，元

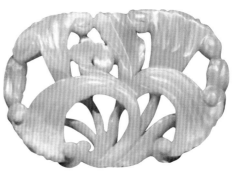

代对传统的制玉工艺十分推崇，和宋代一样，设置了专门督办制玉的机构。元代玉器以青玉、白玉为主，出现了多层次雕、高浮雕等技法，使雕琢的作品层次丰富，立体感极强。元代玉器在表现形式和工艺特色方面，都较之前有了明显的变化，以简练粗犷、书写现实的治玉风格，在中国玉文化发展的历史中独具特色。

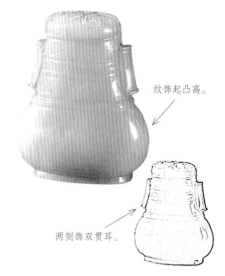

纹饰起凸高。

两侧饰双贯耳。

一、宋元时期玉器的演变发展

1. 宋代

中国宋代玉器承前启后。玉器画面构图复杂，多层次，形神兼备，有浓厚的绘画意味，玉器风格经历了由唐代玉器的工艺性、雕塑性向宋代玉器的绘画性、书法性的过渡。

宋代宫廷用玉较前朝并未减少，衣有玉束带、玉佩，车有玉辂，乐有玉磬，祀有玉圭、玉册。内廷专门设置了玉作坊，并由西域进贡玉料。宋代市民用玉也较前朝更为盛兴，皇家、官僚及民间均有收藏古玉的爱好，这也导致宋代伪造或仿造古玉成风。因此，宋代玉器存在古玉、时作玉、伪古玉和仿古玉之别。

宋画和宋瓷以高度的思想性、艺术性和鲜明的民族性，被举世公认为我国及东方艺术的代表。宋玉如同宋画，玉器纹饰方面继承了唐代花鸟主题，到宋时又进一步得

框内高浮雕、镂雕云龙纹。

呈扁长方形，边缘以联珠纹为框。

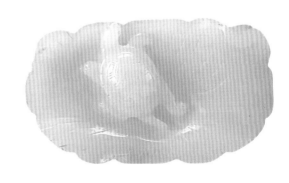

到了发展扩大，出现了首批写生样式。因此构图疏朗，形象生动，加之技法高超，刀工繁简得当，因而既简练又传神。宋代玉器礼性骤减、玩味甚浓，比较善用多种动植物纹饰组合在一起的图案，如游戏于池塘花间的飞禽、口衔灵芝瑞草的动物、身缠有随波漂荡的水草或荷花的小鱼，显示出了作品自然生动、令人遐想的美丽景象。同时，作品也体现出娴熟的技巧和独特的构思。玉器的创作题材出现顽童的形象，或玩耍嬉戏，或行走舞蹈，或手持荷叶，形象生动诙谐，为宋代玉器的经典之作，这一题材也充分反映了宋代玉器对生活内容非常广泛的选用，制作工艺之高，在当时来说达到了前无古人的地步，其特征也是相当鲜明的。宋代玉器上的许多装饰纹样，具有明显的时代特征，一些纹饰特征还影响到元、明以至清代。

　　传世精品的宋代玉器多选择优质的白玉和青玉，以陈设品摆件、佩饰为主，最大的特点是在玩赏的同时更兼备实用功能，其中文房四宝尤为盛行。宋代玉器的镂空工艺十分精湛，以花鸟形玉佩最为常见，花瓣、枝叶翻卷，形态栩栩如生，叶子锯齿状外廓分

多层次的镂雕方法，颇有立体感。

玉质青色，有铁褐色色沁。

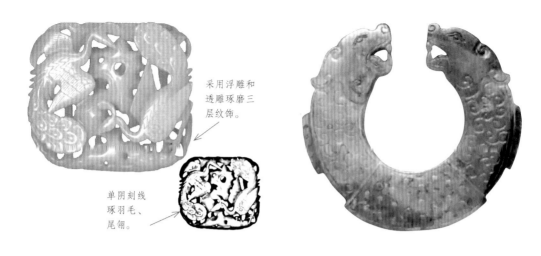

采用浮雕和
透雕琢磨三
层纹饰。

单阴刻线
琢羽毛、
尾翎。

明，这是宋玉的独特之处。镂空玉器工艺一般分为单层和双层透雕两种，单层者，多呈薄片状，枝梗纤细且伸展自如，花叶常采用勾撒和深挖的方法，使其产生一种立体的感觉。双层透雕，器体显得更丰满，在构图方面，无论是否对称，均注重强调物体的自由洒脱。花瓣和叶脉运用纤细的阴线琢饰，显得清新雅致，给人以自然真实之感。仿古玉器在宋代的出现，是宋代玉器的又一大特点，宫廷及民间对古物收藏的偏好，使仿古玉的产生和发展，有了一定的基础和条件。而宋代的仿古玉，并非是单纯的复古或摹古，渗透了时人述古、怀旧的人文精神，它是一种生活爱好，更是一种精神的寄托。在一定程度上，宋代仿古玉器是在古物之型的基础上，又融入了宋代玉器创作的新风格，提升了传统玉文化的价值。宋代玉器最大的艺术成就体现在造型和装饰的匠心上，玉器造型优雅、题材含蓄，极富艺术价值。

宋代传世的古玉，在北京故宫博物院收藏较多，如白玉夔龙把花式碗、白玉云带环、白玉镂空松鹿环饰、青玉镂空龟鹤寿字环形饰、白玉镂空双鹤佩、白玉孔雀衔花佩、青玉镂空松下仙女饰、青玉卧鹿、黄玉异兽和白玉婴等，都是宋代玉器的经典之作。

宋代传世宫廷铭刻玉器中最重要的一件是般若波罗蜜多心经玉子，供皇族佩戴。器形为八角管状，高仅5.9厘米，宽1.5厘米，中间穿孔，便于系佩，阴勒双钩经名、经文、译者、纪年、作坊等16行，共292个比芝麻粒还小的字，字体笔道极细，书法纯熟而遒丽，末尾落款为"皇宋宣和元年冬十月修内司玉作所虔制"，由此可知，作品是由内廷玉作碾制。

在考古发掘中发现的一些宋代玉器，较重要的有北京房山金代石椁墓出土的政和通宝玉钱、双挺玉钗、凤形玉饰件、镂空折枝花玉锁、镂空折枝花玉饰、镂空折枝形玉饰、镂空双鹤衔卷草纹玉饰等十一件玉器，及江西上饶南宋墓出土的人物玉带板，安徽休宁朱颜墓出土的青玉碗等。这些宋代玉器不仅有较高的工艺价值，而且是鉴定传世古玉重要的标准器。不同时期的玉器在一定程度上相当于那个时代的明信片，各种文化、习俗、技艺等方面都能一一体现。宋代有着不可磨灭的玉器文化，在雕工上、镂空、琢磨、抛光等均达到精工程度，制作工艺之高，在当时来说达到了前无古人的地步，其特征也是相当独特和鲜明的。

2. 元代

宋代玉器的造诣和风格在元代得到了继承，但并没有将其推向新的高峰。元代玉器数量有所增加，玉器制作除用于礼制之外，还广泛地用于建筑和家具，玉器应用范围不断扩大，致使内廷的

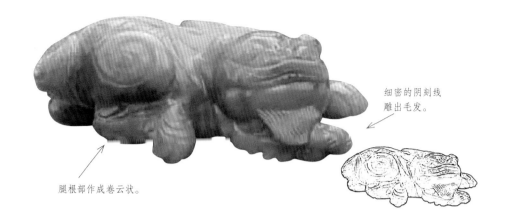

细密的阴刻线雕出毛发。

腿根部作成卷云状。

制玉机构及碾玉作坊的规模也空前庞大。元代传世玉器中最大的一件是置于北京北海团城的"渎山大玉海"，至元二年雕琢完成，大玉海为青白色，玉色中夹带黑斑点，此为青玉中的杂色。大玉海高70厘米，口径为135～182厘米，最大周围493厘米，膛深55厘米，重约3500千克，可贮酒30余石，周身雕琢隐起的海龙、海马、海羊、海猪、海犀、海蛙、海螺、海鱼、海鹿等13种瑞兽，神态生动，气势雄伟，是元代玉器的代表作。传世玉中也有非常秀丽精美的作品，如青玉螭耳十角杯、青玉火焰珠把杯、白玉龙首带钩环、白玉双螭绦环带扣、青玉天鹅荷塘绦带扣与青玉双螭臂搁、青玉镂空龙穿荔枝墨床等。

元代出土的玉器有：安徽省安庆市范文虎夫妇墓出土的官府玉青玉虎钮玉押、玉带板，时作卞垂云玉及仿古玉尊等；江苏省无锡市钱裕墓出土的玉海青擭天鹅坏玉龙荷花带钩、青玉鳜鱼坠；江苏省苏州市张士诚母墓出土的青玉十节竹环、玉佩，张士诚父墓出土的光素节二十五块等。钱裕、张士诚父母墓出土的玉器都是由苏州碾制，这些玉器雕工精致者较少，但作为鉴定玉器的标准却有着重要的价值。

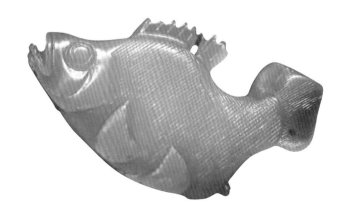

二、宋元时期玉器的纹饰特点

在宋代，玉器的一个显著特点，就是抛弃了前代依据理念凭空设想制作的传统，转而追随普遍的社会心理，选取日常生活中常见的题材进行创作，使玉器具有强烈的世俗化倾向和浓厚的生活气息。其特点和标志便是玉雕童子等作品的广泛出现。玉雕童子作品构思奇巧，造型灵动活泼、天真烂漫、清新可爱、惟妙惟肖，充满着浓郁的生活气息。童子象征着希望与未来，乃人生之初，吉祥的寓意深得各个阶层人们的青睐，反映了人们希望返璞归真的情怀。

宋代玉器以宋代绘画为基础，好似写生作品，刀工繁简得当，简练传神。一些宋代人物纹玉器摆件形体概括性极强，对人物具体动作的描述非常生动，线条流畅，使整体造型看起来相当传神。对五官、手足及衣纹、叶脉等形态特征的刻画，采用阴刻线进行简洁的勾勒，阴线纹和唐代相比较，显得略微粗糙，雕琢手法也是简单明了，突出主要特征，且点到为止。由此可见，宋代主要注重的是人物姿态的表现，而对于纹饰的细节处理则常常以简约的手法表现。

宋代玉器纹饰比起唐代越来越丰富了。北宋继承了唐代的风格，纹饰越来越富丽繁密，南宋则越来越精致、秀丽、典雅。辽金玉器虽受到两宋影响，但也有一些地方特色，作品有些豪放有余。最常见的肖生玉雕

题材是龙凤、孔雀、鹦鹉、鸳鸯、鹤、雁、鹊、雀等。

宋元时期的许多装饰纹样，都具有以下明显的时代特征。

1. 云纹

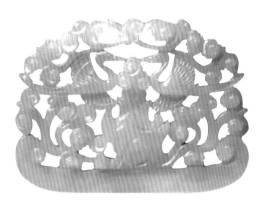

宋代玉器的云纹图案有三类，第一类带"S"形云尾，是经唐代云纹演变而来，但云头稍有一些变化，或为有齿的团状，或为卷向两侧的漩状；第二类为灵芝式云，云纹整体近似腰圆形，边沿或有齿；第三类为如意形垂云，云头像如意的形状，多个组成图案，没有云尾。常装饰于玉佩饰和器皿上。

2. 鸟纹

宋代玉器鸟纹图案常见的有衔花绶带鸟、大雁和孔雀。绶带鸟的鸟眼为圆坑形或阴刻三角形，以一折翅，一伸翅最为常见；大雁为细颈昂首，展翅并略向上方伸展，且有前后两排阴线表现羽毛；孔雀眼睛为阴刻小坑，仅几枝尾翎，孔洞常以半月形坑洞配以边沿的细阴刻线表示，以细阴线刻画翅羽。常装饰于玉佩饰和器皿上。

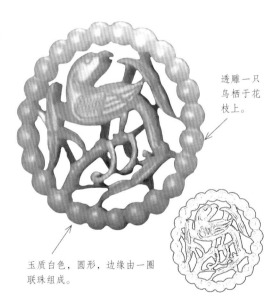

透雕一只鸟栖于花枝上。

玉质白色，圆形，边缘由一圈联珠组成。

3. 龙纹

宋代玉器的龙纹图案或活泼精细，或简单古朴。宋代玉雕的立体感越来越强，纹饰上下交搭，侧视如剪影。宋代龙纹的特征：一是头型与唐代龙纹基本相同，龙嘴张开的角度越来越小，嘴角不超过眼角；线条雕琢硬朗，上唇高翘，下唇微翘；两根细长角出现在龙额后，两角尽头往上方勾卷；二是宋代龙纹大多为素身，在身体两侧用阴刻线刻画出两道边，表现龙的立体感；三是龙腿较长，尤其是后腿，弯曲度大，没有唐代有力；龙腿关节处存在勾形腿毛，小腿部位用短阴刻线刻画腿上的汗毛；四是宋代龙纹旁有云纹辅助，朵云纹形状没有唐代肥硕，云纹尾部拉长。

玉云龙纹炉，宋代，高7.9厘米，口径12.8厘米。炉为青玉材质。体圆形，侈口，无颈，垂腹，圈足外撇，两侧对称装饰兽首吞耳。通体以"工"字纹为地，上饰游龙、祥云和海水纹。器内底阴刻乾隆七言诗一首："何年庙器赞天经，刻作飞龙殿四灵。毛伯邢侯异周制，祖丁父癸似商形。依然韫匵阅桑海，所惜从薪遇丙丁。土气羊脂胥变幻，只余云水淡拖青"。末尾署"乾隆戊戌孟秋御题"。

"格物致知"的理学思想对宋代影响颇深，文玩鉴赏成为一时风尚。同时对三代青铜器的研究也颇有成果。在宋代的玉器形制里有一个类别，那就是仿古青铜器玉器，简称仿古玉器。玉器即以青铜器为蓝本，但在器型和纹饰上多有增损变化。

上饰游龙、祥云和海水纹。

两侧对称饰兽首吞耳。

4. 花叶纹

宋元时期花草纹分大小两种风格，大花较厚，层次变化较少，小花雕琢精致，相互叠压，层次分明。花草纹有荷花、牡丹、折枝花、凌霄花、灵芝、团花、竹、百合、石榴和樱桃等，八瓣折枝花和五瓣团花的圆形瓣呈球形凹面，百合等较大的花瓣则往往向上翻凸，荷叶则有扇骨或伞骨样式的叶脉，花叶较大。常饰于玉佩饰和器皿上。

青白玉折枝花卉纹佩，金代，长9厘米，宽7.2厘米。出土于北京房山长沟峪金代石椁墓。玉佩色为青白，质地坚硬。正面采用浮雕、透雕等技法琢刻出枝叶交相缠绕的锁形佩。花瓣肥厚略内凹，舒展有序，对称的单阴刻线表示叶脉。背面以简洁的刀工刻出枝梗。锁佩在汉族服饰中多见，但金代玉作中出现极少。此玉器设计巧妙，精工细雕，抛光很好，是金墓出土玉器中的佳品。

5. 螭纹

宋元玉器装饰纹样，以剔地浅浮雕、高浮雕或透雕表现。宋代螭龙头部或长而偏窄，或横宽，嘴部向前伸出，前折形或圆瓶形耳部，多用螺旋形阴刻线刻画耳部，颈部细长，角或似角的一缕长发置于脑后，肩肘部或臀部刻有阴线旋纹。元代螭龙头颈细而偏长，眼睛无神，耳或为圆形，或为带有凹坑的饼状。常饰于玉佩饰和器皿上。

宋代以后，玉器中大量使用螭纹装饰，但螭的形象已脱离汉代螭纹的特点，更似爬虫。在元代玉器上双螭灵芝图案较为多见，根据这件作品的样式、螭纹及灵芝的特点可以判定为元代所制造。

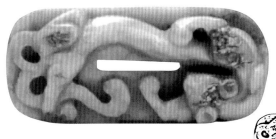

背面浅浮雕勾连谷纹。

正面浮雕蟠螭盘于璧面，肩部有阴刻弦纹。　➡

两端向内微卷，正面
浅浮雕螭虎图案。

玉质青白色，有黄褐色沁斑，仿汉玉剑饰。

6. "春水"图

辽金元代玉器装饰纹样，图案为天
鹅、鹘或鸳鸯，衬以荷叶、荷花、水草
等，以透雕、浮雕和细部阴刻线来表现，
构图大多为天鹅穿行于水草中，鹘啄食
天鹅脑部。常装饰于玉带饰、带饰和炉
顶上。

7. "秋山"图

辽金元代玉器装饰纹样，图案主题为虎、鹿，衬以山石、柞树等，以透雕、浮雕和
细部阴刻线来表现，常装饰于玉佩饰、带饰和炉顶上。

8. 胡人驯狮纹

元代玉器装饰纹样，图案主题为深目高鼻、头戴高帽、身着窄袖短袍高靴的胡人做
逗狮的动作，以透雕、浮雕和细部阴刻线来表现，狮子形态各异，底纹为植物纹或云
纹，常装饰于玉带板上。

南宋时期，出现了具有浓
郁北国游猎民族风情的"春水"
和"秋山"玉，说明与辽金在
文化上有了更多的交流。

狩猎是辽金时期北方游牧
民族的喜好和生活方式之一，
玉雕作品体现出北方特有的题
材，出现了海东青（鹘）捉天
鹅的图案。一只小如鹦鹉的海

东青欲吃鹅脑等，图案为荷叶、莲花、水草及一只天鹅颈钻于水草之下，这类图案被称为春水图案；出现以山林熊鹿为题材的图案，图案为山石、柞树、群鹿等，这类图案被称为秋山图案。"春水"和"秋山"图案表现的天地非常广泛，反映出了北方游牧民族的狩猎生活。有着广阔的自然视野，并且造物天然，形态各异。

　　契丹族是我国北方的游牧民族。契丹族建立的政权是辽。他们喜好"四时逐水草而居"，随着季节的变化，契丹族总会在不同的地方居住，形成了"四时捺钵"的生活制度。所谓"四时捺钵"，指的是：春水、夏凉、秋山、坐冬。其中"春水"活动注重狩猎捕鱼，"秋山"活动偏重山林捕猎。因此，"春水玉"所表现的主题多是海东青、大雁、天鹅等，而以山林、虎、鹿为题材的，则被称为"秋山玉"。这些题材的玉器，修饰简洁，线条粗犷，画面简单，生动地表现出游牧生活的场景。由于宋、辽、金三个朝代的历史处于同一时期，在玉器风格上存在一些相似的地方，因此在那个历史时期，"春水""秋山"玉题材非常盛行，流传甚广。

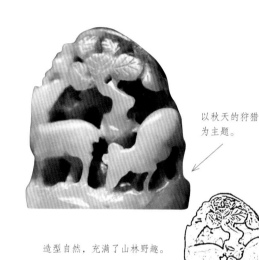

以秋天的狩猎为主题。

造型自然，充满了山林野趣。

圆雕两个 "∞" 形盘叠绳索形。

刻阴线细绳纹。

宋镂雕松下双鹿图玉饰件，就是以契丹、女真族人进行秋山活动为题材的作品。画面中，镂空雕的松荫之下，立着一只回首的雄鹿和一只跪卧的雌鹿。雄鹿回首张望，举蹄欲行；雌鹿口含灵芝花，举目相顾。鹿的瞬间姿态被细心捕捉到，被刻画得分外灵动，栩栩如生。器物局部出现的红、蓝、紫色沁，就像是鹿身的花纹，将玉鹿点缀得非常生动鲜活。玉饰呈扁体长方形，为白玉质地。因为长时间深埋于土壤中，玉饰侵蚀渗透较为严重，形成了通常所说的"鸡骨白"。

宋朝玉器镂雕法成为当时主要的表现手法，被应用得极为广泛。这件"青玉松鹤山石人物山子"作品镂雕精细，开一代装饰手法的新形式。其上的镂孔达到数十处之多，并且每处镂孔，纹理清晰，刀法洗练，工艺凝练而清奇，粗犷中见细腻。作品背面，只进行了简单的打磨抛光，未予过多的雕琢，充分展现了宋代玉器细腻中有粗犷的特点。这件玉器无论在选材、构图乃至雕琢工艺方面都属于宋代玉器之佳品。

蒙古族统治者建立了元朝。元朝政治强盛、经济发达，手工业呈现多元发展。玉雕技艺继承了宋、辽、金三朝工艺并在此基础上进一步发展，风格又有了许多新的变化，在玉带钩、玉带扣上加镂雕纹饰，是元代创新的造型与工艺方法。元代玉器工艺中出现了镂雕、圆雕、透雕、浅浮雕

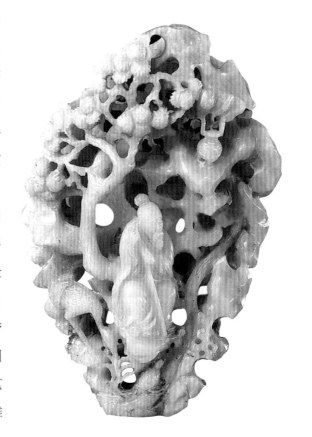

均与阴线刻相结合的雕琢方法。雕刻技法中粗细相间，粗线雕琢刀法浑厚，很有上古风味，细线又细得出奇。在玉带板上花下压花作双层镂雕工艺是元代的镂雕技法，除了在平面上雕出双层图案外，还可以在玉料上雕琢多达五六层，里外兼顾，错落有致。在创新玉器中还出现了复杂的多层透雕链环器皿；巧用俏色的俏色玉器；工艺精湛的大型圆雕玉器；构图密实、炉顶紧凑，帽顶立体的玉器。作为中国北方游牧民族建立的政权，辽、金、元三个朝代的玉器风格是对唐宋玉雕的继承和发展，因历史时空的同一性，也决定玉器风格总体上的一致性，辽、金、元三个朝代的玉器在民族风貌方面取得的成就是前所未有的。

玉雕类型在元代更加多元，玉器造型常以动物型与花卉型为主题，大多为圆雕，另外还有椭圆形和随形的玉器。纹饰包含龙纹、虎纹、鹿纹、鱼纹、鸟纹、雁纹、海东青纹、凌霄花纹、胡人武士纹等。元代玉雕刀法粗犷简练，不拘小节的特点常常在玉器上呈现，表面往往雕琢精细，而在其他部位，如侧面、内壁、底部等则不求甚精。元代玉器用料以和田玉为主，其次是独山玉，还有一小部分岫岩玉。

常见的元代镂雕大雁穿枝纹玉饰件，玉饰以和田青白玉雕琢。作品以春水活动为题材，以多层镂雕和阴刻线结合琢成。采取阴刻线雕琢手法，在画面方形边框中雕琢出波浪起伏的湖水，雕琢出转折有序、穿插有致的花筋叶脉。画面呈现水中盛开的莲花与芦枝花叶，一只体形硕大而笨拙的大雁仿佛为躲避捕捉，正仓皇逃脱躲藏于荷花丛中。画面中虽已没有辽金"春水玉"中海东青的出现，但从大雁惊慌失措落入荷枝的神情，可以想象出鹰鹘非常凶猛与灵活，让人似乎看到一幅极富戏剧性的巧与拙、追与躲的画面。

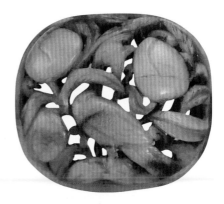

元代"春水玉"的形式结构较前朝已经越来越简化，画面往往相对单一，这件作品场景完整，构图疏朗，形象简练概括，纹饰形神兼备。

元代镂雕桃枝凤鸟纹玉饰件，青白玉。这件玉器画面恬淡，形象生动，韵味清新。器物呈平面弧凸。环状边框托起高凸镂雕的纹饰。雕琢一株折枝桃花及三个硕大的桃子，桃树遮

天蔽日，枝叶茂密，其间立着一只凤鸟，穿颈回首，以阴刻线刻画凤鸟的羽翼。桃之叶片采用深打洼的方法雕琢，叶态呈翻卷状，构图形象生动，刀法简洁凝练。多重镂雕的技法，令桃枝叶干交错重叠，显得纹饰错落有致，很有立体感，并且繁而不乱，器物背凹面，有镂孔但无纹饰，切割痕迹明显，和宋代将切割痕稍加抛光、打磨的特点相比，处理显得更加粗放，体现了元代蒙古族先民豪放不羁的性格特征。其工艺与纹饰具有典型的元代玉器风格，充分展现了元代高超的琢玉工艺和审美水平。

总之，宋代玉雕技法表现在圆雕人物、动物上的特点是概括性很强，刀法纯熟，造型生动，栩栩如生；宋代玉雕首次采用深层立体镂雕制作工艺，为元明清三朝镂雕工艺提供了先例；宋代阴刻线比唐代粗疏，但自然流畅，刻画在服饰上使衣袖很有飘逸之感，常用挺拔的直阴刻线刻画凤鸟翅羽、鱼类鳍尾以及花叶；能巧妙借用玉材之俏色，而施以适宜之雕刻，这种工艺称为巧雕，这种玉也被称为巧色玉。巧色玉最早出现在商代，汉代也偶尔出现，到了宋

代，这种工艺则被广泛运用；商品经济的发展对宋代玉器世俗化的倾向与民间玉雕的兴起产生很大的影响，已不只有皇室贵族和士大夫阶层是民间玉雕的消费对象，还有许多普通百姓对玉器十分迷恋。宋代所用玉材为和田玉，其中白玉、青白玉、黄玉占主流，还有地方玉、水晶、玛瑙等。宋代玉器受当时的绘画艺术影响非常深，形神兼备，极具文人情趣。

宋代玉雕表现手法有隐起、起突或隐起与镂空、起突与镂空混用等。前两种多用于片状玉器，元代玉器工艺雕琢方法有镂雕、圆雕、透雕、浅浮雕、均与阴线刻相结合。元代玉雕或玉雕装饰也是与镂空相结合，以增强空间感。雕刻技法中有粗又有细，粗的雕琢刀法浑厚，细的器物又细得出奇。

三、宋元时期玉器的文化内涵

中国历史上宋、辽、金的对峙分裂时期，宋代虽不是一个强盛的王朝，而在中国文化史上却是一个非常重要的时期。宋、辽、金既互相挞伐又互通贸易，在经济和文化交往上十分密切，玉器艺术在此时期非常繁荣，并共同发展。玉器繁荣的原因有很多，金石学的兴起，绘画艺术的发展，经济和文化的繁荣，写实主义和世俗化的倾向，尤其是宋徽宗赵佶极爱玉器，都直接或间接地促进了宋、辽、金玉器的空前发展。宋、辽、金玉器中实用装饰玉占重要地位，"礼"性大减，"玩"味大增，玉器更趋向现实生活。

宋代玉器的艺术化倾向，体现在几个方面：一是从唐代开始的花卉纹玉器到宋代得到了快速的发展，宋代有一些玉作坊专门雕琢花鸟形玉器。宋代绘画艺术对当时花鸟形玉器影响很大，共同谱写了宋代艺术的繁荣和辉煌。宋代的花鸟形玉器花朵、花板、花茎一应俱全，最能反映宋代佩饰玉水平的首推各种雕工精细、形态优美的花鸟形玉佩，多呈写实风格，在中国玉雕史上，花卉形玉器以宋代最为精美。二是图画玉雕的出现。玉图画由背景和画面两部分组成。这种绘画性玉器最早出现于宋代，到清代达到辉煌的顶峰。是绘画艺术与雕塑完美的融合。三是宋代实用玉器皿比唐代品种多，数量也大大增加。玉质文房用具，也不仅仅是文人把玩的玉件、而成为可供文人书写的实用具。

两宋时期，文化繁荣，经济鼎兴，令世人叹为观止。陈寅恪先生有言："华夏民族之文化，历千载之演进，造极与赵宋之世。"在中华玉文化发展史上，宋代政权的稳定、

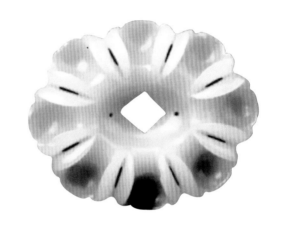

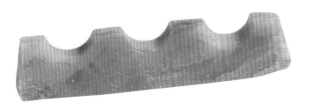

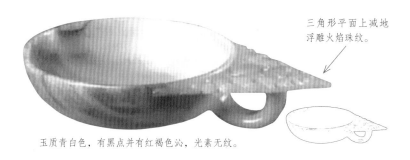

三角形平面上减地浮雕火焰珠纹。

玉质青白色，有黑点并有红褐色沁，光素无纹。

经济的发展、士大夫阶层的壮大以及崇礼复古之风的兴盛，使得宫廷和民间对玉的需求不断加大。宋代作为一个承前启后的重要时期，杭州、苏州、扬州都成为玉器制作和流通的聚集地，在制玉风格上，宋代玉器在早期受唐五代艺术的影响，风格比较严谨，后受绘画艺术的影响越来越深，风格显得写实化，变得清新雅致、形神兼备。这种风格的变化，深深地影响了宋代以后玉器艺术的发展，成为后世玉器的典范。与此同时，仿古玉器在两宋时期蓬勃兴起，反映出宋代人对于战汉时期的古玉以及三代礼玉的喜爱和深刻理解。明代高濂在《燕闲清赏笺》中盛赞宋代玉器："宋工制玉，发古之巧，形后之拙，无奈宋人焉。"

宋代玉器承袭了两宋画风，玉器画面通常有复杂的构图，层次分明，形神兼备，充满浓厚的绘画意味，玉器风格完成了由唐代偏重工艺性和雕塑性向宋代偏重绘画性和艺术性的转变。此时宋代宫廷用玉品种齐全，丰富多样，佩饰类有玉束带、玉佩，用具有玉辂、玉磬，礼器有玉圭、玉册等等。宋代内廷专门设有玉作坊，由西域进贡玉料。民间用玉也较前朝更为兴盛，各种玉佩饰、玉用器大量出现。宋代在我国历史上是一个经济大发展的时期，也是我国玉器发展的重要阶段。由于宋朝经济文化繁荣，研究经学，推崇理学，厚古之风非常流行。伴随着金石学的兴起，古

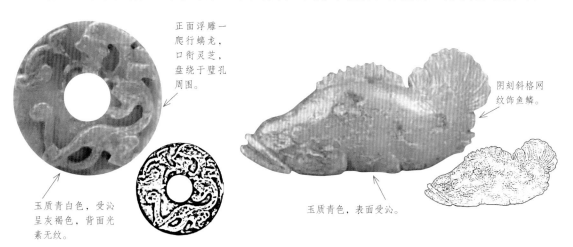

正面浮雕一爬行螭龙，口衔灵芝，盘绕于璧孔周围。

玉质青白色，受沁呈灰褐色，背面光素无纹。

阴刻斜格网纹饰鱼鳞。

玉质青色，表面受沁。

玉器被人们更加重视，官宦学者痴迷于古代礼玉的搜集、整理与研究。在这种厚古崇古的思想环境下，仿古之风越来越盛。收藏古玉在皇家、官僚及民间均非常盛行，伪造或仿造古玉之风气开始在古董行出现。在这一时期，宋代玉器包含古玉、时作玉、伪古玉和仿古玉几类。

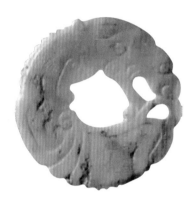

虽然传统的礼仪玉器到宋代逐渐趋向消亡，但各种礼仪活动中仍有一些玉器在使用，比如苍璧、黄琮、玄圭、玉册、玉磬等，并且各具特点。宋代苍璧用于祈谷明堂之

举。祈谷是帝王祭祀稷神，祈祷丰收的典礼，使用玉璧是表示对上天的敬意。除苍璧外，宋代玉璧也存在其他类型。宋代玉璧的形制通常较多仿制汉代，但在雕刻技法上又有所不同，出现了一些带有明显宋代风格特点的传世玉璧。宋代玉圭多为玄圭，主要用于祭祀圜丘和方泽。宋代玉册简长1尺2寸，宽1.2寸（1尺 = 33.3厘米，1寸 = 3.33厘米），其上刻有文字并涂金，是一种非常重要的礼仪玉器。据《宋史》记载，宋代玉磬也用于礼乐活动中。

由于受到五代的混乱、杂乱无章的影响，直到宋真宗的时候才典正了礼仪制度。制定了《元丰仪》，这部礼制规定在宋代一直沿用，到了靖康之难中，两个皇帝被俘，金代直接取走并挪用了《元丰仪》的制度。因此金代的礼仪制度和宋代基本一致。

神宗年代礼仪制度的种类逐步延伸，庆历初年，祈谷和感生礼仪发生改变，从此以后祭祀神州的祭祀不再用玉器，社稷祭祀用两个有邸圭。这也是宋代在原来礼仪的基础上改变最大的地方，玉器的使用也随之发生变化。

两宋及其同期或稍后的辽金玉文化继承和发展了隋唐玉文化的市庶化、艺术化特色，去除了隋唐五代繁杂的外来文化因素，特别是玉器融合了两宋绘画的特点和技巧。宋代的肖生玉受到写实主义的影响，追求形体及运动的准确表现，凸显出形神兼备的特点。宋代双勾的经文诗词等铭刻玉器盛极一时。花鸟玉佩多做隐起、镂空的对称处理，充满生活气息。

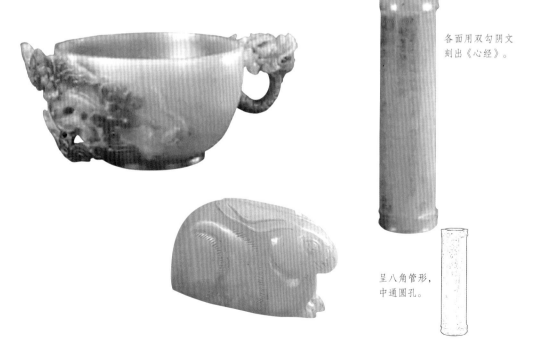

各面用双勾阴文刻出《心经》。

呈八角管形，中通圆孔。

辽金玉器题材富有边疆民族特色和游牧生活气息，也是由汉族玉工雕琢而成。以契丹、女真两族生活为主题的春水佩和玉秋山作为其杰出代表，在艺术造诣上均具有形神兼备的特点。宋、辽、金都出现了有背景、有情节的景观式构图，以镂空起突等法碾琢的悬塑性或立体的肖生玉器，这些都是前所未见的，它是一种新兴形式，具有这一时代玉器鲜明的时代特点。宋代还出现了受道教影响的神仙题材和一些祥瑞玉器。

辽代是由契丹在中国东北辽河流域建立的地方政权。其疆域控制整个东北及西北部分地区。辽代政治、文化较为落后，但长期与汉族相邻，作为一个较为落后的边疆民族建立的地方政权，受先进中原文化的影响，在文化及用玉制度上，都受到宋代文化的影响。辽代朝廷用玉，规定皇帝系玉束带，五品以上官吏服金玉带。辽代玉器制度，其自身特点一是在玉料使用上，辽代推崇白玉，尤其是推崇和田白玉；二是契丹贵族金银玉融合互用，契丹贵族把金银玉这些价值连城的材料融为一体，制成精美绝伦的工艺品，既体现了契丹族的工艺水平，同时契丹贵族奢侈的生活从这些工艺品中也得到了展现；三是契丹贵族真玉宝石兼用。

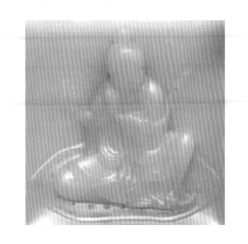

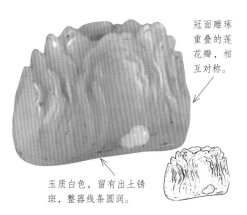

冠面雕琢重叠的莲花瓣，相互对称。

玉质白色，留有出土锈斑，整器线条圆润。

独特的民族风格体现在辽代玉器上。辽代肖生玉器以动物造型为主，而植物和

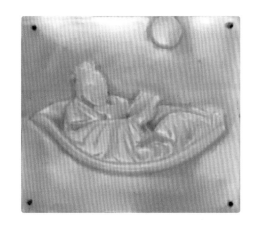

几何造型比较少，这应该是因为契丹以游牧经济为主，长期与动物为伍有关。作为辽代朝廷重要用玉的玉带板，其特色是定数不一，厚薄略微有些出入，大多为光素无纹，四个角常用铜钉铆在草带上。

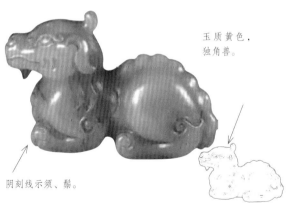

金代所处的年代是和南宋相对峙的特殊时期，同时又是北方少数民族，玉器同样具有浓郁的时代特色与民族风格。"春水玉""秋山玉"是金代的代表玉器。契丹、女真都是北方游牧民族，渔猎活动占据主导地位。契丹族本无固定居所，在一年之中依牧草生长及水源供给情况而不断迁居，所迁之地设置有行营，谓之捺钵。春水、秋山原为契丹族春、秋两季的渔猎捺钵活动。

女真族建立新政权后，承袭了契丹的旧习俗，狩猎作为春秋的娱乐活动，并将捺钵渔猎活动改称为"春水""秋山"。在表现手法上，秋山玉有繁简和粗细之分。场面不像春水玉那么残酷无情，而是兽畜和平共处，相安无事，展现出一副世外桃源的北国秋景。嘎拉哈玉玩具，是女真贵族儿童的玩具，中间有穿孔，可以随身佩戴。玉形似羊或狗子的髌骨，类似于汉族童子佩戴的玉坠，有希冀儿童福祉连绵不断之意。因为羊或狗子之骨，是北方主要供食用的动物之骨，北方少数民族认为长年佩戴具祥瑞之兆。

玉质黄色，独角兽。

阴刻线示须、鬃。

金代女真族佩戴玉较为发达，多作腰佩。金人常服玉带为上，庶人禁用玉。金代佩饰玉以花鸟纹为主。花鸟形玉佩，多作绶带鸟衔花卉纹，寓意春光长寿，勃勃生机。因"绶"与"寿"字谐音，故寿带鸟是福寿的象征。龟巢荷叶是金代另一重要玉佩，也是寿意类。

金代玉佩常常是花与鸟、龟与荷叶、鱼与水草相辅相成，动静结合，而不是孤零零的表现一个物体或一件动物。玉佩表现出周围的环境特点，充满生活气息和情趣，这是金代玉佩的一个重要特点。

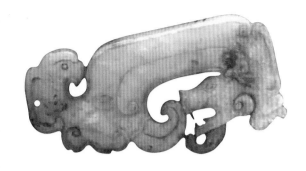

总之，这一时期的玉器构图繁复、情节曲折、玉如凝脂、砣碾道劲、空灵剔透、形神兼备，形成了我国玉文化的第二个高峰期。

中国真正对玉器的研究开始于北宋时期，北宋时期出现了以古器物和碑刻为研究对象的金石学。金石学的兴盛极大地提升了人们鉴赏和收藏古代器物的兴趣。古代玉器与三代青铜器在当时成为文玩和古董。当时最大的玉器收藏家是宋代的皇帝，宫廷宗正寺玉牒所、文思院上界和修内司玉作碾磨的玉器以及地方属国、州郡进贡的玉器，是皇帝收藏玉器的主要来源，如当时和田美玉大量向宋朝皇室进贡。南宋周密《武林旧事》卷九记载，绍兴二十年十月，宋高宗赵构临幸清河郡王张俊府第，张俊进奉果品宝器、书画、匹帛等物，宝器中时作玉44件，古玉17件。皇帝收藏玉器之丰富，由此可见一斑。在金石学研究风气和皇帝的倡导影响下，文人士族阶层也开始收藏购买古玉，并对其进行研究考证，玉器收藏逐

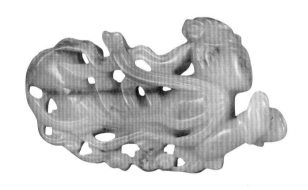

渐成为统治阶级上层社会的一种风尚。北宋学者吕大临精于文物鉴赏，在官内兼职监管文物，由他编纂的《考古图》10卷，开中国玉器研究之先河。该书收录皇宫中收藏的铜器210件，玉器14件，对传世玉、出土玉器实物有着详细的记载，这是中国最早的收录玉器的图书，在中国玉器史上有着极其重要的地位。而宋代龙大渊的《古玉图谱》为中国最早的古玉专著。随后，元代朱德润的《古玉图》、明代曹昭的《格古要论》、清代吴大澂的《古玉图考》及民国刘大同的《古玉辨》等著作相继问世，从而丰富和发展了中华玉文化，并将其推向更高级阶段。宋代玉文化对后世产生了深远影响，其玉器纹饰影响到元、明及至清代。

宋代玉器艺术对同时期的辽金民族有着明显的影响。宋人史尧弼在《策问》中写道："惟吾宋二百余年，文物之盛跨绝百代"。的确，宋代玉器是中国玉器史中承上启下的关键一环，其在文化艺术上的成就，是其他朝代难比拟的，至今仍然是中国传统审美的巅峰。

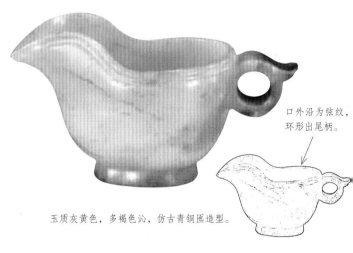

口外沿为弦纹，环形出尾柄。

玉质灰黄色，多褐色沁，仿古青铜匜造型。

元朝是蒙古族建立的强大帝国。元代政治强盛，经济发达，手工业有玉器、瓷器、铜镜、漆器等。元朝在杭州设金玉总管府，管辖南方玉雕能工巧匠数千人，使北方的大都与南方的杭州成为南北玉器生产制作中心。官办的玉器生产中心有严格管理制度，向皇室专门提供宫廷用玉，主要制作的是能体现元朝玉雕成就的大型精品玉器，珍品玉器和大型玉山子。元代玉器装饰图案，雕琢方式、制作工艺都相当精湛，具有元代玉器的特色与风格，所雕琢的玉器数量非常可观，应用十分广泛。而民间的玉雕小作坊，规定只能制作装饰玉器及小件的玉器。

元代玉器工艺分为官方玉雕工艺和民间玉雕工艺。玉器制作是在宋代基础上蓬勃发展起来的，元代玉器品种与宋代玉器非常相似，服饰用玉增加了小型的玉饰嵌件及帽顶。在器型、琢制工艺方面表现出对唐代风格的崇尚、延续和模仿。花鸟纹饰比唐代更富于生活气息和情趣。民族风情图景及柞树叶齿状外缘的雕琢方法，成为元代部分玉器明显的特征。元代的动物形玉雕生动传神，躯干细长，动态起伏明显。透雕技法在元代比较擅长。在传世玉器中，经常可以见到一种玉董炉顶，常常被定为明代玉器。透雕层次略深的也可能是元代或辽金时的玉帽顶，在明清时期改制成董炉盖顶钮用。元代也制作了一些仿制汉代的玉器，但在技法上不注重追摹原始特征，专门以伪残和烧茶褐色斑来以假充真。

元代玉器的种类以装饰性玉器为主，观赏陈设器、礼仪器、动物器、文房器、实用器为辅。元代玉器重视装饰玉器的造型、纹饰、内容与形式的变化。传统的几何型玉玦、玉环、玉璜已逐渐消失，被花朵形、花鸟形、鱼虫形、植物形为主的造型取而代之。这些玉器造型简练概括，表现出北方民族在封建社会中后期对中华玉文化的创新精神，为后来的明清两朝装饰玉器的发展做了铺垫，奠定了基础。元代玉器装饰品有带钩、带扣、飞天、鱼形佩、羊形佩、熊虎纹饰、螭纹饰、花朵形饰、项链、双童坠、春水玉、秋山玉等；礼仪器有玉带板、玉册；观赏陈设器有玉海、鱼、瓶、壶、杯、洗、炉顶、雁、兽等。

元代玉器装饰品常常以动物型与花卉型为主题。以圆雕为主，片形为次。纹饰造型有龙纹、虎纹、鹿纹、螭纹、凤纹、鱼纹、花朵纹、凌霄花纹、鸟纹、人物纹、雁纹、天鹅海东青纹等。其他器类多属于圆雕，有圆形、椭圆形及随形。

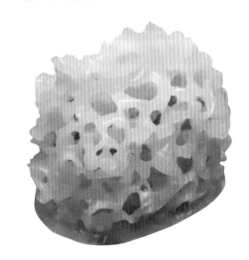

元代玉器的雕刻工艺由于受不同民族文化的影响，民族风格和地方特色在玉器加工工艺上也得到了充分反映，展现出刀法简洁大方、刚劲粗犷、生动传神的北方琢玉工艺。与南方雕琢细腻工整、一丝不苟、工艺精湛的共性特征不同。元代玉器雕琢不拘小节，不过于追求造型、形象的细部刻画，注重玉器造型整体上的统一、简明和完整性。并常常以多层镂雕玉器为主，颇具代表性和民族风格的是"春水玉"和"秋山玉"。

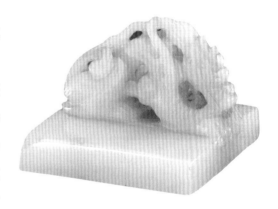

辽金元玉器总体艺术风格刚劲有力，沉稳粗犷，精神力量蕴含其中。形式虽简练，内容却复杂；造型虽简约，意蕴却深刻，表现出中国古典艺术品的重要特点。如花鸟形佩玉，图案纹饰优美，和谐自然，生机勃勃，充满了对生命的热爱和无限的生活气息，表现了人们对美好生活的渴望，诠释了人性中情与理的统一。玉器材质以青玉、白玉为主，还有独山玉、水晶、玛瑙等。雕刻方法包括浮雕、镂雕和圆雕，并均与阴线纹相结合。带钩、带扣上加雕刻纹饰，是创新的造型与工艺方法。器物的造型与技法，和宋代玉器一脉相承。

元代社会是一个由游牧民族主政的朝代，此时的玉器保持了宋代玉器的造诣和风格，元代除雕琢礼制用玉之外，还将玉材广泛地

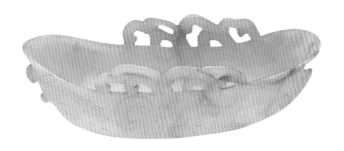

用于建筑和家具，玉器应用范围不断扩大，数量也有所增加。内廷的制玉机构及碾玉作坊规模空前庞大，元代内廷与官办玉器手工业特别发达。因为传承和沿袭了金与南宋的官办玉器工艺的既成布局，元朝大都和杭州逐渐成为两大玉器工艺中心。元代玉器继承宋、辽、金玉器形神兼备的特点而略微有一些小的变化，其做工越来越粗犷，不拘小节，继续制作春水玉和秋山玉以及从南宋继承下来的汉族传统玉器。元代玉器中有两种是与蒙古族相联系的，一是玉押，一品高官方可使用，十分珍贵，供签署公文、告示之用；二是玉帽顶，明朝曾召西域玉工碾制玉九龙帽顶，螭、虎形象的运动和曲线处理非常灵秀生动，都比较成功，但对局部的磨光上不够严谨，常常会留下一些砣痕。文人依旧用玉制造文具，仿古尊彝玉器依然流行，古玉的搜集、保存、鉴赏在文人中风行不止。元代画家朱德润编写的《古玉图》，是我国第一部专门性的古玉图录。可以想见元代民间收藏玉器之风还是相当盛行的。

辽、金、元三代玉器在玉材、艺术方法、碾琢技巧上均步宋代玉器的后尘，并无太多的新进展，仅仅在装饰题材上、处理手法上与宋代玉器略有不同，但这一点极为重要，它使民族风格能够充分体现在这一时期的多数玉器作品中。

玉龙首带勾环，元代，通环长10.5厘米，最宽3.8厘米，高2.3厘米，清宫旧藏。白玉经火后，有黑褐色斑并伴有黄色沁，呈半鸡骨白色。全器分勾和环两部分，其中勾龙

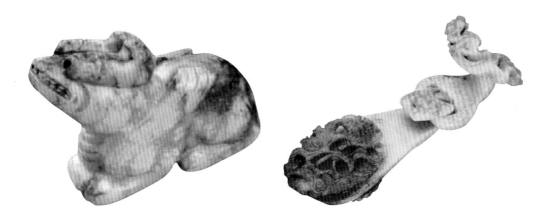

首，腹间镂雕莲花纹，钮为荷叶花纹；环口正、反面均隐起云纹，环首镂雕一龙。此器雕琢的龙纹皆为三束发，长双角，粗眉上卷，宽鼻梁凸起，具有元代的明显时代特点。带勾在元代是一种广为流行的器型，但带勾与勾环合为一器是少有的。带勾为实用器，勾与环上饰龙纹，当为元代帝王专用。

玉镂雕龙穿花佩，元代，最大为9.7厘米×9.6厘米，厚0.8厘米，清宫旧藏。

玉料青白色，雕一细长的行龙穿梭在花丛之中，龙嘴微张，长发后飘，身体呈弯曲状。玉佩体作扁平的花瓣形，正面以多层镂空法，器状四角各有一如意形穿孔，以供结扎用。背面平，仅见镂空穿钻痕而不细加饰纹，原似一嵌饰物。

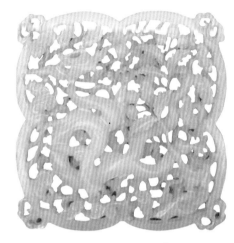

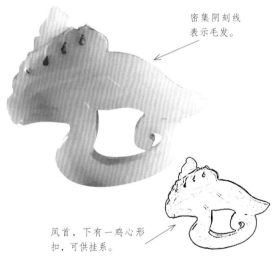

密集阴刻线表示毛发。

凤首，下有一鸡心形扣，可供挂系。

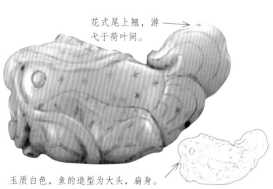

花式尾上翘，游弋于荷叶间。

玉质白色，鱼的造型为大头，扁身。

宋元时期的玉器在继承唐代玉器风格的基础上，又吸收了辽、金玉器的精髓，做到了取长补短，推陈出新，这一时期的镂雕技艺出神入化，花鸟构图表现得淋漓尽致，栩栩如生。宋元玉器在种类、纹饰和技艺方面均有许多新的突破，将我国的玉器制作推上一个新的高峰，并为明清时期玉器的鼎盛发展奠定了坚实的基础。

与唐代玉器气韵生动、形象夸张的风格相比较，宋辽金玉器非常注重表现对象的内心世界，同时又能准确地把握细节的变化，做到所制玉器真实精练，起伏转折自然合理，充分体现出这一时期玉雕工艺形神兼备的特点。

带有北方民族特色的元代玉雕器物数量众多。常见的元代肖生玉雕纹饰有鹿、虎、螭虎、鹤、龟、龙、凤、雁等，内容丰富多样，题材十分广泛，尤其是以描写北方民族浓厚生活气息的玉器作品最具特色。雕刻技法中粗细相间，细的器物确实是细得出奇，粗的器物雕琢刀法浑厚，颇有仿古风味。

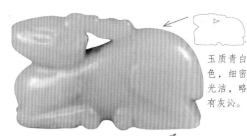

玉质青白色，细密光洁，略有灰沁。

羊首前视，橄榄眼，小耳，抿口，长角向后平伸，呈跪卧状。

宋元时期除流行各种鱼形佩、鸟形佩外，非常有特色的还有玉龟类作品。早在新石器时代红山文化遗址中就有了龟类题材的玉雕，在以后的各朝代都有许多玉龟雕刻，而且各种玉龟都能带给人一种神秘感。宋元时期观赏陈设的圆雕和动物也明显增多，往往寓有吉祥祝福和民俗内容。例如：鱼表示"喜庆有余"，羊表示"吉祥"等。

四、宋元时期玉器名称释义

1. 鸡骨白

在古玉中有一种俗称"鸡骨白"的玉器，这是由于火烧或埋于土中日久年深所形成的腐蚀而成。因此，仿制的人常将新玉以火烧之，变成鸡骨白色，俗称"伪石灰古"。用这种方法制成的玉，虽然颜色相似，但是玉器上面常常有火裂纹，而真正的古玉是没有裂纹的。

鸡骨白玉器都是由于长期埋在地下，遭受到各种外界因素而形成的钙化现象，

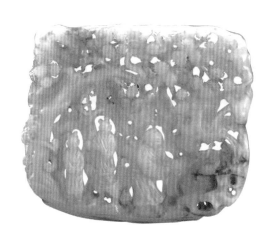

因为它们的特征非常明显：一是无论玉器钙化到何种地步，玉质依然保持一种可见性，而其质地的硬度将大打折扣，玉器仍保存有原始生长的纹理感觉。二是玉器不透明。另外在这些鸡骨白玉器身上还存在着一种特殊的天然美、原始而充满神韵，这是非常重要的、不可忽视的特点，也是仿造者难以做到的。

仿制鸡骨白玉器的方法大体有以下几种：一是用火烧烤法。玉器颜色发白，仿造完成后有"灰石灰古"的感觉，但是上面可能出现有火烧的裂纹，而真的鸡骨白玉器没有。二是用铁屑搅拌，然后用热醋淬之，再加热，埋在地下，数月后再取出，玉器会呈现出桂皮纹。三是用现代电器制作，即用电焊、微波炉等器具来烘烤作伪。可以说，鸡骨白玉器的作伪方法很多，层出不穷，只有通过仔细认真的分析对比、抓住真品与仿品的各自特征，才可以避免上当受骗。

2. 春水玉

"春水玉"所指为鹘（海东青）捉鹅（天鹅）图案的玉器。与辽代历史记载的辽帝进行狩猎活动情景相吻合，《金史》中记载，将有鹘攫天鹅图案的服饰称为"春水之饰"，故将此种玉器定名为"春水玉"。"春水玉"是反映辽代皇帝、贵族春季进行围猎时，放海东青捕猎天鹅场景的玉雕。春水玉通常采用镂雕来体现水禽和花草，风格写

实，具有强烈的民族特色。"春水玉"造型多呈厚片状，多数作品比较注重单面雕刻，风格粗犷，简洁。

3. 秋山玉

"秋山玉"所指为山林虎鹿题材的玉器。与辽代历史记载"秋捺钵"活动相一致。《金史》中记载，将有虎鹿山林图案的服饰称为"秋山之饰"，故将此种玉器定名为"秋山玉"。这类内容

的玉器作品，充满了淳朴的山林野趣，富有浓郁的北国情调，是充满草原游牧民族特色的玉器作品，也充分体现了玉匠丰富的观察力和卓越的审美能力。虽然玉器内容大体相同，但每件作品绝无重复的形式出现，可以说达到了形散而神不散的艺术境界。

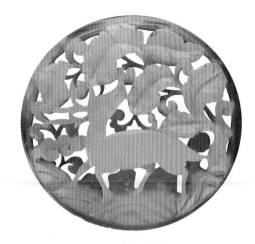

4. 玉佩

身上的玉质佩挂，或悬于颈，或系于腰，是美饰也是文饰，是古人重要的随身装饰品。辛弃疾《沁园春》："有美人兮，玉佩琼琚"，沈约《俊雅》："珩佩流响，缨绂有容"，孔尚任《桃花扇》："何处瑶天笙弄，听云鹤缥缈，玉佩丁冬"，可以说，不仅悦目，而且悦耳，越来越向精美、讲究过渡。

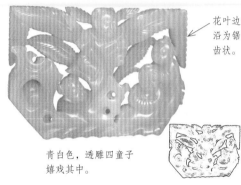

花叶边沿为锯齿状。

青白色，透雕四童子嬉戏其中。

玉佩饰根据不同质地、不同形貌，常常有区分等级的功能。《唐六典》："随身鱼符之制，左二右一，太子以玉，亲王以金，庶官以铜，佩以为饰"《清稗类钞》记载：五品以上文官，皆得挂朝珠，珠以珊瑚、金珀、蜜蜡、象牙、奇楠香等物为之，其数一百有八粒，悬于胸前。不同的玉佩饰，表意的功能往往不同。古人有选择地佩戴一些饰物，常常是为了寄托某种美好的愿望，元好问诗句："玉环何意两相连，环取无穷玉取坚。"环表达了无穷尽的意思，玉

器也能够传达出人们祈福求祥的意愿。《后汉书》："诏赐御府衣一袭，自所服冠帻绶，玉壶革带，金错钩佩。"玉壶是玉制的壶形佩饰，由皇帝颁发，表示敬老、嘉奖之意。圭玉、鱼符等佩饰有着凭信的功能。古代天子给诸侯颁发圭玉作为凭信，汉代班固《白虎通义》："诸侯来朝，天子亲与之合瑞信者，正君臣，重法度也。"鱼符是隋唐时朝廷颁发的符信，雕木或铸铜为鱼形，在其上刻书，剖而分执之，以备符合为凭信。

有的佩饰还存在提醒和告诫的作用。《韩非子·观行》记载："西门豹之性急，故佩韦以自缓；董安于之性缓，故佩弦以自急。"韦皮性质柔软，性子急的人佩戴它来告诫自己不要急躁；弓弦常紧绷，慢性子的人佩戴它提醒自己不要懒散。清代出现了斋戒牌，在祭祀活动时佩戴于胸前，以提醒大家共同保持恭肃之心。

佩挂的严肃性随着朝代更迭，社会变迁，特别是商业的发展越来越少，而佩挂的装饰意味越来越重，成为佩挂于身、寄意标高的把玩鉴赏之物。这种风气，到了晚清尤其盛行。

5. 玉册

专指帝王的封禅诏告之刻文，形制是由连缀的多片组合而成，散落为片，连缀则为册。也可指陵墓里的《哀册》之类。帝王在郑重场合如封禅之文章，肯定是较长的

文字，需要权威发布，叙述非常详尽，所以必须要连缀成册才可以表述清楚。民国二十年，军阀马鸿逵在泰山挖掘出两套古代玉册，分别是唐玄宗和宋真宗的《封禅玉册》。玉册上分别用楷书恭书后镌刻涂金，内容是唐玄宗、宋真宗禅地祝祷之文，唐代玉册书法严谨，宋代玉册则较轻松。封禅之举，自秦始皇以来就有了。"封"和"禅"，分别指天子登泰山筑坛祭天和在泰山下小丘处祭地，昭示世间太平。最早的封禅之举，应该追溯到三代先民筑坛祭祀的习俗，而在唐宋帝王手中，则更增加了庄严奢华的气氛。既然是皇帝祭天，自当恭敬撰写祝祷之文。

6. 玉圭

玉圭，古代玉器名称。玉圭是古代帝王、诸侯朝聘、祭祀、丧葬时所用的玉制礼器。作为瑞信之物。长条形状，上尖下方，也作"珪"。玉圭的形制大小，因爵位及用途不同而有差异。《周礼春官典瑞》有大圭、镇圭、桓圭、信圭、躬圭、谷璧、蒲璧、四圭、裸圭之别。周代墓中常有发现，宋代玉圭常常为玄圭，主要是用于祭祀圜丘与方泽。

7. 玉简

泛指玉质的简札，是从书写文辞的文体上定义的。可以与竹木之"简"同取一义，又称"书简""翰简"，在社会应用层面，尤其有两个形容之义：一是作为尊称，专指帝王封禅、诏告天下的文书，可以是玉质也可以是石质。玉简为单片，如多片连缀，会以金丝贯连，则称为玉册。二是延伸义，指道家在纸张上画的符箓也被称为"玉简"，虽然并非玉质，但已形成一种固定的称谓。

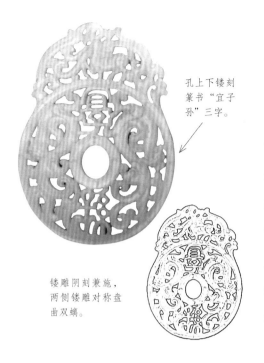

孔上下镂刻篆书"宜子孙"三字。

镂雕阴刻兼施，两侧镂雕对称盘曲双螭。

8. 玉璧

一是作为祭器和礼器，常常出现在重要的国家祭祀大典中，用作祭天、祭神、祭山、祭海、祭星、祭河等，例如《周礼·春官·大宗伯》记载："以玉作六器，以礼天地四方：以苍璧礼天，以黄琮礼地，以青圭礼东方，以赤璋礼南方，以白琥礼西方，以玄璜礼北方"。二是作为国事中的礼仪馈赠。三是作为佩系，也作为不同身份的标志，《说文》释："石之次玉者以为系璧"，《周礼》有"子执古璧""男执蒲璧"的记载。以璧作为佩饰主要自战国至汉代流行。四是作为辟邪和防尸腐用，常作为古代帝王随葬品，放在死者胸部和背部，有的放在棺椁之间，有的甚至镶嵌在棺的表面作装饰用。目前已发掘的汉代大墓中都有众多的玉璧出土。

9. 玉磬

玉磬是一种古代的石制乐器，声音清脆、悠扬，是中国古代的一种非常出名的敲击乐器。有的玉磬上雕琢出装饰纹样，有的绘有彩色图案。

五、宋元时期和田玉的使用

和田玉自古以来便是中国文人雅士的挚爱，宋代人自然也不会忽略了它。嗜玉成瘾的宋徽宗，更是成为和田玉的代言人。历史上的宋朝，是一个极其讲究审美的时代，宋代人热爱琴棋书画、点茶焚香等风雅事物，宋朝美学的艺术格调是追求平淡含蓄，与唐朝崇尚的繁复美艳有所不同，宋代追求的平淡含蓄体现在圆、方、素色、质感上的单纯。在日常生活中，从园林、服饰、家具、书画、用器到珠宝首饰，这一点都得到了充分的体现，可以说玉器即能满足实用性，也能满足观赏性，是生活中的一件风雅之物。宋代人在日常生

活中追求雅致之美，已经成为他们生活的一部分，涵养与修为就在举手投足间彰显。而体现在宋代玉器的使用上，尤是如此。

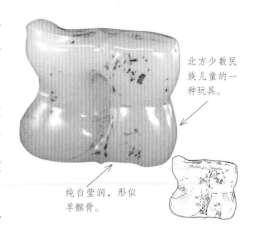

北方少数民族儿童的一种玩具。

纯白莹润，形似羊骸骨。

和田玉在宋代的使用几乎达到了一个巅峰，宋徽宗爱好金石艺术，这对宋代玉器的发展产生了极大的影响和推动。和田玉雅致而高贵、凝重而内敛、润泽而脱俗的品性，正好与北宋以后的时代精神相通。白玉，高洁纯净；碧玉，秀气明丽，淡淡的书卷气与古典质感，从和田玉的质地上得到充分诠释。孔子在《礼仪·聘义》中说："君子比德于玉焉，温润而泽仁也。"在古人眼中，君子是人格审美的典范，而玉是高洁的德行。因此，在古代，男子常以佩玉来表明自己是一位应受人尊敬和信任的有德君子。这也是"君子无故，玉不离身"的来历了；而君子之间相互赠玉，更是成为一时美谈。追求风度与内涵、文雅与德行的谦谦君子们，十分偏爱和追求雅致题材的佩玉。

宋代出土的古玉越来越多，这也导致了宋代仿制古玉器的风行，周朝、汉代的古玉器大量出土，包括良渚文化玉器等的出土，朝廷及士大夫们热衷于收集、整理研究古玉器。金石学的形成，更是兴起了一股集古玉器的热潮。

中国古代文人向来含蓄、内敛、低调，情意敛藏于内心，表达思想往往是委婉写意的，一诗一画，一景一物都寄予了丰富的内涵。早在战国时期，就开始有人用佩玉绳结，以此传情达意、托福纳祥。诗经中"投我以木瓜，报之以琼瑶"，而这里面的"琼

瑶"就是玉。《古诗笺》中释说："以玉缀缨，向恩情之结""何以结恩情，美玉缀罗缨"。许多浓郁婉转的情思，凝聚在那润泽的温度中，此时，玉是有情人的心有灵犀。

宋朝的美学，不仅仅是美的体现。最重要的是体现出一种生活的品位及态度，不以追求功利与财富为目标。可以说，宋朝是一个极其注重审美的朝代。而和田玉以其特有的质地和文化的内涵成为那个时代的极具代表性的艺术品，更是为宋代增添了一份别样的美学感知。

宋代玉器以和田白玉、青玉为主，很少一部分是独山玉。两宋、辽、金、元时期，玉器的造型纹饰和品种大多承袭唐代，但也并非完全照搬，在局部造型上略微有些变化。元代玉器又是在继承宋、辽、金玉器的基础上发展起来的，各民族文化的相互渗透为玉器的发展带来了勃勃生机。元代玉器用料依然以和田白玉、青白玉为主，在雕琢工艺上最具代表性的就是多层镂空了。可以说，多层镂空的工艺手法在元代已经发挥到了极致，除了能够在平面上雕刻出双层图案以外，还可以在玉料上多层雕琢，达五六层，每层均做到层次分明，展现强烈的透视效果。

这件"宋代玉雕双人小摆件"为和田青白玉，玉泛青灰之色，质地柔润。上面有淡淡的红褐色沁，沁色有深有浅、自然生动。作品雕琢在长条形器座上，画面中，两个童子正躲在弯曲的芭蕉叶下玩笑嬉戏。其中一童子手执长长的芭蕉叶，遮盖于二人头顶。双腿一跪一蹲，侧身回首看着身后的小童；另一童子，亦蹲坐于地，左手执棒，右手执圆锣，似乎正在敲打欢快的节奏。作品构思巧妙，将小童那种天真烂漫，把芭蕉叶当雨伞或凉棚的举止，表现得惟妙惟肖，生动传神，充满着浓郁的生活气息。

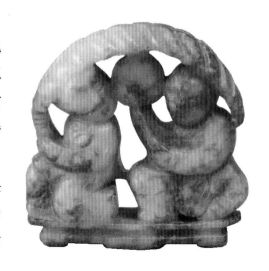

气韵生动无论是对绘画还是对雕刻都是极为重要的，成为玉雕者和画家在创作中追求的最高目标。元代杨维桢在评论国画

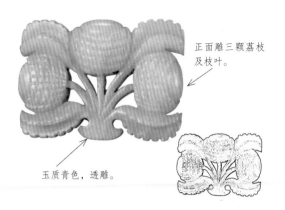

正面雕三颗荔枝
及枝叶。

玉质青色，透雕。

指出：“故论画之高下者，有传形，有传神。传神者，气韵生动是也。”清代唐岱谈道：“六法原以气韵为先，然有气则有韵，无气则板呆矣。”清方薰则说：“气韵生动，须将生动二字省悟，能会生动，则气韵自在”。这些中国画品赏的主要准则，深深地影响着中国的玉雕技法。中国传统和田玉人物玉雕强调形神兼备；山子雕重视气势、意境；花鸟雕侧重生机、意趣，所有这些都体现出气韵生动这一绳律。

　　从中国和田玉工艺发展史来看，中国从原始社会就开始使用和田玉，随着社会生产力的发展，和田玉在中国玉文化史上的地位也越来越显著。从宋代至清，苏州逐渐成为全国性的和田玉制作中心，历代帝王皇室都在这里设置有玉器坊，进行和田玉玉器的加工制作。和田玉本身硬度较高，在当时，加工较困难，需要采用特殊的工艺和方法。加工的过程大体有选料、画样、锯料、做坯、打钻、精做、压光、刻款等若干个工序。若要制作仿古玉器还要增加“致残”、烧古等工序。早期玉器加工主要以青铜器为主，后由青铜工具逐步改为钢铁工具。石英砂也是制玉的必要工具，石英砂的硬度要高于和田玉，自古用于磨制玉石，因而又名“解玉砂”。放入用水调和的石英砂，随着工具的运动琢磨成器，玉器的造型和纹饰多是靠这种方法制作而成。

小·知·识

和田玉的鉴别

1. 和田玉不同颜色的形成机理

不同颜色的和田玉，虽然矿物组成基本一致，但由于地质作用的微小差别以及微量元素的作用，导致和田玉的颜色差别。了解和田玉颜色的形成机理对提高和田玉的鉴赏水平和辨别能力很有帮助。

（1）白玉——蚀变透闪石岩　透闪石结晶呈显微纤维变晶状集合体，含量99%以上，晶粒大小一般为0.01毫米×0.001毫米，亦有更细微的0.0001毫米×0.001毫米，结晶较粗的为0.1毫米×0.01毫米，有的可达0.5毫米×1毫米。具显微毛毡状结构，透闪石纤维变晶交错展布，粒度均一，晶体洁净，磷灰石、白钛石星点分布。白色形成主要系透闪石矿物颜色为无色、白色，透闪石中二价铁含量甚微，尚未分解，颜色匀和，亦有深浅变化，属岩石自然生成现象。

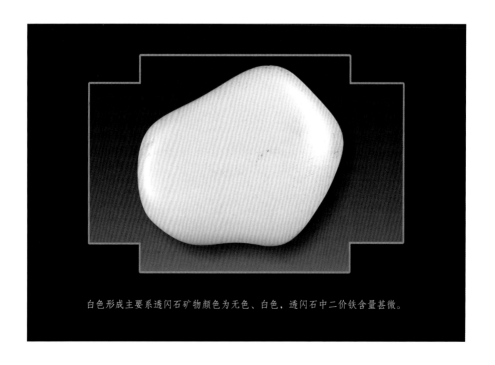

白色形成主要系透闪石矿物颜色为无色、白色，透闪石中二价铁含量甚微。

（2）青玉——蚀变阳起石透闪石岩　阳起石、透闪石结晶呈显微纤维变晶状集合体，质纯的含量95%以上，晶粒大小一般为0.01毫米×0.001毫米，亦有更细微的0.0001毫米×0.001毫米，有的可达0.5毫米×1毫米。常可见方解石、白云石残晶，具显微毛毡状结构，透闪石纤维变晶交错展布，局部显示白云石自形、半自形变晶嵌镶结构，形成岩石中二重结构。次生变化的绿泥石与阳起石、透闪石过渡状，斜黝帘石、磷灰石、白钛石星点分布。

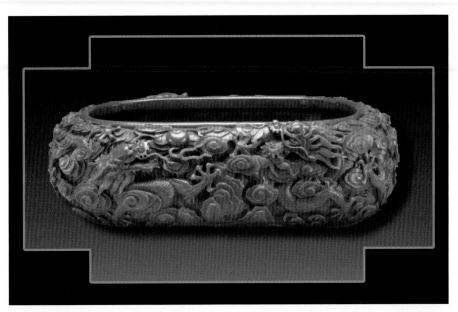

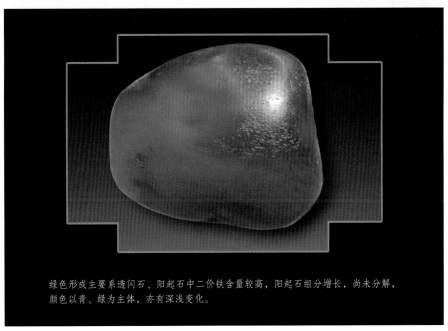

绿色形成主要系透闪石、阳起石中二价铁含量较高，阳起石组分增长，尚未分解，颜色以青、绿为主体，亦有深浅变化。

青玉由淡青色到深青色，颜色的种类很多。有的青玉呈淡绿色，色嫩，质细腻。绿色形成主要系透闪石、阳起石中二价铁含量较高，阳起石组分增长，尚未分解，颜色以青、绿为主体，亦有深浅变化，属岩石原生现象。

（3）青白玉——蚀变阳起石透闪石岩　青白玉是指在白玉中隐隐闪绿、闪青、闪灰等，常见有葱白、粉青、灰白等，属白玉与青玉过渡品种。阳起石、透闪石交织分布，互相过渡，形成青玉，亦有纯净的透闪石局部集中分布，形成白玉，是岩石蚀变中的一种不均匀现象，这种岩石次生变化也十分明显，次生绿泥石残存的方解石、白云石及后期的斜黝帘石化，透闪石脉贯穿于内。

青白色的形成主要系阳起石、透闪石中二种矿物组分的不均匀性分布，属岩石原生现象。

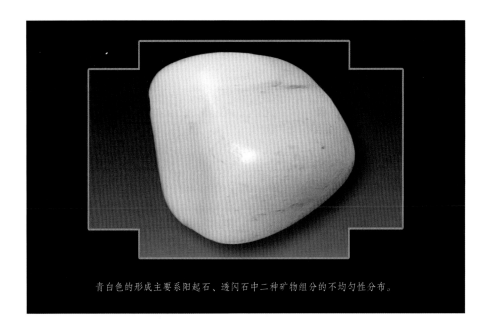

青白色的形成主要系阳起石、透闪石中二种矿物组分的不均匀性分布。

（4）黄玉——微铁染蚀变透闪石岩　黄玉由淡黄到深黄色，有栗黄、秋葵黄、黄花黄、鸡蛋黄、虎皮黄等色。阳起石、透闪石结晶呈显微纤维变晶状集合体，含量99%以上，晶粒大小一般为0.01毫米×0.001毫米，结晶较粗的为0.1毫米×0.01毫米，有的可达0.5毫米×1毫米。具显微毛毡状结构，透闪石纤维变晶交错展布，粒度均一，磷灰石、白钛石星点分布。黄玉与白玉形成过渡。黄色的形成主要系透闪石、阳起石中二价铁，分解为稳定的黄色三氧化二铁，长期浸润所致，颜色匀和，属岩石次生变化现象，因此黄玉都是籽玉。而目前市场上出现的新疆黄口料是一种山料，颜色与黄玉也不

黄色的形成主要系透闪石、阳起石中二价铁，分解为稳定的黄色三氧化二铁，长期浸润所致。

同，与黄玉不是一个概念。

（5）糖玉——强铁染蚀变透闪石岩　阳起石、透闪石结晶呈显微纤维变晶状集合体，含量99%以上，晶粒大小一般为0.01毫米×0.001毫米，结晶较粗的为0.1毫米×0.01毫米，有的可达0.5毫米×1毫米。具显微毛毡状结构，透闪石、透闪石纤维变晶交错展布，粒度均一，磷灰石、白钛石星点分布。糖玉与白玉、青玉、青白玉形成过渡。糖色的形成主要系外来的三氧化二铁，长期浸润所致，透闪石、阳起石中二价铁分解也是因素之一，颜色局部匀和，亦有深浅变化，属岩石次生变化现象。

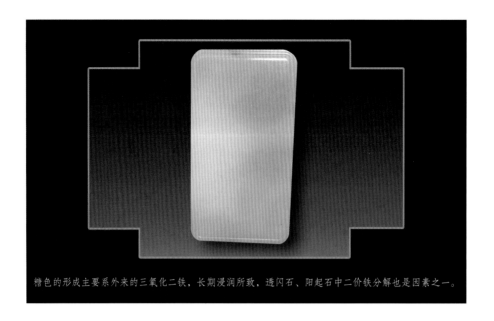

糖色的形成主要系外来的三氧化二铁，长期浸润所致，透闪石、阳起石中二价铁分解也是因素之一。

描述糖色时以估算糖色在样品中的体积分数为依据。微糖：糖色占比例约为5%以下。有糖：糖色占比例为5%～35%。糖（白、青）玉：糖色占比例为35%～85%。糖玉：糖色占比例＞85%时可以称为糖玉。

叶城糖玉的颜色偏灰，包括了肉色和糖色。大部分都比较干，多数无水头。细度相对来说也比较弱，脂度一般。

且末糖玉的颜色青白居多，白中偏青，糖色比较好，偏红色和咖啡色。细度比较好，油脂比较高，水头好。

若羌糖玉的颜色黄中偏青，黄者为若羌的上品，细度好，脂度高。

俄糖糖色偏红与且末糖色很接近。细度粗于且末，细于叶城。好的俄糖玉比任何新疆糖玉都要好，接近羊脂。

带糖和田籽料多数带皮色，糖与肉分界不明显，糖色较淡，且有由深到浅的渐变过程。细度较白玉部分稍差，脂度较高。

（6）墨玉——石墨化蚀变阳起石透闪石岩　阳起石、透闪石结晶呈显微纤维变晶状集合体，质纯的含量90%以上，晶粒大小一般为0.01毫米×0.001毫米，亦有更细微的为0.0001毫米×0.001毫米，有的可达0.5毫米×1毫米。具显微毛毡状结构，透闪石纤维变晶交错展布，石墨成质点状分布于透闪石、阳起石间含量5%～20%。次生变化的绿泥石与透闪石、阳起石过渡状，斜黝帘石、磷灰石、白钛石星点分布。黑色的形成主要系接触变质时期生成的石墨着色，颜色的深浅与石墨

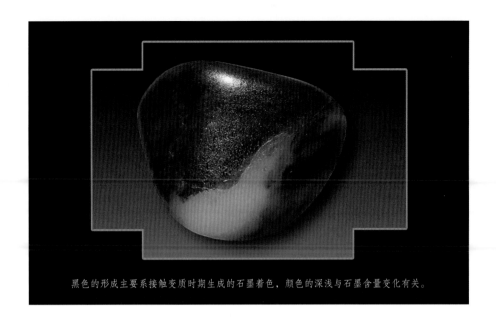

黑色的形成主要系接触变质时期生成的石墨着色，颜色的深浅与石墨含量变化有关。

含量变化有关，属岩石蚀变现象。

和田玉的颜色同国内外其他地区软玉相比，色调多，可自成系列。和田玉向以白为贵，特别是和田玉中的羊脂白玉更是稀世罕有，目前仅有新疆出产。在古代，人们就认为"于阗玉有五色，白玉其色如酥者最贵"。

2. 和田玉颜色的比较方法

和田玉的颜色种类对其经济价值有很大的影响，尤其是白玉。因此，准确的颜色划分在玉石鉴定、鉴别、分类过程中显得十分重要。在鉴定实践中应注意以下几方面。

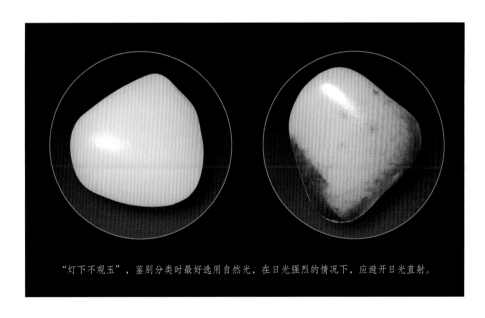

"灯下不观玉"，鉴别分类时最好选用自然光，在日光强烈的情况下，应避开日光直射。

（1）光源　和田玉在不同的光源下观察会有不同的色调，不同色调的和田玉在同一光线下表现也有所不同，古人曾云"灯下不观玉"。鉴别分类时最好选用自然光，在日光强烈的情况下，应避开日光直射。辅助光源选用普通日光灯，色温5000～7000K。注意早晨、中午、下午不同时间自然光的色温不同。

（2）背景　将需要比较的样品半置于大块白色布、布纹纸或白纸上进行鉴别比色，背衬物要求荧光较弱，平整耐脏，也不宜有强烈的反光。

（3）样品的厚度因素　薄的和田玉颜色会显得浅一些，厚重的和田玉颜色会显得深。

3. 和田玉质地和内含物、瑕疵的观察描述

和田玉的质地是其质量评价的首要因素，质地的好坏主要由结构、透明度、内含物、瑕疵、绺裂等因素构成，行业传统对这些因素分类及描述较为复杂，在鉴别分类和实践中不便操作。对其进行归纳总结，常用描述用语如下。

（1）细润无瑕　质地致密、细腻滋润，油脂光泽好。

（2）细润　质地致密，细腻滋润，油脂光泽好，可有少量石花。

（3）细　质地尚细腻，但晶稍粗，有颗粒感或有"瓷""僵"等特性，光泽差。

（4）微花　有微小的点状物、絮状物、局部不明显的"石花""萝卜纹"等，须仔细检查才能发现或总体少于5%。

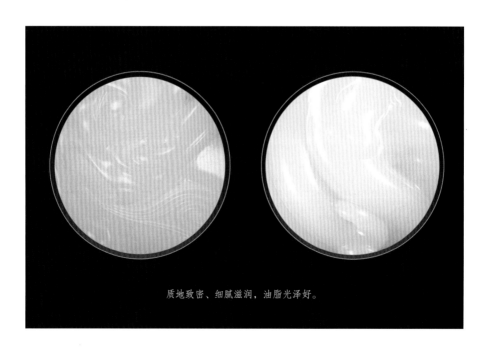

质地致密、细腻滋润，油脂光泽好。

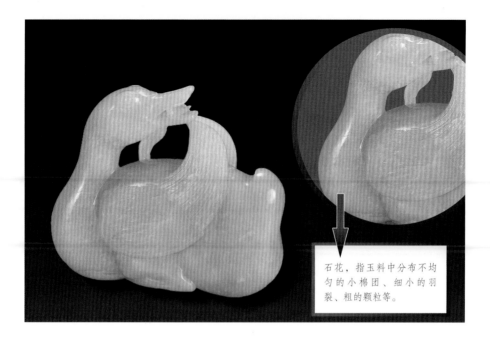

石花，指玉料中分布不均匀的小棉团、细小的羽裂、粗的颗粒等。

（5）有花　有点状物、絮状物或"盐粒性"，局部有较明显的"石花""萝卜纹""水线"或质地不均匀等，肉眼观察很容易发现或总体少于25%。

（6）有石花　有较多絮状物、白色或其他颜色"石花"，很明显的"萝卜纹""水线"等，玉质受到较大影响或总体少于50%。

（7）石性　有局部或大部的石花和其它矿物、岩石杂质。

（8）绺　有少量呈定向分布或交错的劈理、裂理、絮状矿物排列等，尚没有裂开。

（9）裂　有劈理、裂理，已有明显裂开，饰品的完整性可能或已经受到影响。

（10）皮　玉石原料或雕件上留有围岩岩石或蚀变表皮。

4. 和田玉的分类命名及基本性质

（1）白玉（羊脂白玉）　表示优质白玉，其颜色呈脂白色，可稍泛淡青色、乳黄色等，质地细腻滋润，油脂性好。

（2）白玉　白色，质地细腻接近或达到羊脂白玉的细度。

（3）青白玉　介于白玉和青玉之间。

（4）糖白玉　糖玉与白玉的过渡品种，其中糖色部分占30%～85%。

（5）糖青白玉　糖玉与青白玉之间的过渡品种，其中糖色部分占30%～85%。

（6）青玉　灰绿色、青灰色，偶尔带有灰蓝色调。要注意深灰绿色青玉与碧玉的区别。

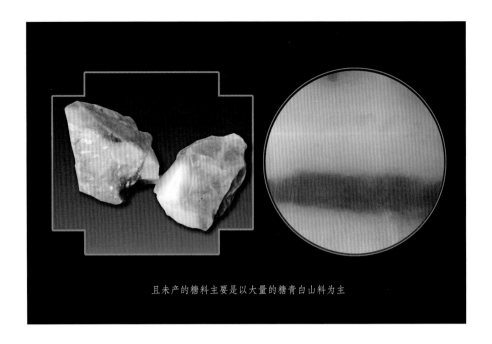

且末产的糖料主要是以大量的糖青白山料为主

（7）糖青玉　糖玉与青玉之间的过渡品种，其中糖色部分占30%～85%。

（8）糖玉　受氧化铁、锰质浸染呈红褐色、黄褐色、黑褐色等色调，当糖色部分>85%时可以称为糖玉。不光山料存在带糖的现象，和田籽料也存在带糖的现象。因糖料多为山料，所以在油脂性、细腻度方面不如籽料，色泽也较为暗淡，不鲜艳。一般情况下，糖料的价格低于纯色料，当然具体的石质是影响价格的主要因素。若在后期雕琢中能善加利用其颜色，价值也不菲。

（9）翠青玉　青绿色—浅翠绿色品种，也可以直接以青玉命名。

（10）烟青玉　烟灰色、灰紫色品种，也可以直接以青玉命名，颜色深的品种应注意与墨玉的区别。

（11）黄玉　经常为绿黄色、米黄色、常带有灰、绿等色调，在具体鉴别中应注意与浅褐黄色糖玉的区别。

（12）墨玉　致色因素是因为含有一定量的石墨包裹体，在鉴别中应注意与绿黑色碧玉的区别。由于含石墨量多少不同，黑色深浅分布不均。

（13）碧玉　青绿、暗绿、墨绿色。分为两种，其一种产于酸性侵入岩体的接触带，较纯净细腻；另一种产于超基性岩体的接触带，杂质多，常含有黑色矿物包裹体。碧玉即使接近黑色，其薄片在强光下仍是深绿色。某些碧玉与青玉不易区分，一般颜色偏深绿色的定为碧玉，偏青灰色的定为青玉。

黑碧玉

墨玉

第六章

明清时期和田玉器鉴赏

大圭不琢，美其质也

——《礼记·郊特牲》

一、明清时期玉器的演变发展

中国明清玉器逐渐摆脱五代、宋代玉器形神兼备的艺术传统，玉器越来越追求精雕细琢和装饰美的艺术风格。同时，收藏、赏玩古玉器在明清时期非常盛行，古玩商界为适应这种风尚，开始大量制造古色古香的伪赝古玉器。

玉器历经唐宋的发展演变后，至明清时期迎来了历史上的又一次高峰，从规模到数量、品种，均达到历史最高。明清玉雕的材质主要以新疆和田白玉为主，还有玛瑙、水晶、翡翠、琥珀、绿松石等材料。明清时期玉器与社会文化生活的关系越来越密切，炉、薰、瓶、鼎、簋等仿古造型的玉器异彩纷呈。玉质的茶酒具十分盛行，玉质的文房用具也非常普遍，文人在书斋作画、书写，往往也用玉来做笔洗、水注、笔筒、镇纸、墨床、臂搁等文具，或以玉器来装饰陈设书房。比较前代，生活器皿类玉器在明代也有了很大的发展，在玉器发展史中占有重要的位置，玉盒和玉杯是其中最有特色的玉器。玉质的生活器皿在清代宫廷贵族中广泛使用，并且品类繁多，数量巨大，工艺主要以宫廷治玉和北京、苏州治玉为最佳，尤其是乾隆时期宫廷中出现了非常精美的器皿，但常常为了体现雕琢工艺之精湛或为了追求纹饰的精细而忽视了玉器形制的完美。

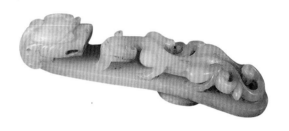

明清时期从各种佩饰、首饰，到生活实用器皿、陈设玩赏品，各种类别、各个领域都广泛地使用玉器。由于用玉制度在明朝实行得比较严格，因此宫廷礼玉这种特殊品种在玉器的品类中开始出现。总的来说，丰富多彩的生活用器和陈设品是这一时期玉器造型的主流。器皿有碗、盒、杯、洗等；仿古器

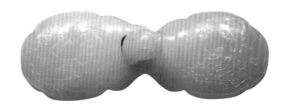

有觥、圭、带钩、炉、璧、尊、彝等；动物造型有牛、羊、马、鹤、鹿、猴、鸳鸯、龙、凤、鱼等；文房用具有洗、砚、笔杆、墨床、镇纸、笔架等；佩饰有玉带、项链、如意、发簪、手镯、串珠等。

　　实用器皿是明清玉器中数量较多的造型品种，存世的明代早期器物较少，主要是明代中期以后的作品，像碗、杯、壶等可供实用的器皿，如青玉花卉纹灵芝耳杯、青玉螭耳杯、青玉乳钉纹耳杯、青玉竹节式执壶之类的实用器。明代之前的各代玉碗出现较少，明代玉碗无论是在所谓的皇家用器，还是普通官员、富商等人物用器中都有出现。玉碗数量也有所增加，玉碗形制多是圆形、撇口、圈足。到清朝的时候，用玉制作的各种实用器皿更加广泛，碗、杯、盘等的数量极其巨大，而且形态各异，丰富多彩。既有可供实际使用的，形制较小；也有供陈设摆放的，形制较大；有的玉器上面还刻有文字款识，在这种类型中，最著名的代表作品是乾隆时期的碧玉刻诗大盘。常见的明代玉

敞口，深腹，圈足，光素。

镂雕牵牛花形耳，花心上嵌红宝石。

器皿主要有壶、杯、碗、盘、炉、瓶、罐等。与宋、元时期的玉器皿作品相比，明代玉杯有了比较大的变化，几何形的主体样式出现于杯体，柄和耳的设计使玉杯的稳定性更强。从战国

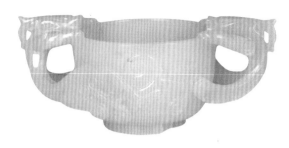

时期就出现了玉杯这种玉器造型，作为一种较为常见的玉器造型，明清两代玉杯如花形杯、桃式杯、斗式杯、合卺杯等等，不仅数量很丰富，而且造型多样。玉杯多数都带有杯托和双耳，杯托的形制有方形、长方形、长方委角形、圆形和椭圆形等。双耳都以镂空形式对称镂刻于玉杯两侧，而耳也可称作柄。花形杯的柄非常特殊，它的柄不讲究对称，是采用镂空的枝叶随形雕琢而成。明代玉杯的代表作当属子冈杯，如故宫博物院藏《青玉合卺杯》，杯的一面镂雕凤形杯柄，另一面凸雕作盘绕爬行状双螭，上部绳索纹外有"合卺杯"名，另一侧铭文上端有"子冈制"篆书款，此杯为皇帝结婚时的贡品，制作古朴典雅，堪为罕见之宝。目前可确定的明代玉杯主要有花果式杯、镂空式杯、双耳杯、单柄杯、托杯、仿古玉杯等几类。花果式杯流行于宋、元、明、清时期，宋、元时期作品体积一般略小，外部的镂雕柄非常简练粗实，镂雕部分在明代作品中略有加大，细枝繁叶有很多，比较容易损坏，子冈款桃式杯是其代表性作品，杯的形状似桃，其上刻有诗句。镂空杯外部往往被镂空图案所包裹，镂空部分一般为枝叶，少量的为树木和山石，镂空部位比较大，杯身较小。玉杯有时与笔洗较难区分，玉杯通常会在枝叶中留有供使用的饮口。双耳杯早期出现于宋代，有双童耳银杯、玉杯等。明代双耳玉杯在继承宋代传统的基础上，形式更加丰富，主要包含双螭耳杯、双龙耳杯、婴耳杯、双花耳杯、镂空双耳杯、双圭瓒式耳杯、兽吞耳玉杯。双螭耳杯在南京、北京明代墓发掘中都有出土，似乎受到宋、明仿汉玉器的影响，螭纹的使用很有虎气，一般作品以螭身为杯

耳，螭后足及尾连接于杯体下部。有螭的前足和口都伏于杯口的形状，也有螭头高出杯口的形态，通常认为明代晚期的作品，螭头的头位较高；传世玉器中有一款玉杯，与明代双龙耳杯相似，作品龙形古朴，双耳为龙首，兽身，短四足，翘尾，足肘之

上又有较多的横线纹，这一式玉杯数量很多；南京板仓村明代墓出土的玉器中有一件婴耳八方杯，两耳各雕双婴，一婴雕于杯面中部，作品含有五子登科之意，以这件作品为依据，可以确定宫遗玉器中的一批明代婴耳杯，主要有镂雕女婴执花耳直口圆杯，前、后反向双童耳外饰莲瓣直口杯，踏云双童形杯耳婴戏图圆杯，相背童

子形杯耳直口杯等等；双花耳杯的杯耳各为一朵花朵，少量枝蔓位于其下，少量作品的花蕊部位镶嵌有宝石，在玉件上镶嵌宝石的双耳杯作品在明代非常流行；镂空双耳杯的两端带有较大的镂空耳，镂空部分常常为复杂的花枝；双圭甗式耳杯的双耳似横向伸出的小圭，其下细柱弯成甗形。圭式耳杯为清代之前作品，多数为明代制造。杯耳之圭或有变化。兽吞耳玉杯的两侧各有一兽头，兽口吞有甗形柱，按照常规，兽吞甗式耳往往是炉耳，但一些体积小而平口的作品，似为饮用之杯。南京板仓村明墓已出土八方形玉杯，器薄口平。宫遗玉器中有斗形杯多件，一些带耳，一些不带耳，与八方杯应属同一体系，一些带有花纹的作品，花纹是明代风格；宫遗玉器中有一批乳钉纹玉杯，应为明代作品，明代乳钉纹圭多见于妇女墓葬，乳钉纹杯亦或多为妇女所用。乳钉纹作为明代玉器常用纹样，多见于玉圭，制造乳钉时，先用管钻套钻乳钉，再行磨圆，作品往往留有钻痕；宋、元玉器中已出现单柄玉杯，明代作品在此基础上发生了变化，有双耳、单柄共用，花纹亦增复，杂錾、柱形式多样，或透空，或仿古，或为动物形；随杯是羽觞杯，荷花瓣等样式的玉杯，匜杯扁而长，上宽下窄，椭圆形足，前端有流，后侧为柄，羽觞杯为椭圆形，两侧横出两耳，为仿汉样式；目前见到的早期玉托杯为宋代作品，杯似碗，其下有圆筒状托子，托子的中腰处有一周向外延展的承盘。玉托杯的使用延续到了清代，清代宫廷中使用的玉托杯中，有很多是清代制造的，通常清代的作品除了玉材选择不同于明代作品外，与明代作品在造型与装饰风格上也有区别，清代的托盘

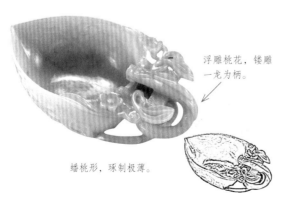

浮雕桃花，镂雕一龙为柄。

蟠桃形，琢制极薄。

厚而且高，一些作品有明显的足，有
比较复杂、厚重的装饰花纹在盘内。
宫遗明代玉托杯、托盘较薄，高度不
大，其上的装饰花纹也较浅，一些托
盘背面光素无足，中部承杯处向内凹，
外形主要有长方形委角、海棠式、椭
圆等。

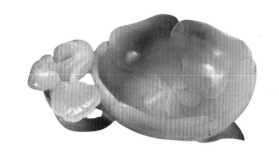

碗作为餐具，很少有陈设效果，
玉碗制造时费料耗工，因而必须在玉
器制造发展到一定程度时才会出现，
使用者也非富即贵。明代以前的宋、
辽时期，已较多地出现玉、玛瑙材质

的碗。而明代玉碗的确定，主要是在宫遗玉器中鉴选出来的。同清代宫遗作品相比较，
它们胎体的厚度、均匀度、边沿的准确度都不同于清代宫廷作品，玉材的选用更接近于
明代玉器，图案的结构、题材皆明代风格，因而可确定为明代作品。

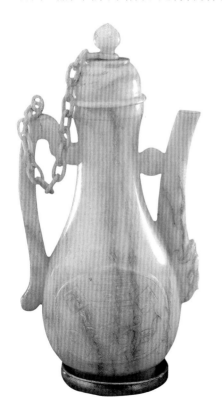

明代开始出现了玉执壶，是一种新品种。执
壶是一侧有柄，一侧有流，中部壶体有一定容积
的玉器，往往用作酒壶，大的也可作为茶具。定
陵出土的青玉金托万寿执壶是明代玉壶的代表作
品，玉壶矮腰长颈，腰部浅阴线刻寿字，两侧各
刻一"卐"字，后嵌桃式盖钮。另外还有北京小
西天清代黑舍里氏墓出土的白玉龙柄执壶。玉执
壶通常由盖和器两部分构成，盖上有钮是壶的特
点，有把和流位于壶身两侧，造型各异，包含有
扁圆形、方形、圆形、竹节形等，其中最为常见
的是扁圆宽腹形壶。明代中期玉执壶的代表作之
一是婴戏纹青玉执壶，执壶是四方形，正背两面
内刻婴戏纹。柄和流刻花果纹。盖钮为兽形，钮
底部阴刻"子冈"款，是明嘉靖时期治玉大师陆

子冈的作品。清朝的玉执壶也非常多，乾隆时期比较集中，玉执壶的图案和内容以寿星、鹿、松树、桃树等较为常见，充满吉祥意味。

明代玉执壶的作品大体可分为以下几种：一是花、木式执壶。以树木、花果为主体造型的执壶，代表作品为青玉竹节壶、青玉莲瓣壶。青玉莲瓣壶可分为高壶及矮壶两种，矮壶的代表性作品表面雕两层莲瓣，内饰凸起的"寿"字，双枝缠绕式柄，圆形盖，六瓣莲瓣饰于盖面，后镶嵌鸳鸯衔莲钮。高式莲瓣执壶则上粗下瘦，莲瓣于其外。二是矮型玉执壶。北京小西天出土的明代龙首执壶为圆形，似碗有盖，盖钮与盖相连，柄部龙首不吞，龙颈为柄，应是明朝末期的作品，并表明矮型玉执壶在明代的制造年代偏晚。明代矮执壶在清代的遗存包含八方形执壶和方壶。"子冈"款婴戏执壶为八方形执壶的代表，形状为八方形壶体，光素夔式柄，长方形口、足，后镶嵌狮形盖钮，凸起的婴戏图装饰壶外；双喜字方壶是方壶的代表作品，立方形壶体，四面中部凸起委角方板，凸雕"寿"字图案于两侧，后部为方折拐子式柄，前部为折柱状流，方形的口和足，较壶腰内收，盖为覆斗式，后嵌方桃式钮。三是菱花式执壶。截面似六瓣菱花，壶腹形成凸、凹的条棱变化，上部略宽阔，口、足为菱瓣式，凸起的仿古戟式纹饰于盖面，也出现凸、凹的棱式变化，光素夔式柄，小兽面饰于柄上端，凸起的行书诗句雕琢于壶外。四是阔腹式执壶。壶腹如球状，口、足为圆环式，凸起的芦雁纹装饰。五是隐式执壶。外形似物或器，腹空。代表作品为青玉辟邪式执壶，作品为大头，有角，鳞身，腹空，尾后翘为壶柄，胸前一小兽为流，头

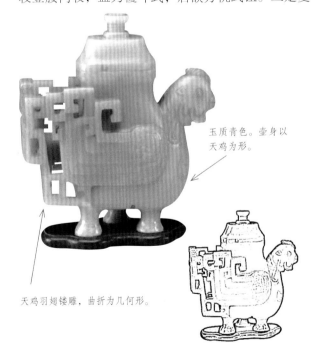

玉质青色。壶身以天鸡为形。

天鸡羽翅镂雕，曲折为几何形。

部可开启向腹内注水。六是低腹高壶。壶型较高，上部为长颈，下部为壶腹，在明代这一类壶较为流行，最常见的是圆腹形，主要类型有圆腹筒颈、主体为仿古样式、六方执壶和八方执壶。圆腹筒颈，壶腹略圆，敛面为椭圆，其上有筒式壶颈或圆筒，或六方筒，坡形肩；主体为仿古样式的壶，如北京故宫博物院藏青玉钫式执壶，壶体似钫，方形截面，上窄下阔，浅浮雕的花叶纹于两侧，壶体仿古；六方执壶和八方执壶，壶体为六方或八方式，常为阔腹，高颇，撇口，典型作品为六方"寿"字花卉纹壶，壶体略高而扁，八棱式，八方式盖，兽钮，颈中部凸起呈葫芦形，其上雕"寿"字，凸起的折枝花卉图案饰盖、足及壶腹。七是高腹执壶。壶体高，上部为阔腹，腹下部细而窄，作品一般盖较高，与下腹对应，传世的作品有莲花式、六方式、弧凸四方式等，代表作品有竹节柄高腹壶，长方口，坡肩，莲瓣纹饰肩，四面式壶体，每面微外凸，装饰花卉图案，覆斗式高盖，盖与壶的四条垂边皆有竹节式戟，壶柄亦竹节式，仰式兽吞流。明代玉执壶高壶多为高盖，钮与壶身造型不甚统一，浅浮雕花纹，偶有贴饼状装饰于壶颈，多为兽吞式流。

　　文房用具和仿古器在明代陈设品中占据了非常重的比例，种类很多，如玉砚、玉笔管、玉砚滴、玉洗、玉笔架、玉镇纸、玉水丞、玉墨床，以及玉樽、玉觚、玉觥、玉鼎、玉簋等。明代出现大量的仿古玉器，这既与皇帝的喜好有关，也与明代商品经济的快速发展关系十分密切。值得一提的是明朝的时候，仿古玉器的盛行主要是源自民间，这与清朝有着本质上的不同。在明朝，民间玉作以盈利为首要目的，积极面向市场。大量能够赚取高额利润的仿古、伪古玉器应运而生，完全满足并迎合了古董收藏者的喜

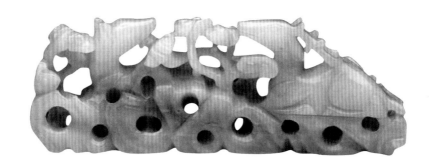

好，其参考的造型一是先秦时期的青铜器造型，二是汉代之前的古玉造型。明清玉器在陈设品中最为著名的代表作品有明代的白玉用端薰炉、白玉龙凤纹樽；清乾隆时期的白玉婴戏纹笔筒、碧玉菊瓣纹簋等。

乾隆时期是清代陈设玉器制造的高峰时期，最具特点的是宫廷玉器，主要有大玉山、大玉瓮、玉屏风、大玉瓶、仿古玉鼎彝等宫廷大型陈设玉器，主要制造于乾隆、嘉庆时期，尤其是乾隆时期作品最多。作品多为仿制古代铜器，在造型和花纹上都有很多变化。大玉瓶很高，多在40厘米以上，无盖，同时有仿古和时样作品。时样作品还有瓶、盒、鼎彝类中瓶、盒等。陈设玉作品中最具特色的应属于鼎彝这种仿古类作品。

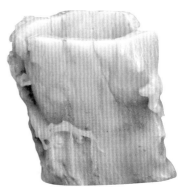

人物、动物、植物、摆件等工器造型，较明代以前的作品在形象准确性方面有了很大的提升。由于欧洲画法被宫廷画院引入到绘画之中，在雕刻造型中也融进了写生的基础，宫廷的这一类玉器的设计，通常来说作者多具有良好的艺术修养，精湛的加工技法。绘画与雕刻技术相结合的作品如插屏、座屏类玉器，使作品画面的立体感大大增强。

清代玉陈设大致可分为三类：器皿类、自然景物、屏类。器皿类多见于仿古的簋、壶、钫、瓿、卣、鼎和时样的瓶、奁、炉、薰，器皿作品可分解为主体部分、盖、钮、足、耳，器皿主体部分通常比较厚，瓶类器物中有扁瓶，但也较厚，造型以直方、圆弧、S形

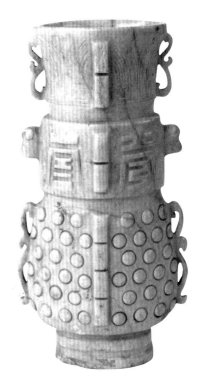

边线为主，盖随器型，以凸起的造型为主，片状平盖很少，盖通常小于器身，与器身在形状上融为一体，一般来看，器物的盖钮小于盖，钮与盖之间有联柱，钮的样式有方形、椭圆形、环形、叠外形等几何形。器皿有封闭式直壁足，封闭式斜壁足，柱状足，如意足，垂云足，人形、兽形足，除一些高足作品外，器足不大于器身。足上或无花纹，有花纹的，花纹或与器盖花纹相呼应，或与器身花纹相连接。装饰性的耳常常处于器物两侧，主要有几何形耳，如贯耳、朝冠耳、光素夔式耳、折带形耳；兽头式耳，如象耳、羊耳、辟邪式耳、龙耳、兽吞夔柱耳；花蝶耳，如菊花耳、牡丹耳、蝴蝶耳，器物耳下往往有柱，柱上带有活环。个别器物为六耳、四耳，一些器物盖上也带耳，并且有活环，形成双重耳、双重环，但三重以上耳环者比较少见。大玉瓶和大玉瓮常常是清代宫廷制造的大件玉器皿，瓶有平安、太平之意，宫廷的瓷器、木器、珐琅之中常常有大瓶，由于材料的限制，大玉瓶相比较要小一些，超过60厘米高度的玉瓶就很少了，大多数都没有盖子，有许多制造大玉瓮的记载，故宫博物院现存的大玉瓮不过10件，乐寿堂福海玉瓮是其中最大的，虽然已掏空中部，作品重量仍有数千公斤。

明清时期，发簪、耳饰、玉镯、戒指和供佩挂用的各种小佩玉成为装饰玉器的

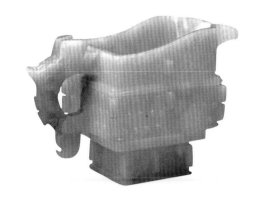

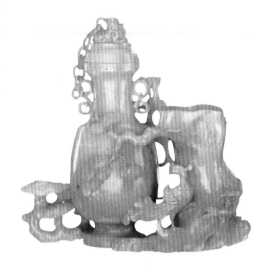

主要品种。另外，成组玉佩既是一种装饰玉，又具有礼器的含义。成组玉佩的组件与周礼中玉佩的组件有很大区别，出现了许多生活化的形象，如佩玉中出现了人物、动物、花草形制的小佩玉，这与周礼佩玉的严格要求有着截然的区别，其独特的风格既复古、又时尚。

明清时期，寿星、童子是最为常见的玉雕人物，工艺水平继承前朝，但风格上出现了一些变化。人物造型体现得更加饱满、丰硕，人物个子趋向矮小，头部变大，体态变胖，更具夸张的特点，人物的表情丰富。最为典型的是婴戏童子的造型，其风格与同时期的其他艺术品中的人物图像有着异曲同工之妙。童子神态自然，憨态可掬。单体人物与多体人物组合雕刻的形式非常普遍，人物题材应用最为广泛的是表达祈福纳祥，体现了社会性与民俗性。

明清时期，出现了很多动物雕刻，品种也很丰富，制作风格有精细和粗糙之分。宫廷制玉必然是精工细做，民间制玉则显得较为简洁和粗糙。其主要品种有家畜类、家禽类及雁、鹰，兔、鹌鹑、猴，双獾、龙、鱼、象等，并出现了古代玉雕中神兽的图案，如螭虎、龙、辟邪等，但神韵远远不及汉代，只是选用玉材大多优质。民间玉雕动物因受到市场影响，雕琢比较简洁，动物的基本形态及特点用简练的线条来体现，对动物的神态及细部的刻画不太注重。由于清代文字狱盛行，人们表达祈福纳祥、平安幸福的愿望便寄托于动物玉雕，以此来缓解生活压力。常见的如太平有象、吉庆有余（鱼）、双獾、马上封侯、三阳（羊）开泰、金蟾吐宝、福禄寿喜、狮、麒麟、龟、蟹、鸳鸯等，这类题材大量的体现在动物玉雕作品中。

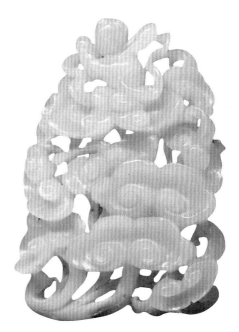

新疆大量优质玉材在明代运往中原，在

如此有利的条件下，明代的制玉工艺得到了很大的发展，北京、扬州、苏州等地成为玉雕工艺最兴盛的地区。明代中晚期，在继承前代的基础上，苏州的琢玉工艺迅速发展，玉雕人才不断涌现，技法不断提高。这时期，玉雕作坊林立，出现了很多著名玉雕名家。陆子冈、刘沧、贺四、李文甫、王小溪等，这些都是擅长雕琢精巧作品的大师。明代和宋元时期在玉器的类型上没有很大的区别，装饰品、实用品、艺术品和仿古器是当时玉器的四大类。

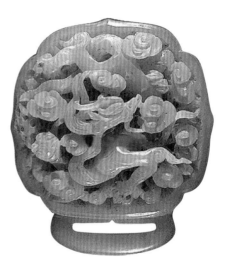

清代乾隆皇帝非常喜爱玉器，广泛收集夏、商、周三代的古玉，并进行认真的分类鉴别，对于一些制作较粗糙的玉器，交由清宫造办处进行加工改制，旧玉后刻花、旧玉新做工在清代宫廷遗留下来的玉器中比较常见。此外，众多的能工巧匠云集在北京造办处、扬州和苏州，雕琢工艺日新月异，精益求精。这一时期，从雕琢技术和装饰纹样各方面来看，均达到玉器发展的最高水平。可以说，清代玉器制造的全盛时期就是乾隆时期。

二、明清时期玉器的纹饰特点

明清时期玉器造型的主要特点是：当时的绘画书法以及雕刻工艺与玉器造型关系紧密，前代玉器的多种碾工和技巧在明清时期得到全面传承，并且推陈出新，有着显著的发展与提高。体

量感在雕琢中明显突出，绘画的功力得到极大地呈现。明清时期玉器的玉质之美、品种之丰富、应用之广泛都是空前绝后的。明代玉器的纹饰，仿古玉器多以兽面纹装饰玉尊、玉花觚、玉炉等。玉璧则常雕琢虎纹，这也是常见的一种纹饰。明代后期，常以松鹤、八仙、岁寒三友、云头纹、细枝花卉、芦雁寿莲、山水人物等题材作为玉器上的纹饰。福、禄、寿等字体常常会出现在杯、执壶、碗、带板等玉器造型上。纹饰题材在清代玉器中极为丰富多彩，除了以龙纹、虎纹、兽面纹、谷纹、蚕纹为主装饰仿古器形外，太平景象、太子玩莲、和会二仙、刘海戏蟾、三阳（羊）开泰、犀牛望月、赋映献宝、马上封侯、麻姑献寿、松底同眷、双鱼吉庆、鸣凤在竹、大吉大喜、鱼龙变化、苏武牧羊、四喜四婴、谷调鸭鹅、鸳鸯戏莲、松鹤延年等题材是佩饰上最常出现的题材。同时还有大禹治水、会昌九老图、渔樵耕读图等题材雕刻山水人物。

　　绘画、雕塑、工艺美术的成就常常成为明清玉雕借鉴的对象，玉器风格呈现千姿百态，造型各异。明清玉雕集阴线、阳线、镂空、俏色等多种传统工艺，又借鉴和吸收了外来艺术的影响，并加以融合变通；明清玉器集历代玉器风格之大成，其制玉工艺具有极强的工艺性和装饰性，时代特色和艺术造诣都非常鲜明。

　　玉雕行业在明清两代非常繁荣，动物类圆雕数量明显增多，玉器的形体也比前代大。这一时期的动物雕刻，风格写实，形态生动，局

部也雕琢得十分仔细，肌肉饱满，力求逼真。从特点看，明代动物雕刻显得有些粗壮，雕刻纹饰简洁，细部造型不是过于注重，一般动物头部较小，棱角在头部、面部较多。清代动物玉雕琢制细腻，比例恰当，造型准确，大都选用吉祥寓意的题材。明代玉器常用到的动物纹饰有：龙、蟒、凤、仙鹤、斗牛、飞鱼、狮、虎、鹿、羊、马、兔、猴、鹅等。谐音隐喻之意蕴含在明代玉雕纹饰之中。如"马上封侯"用马背上雕琢一猴来表现；"双寿"以两支绶带来表现；"福禄"用蝙蝠和鹿表示；"吉祥"用羊表示；"有余"用鱼表示；"爵禄"以和鹿喻为；总的来说，刀法刚劲有力，线条棱角分明是明代雕琢的特色，但明代磨工较弱，所谓"玻璃光"，就是有的玉雕器物表面磨得非常光亮，很多粗糙的地方都出现在细部或转角的处理上。

玉碗的制作及使用在明清时期非常普遍，在中国玉器史上其数量是最多的。碗的制作工艺有精粗之分，对玉材的选择和对形式美的追求在宫廷玉碗的制作上非常注重。而民间用玉则更多地追求实用的特点，玉器造型朴素简洁，大多为素面和矮小的敞口型，和这一时期制作考究的宫廷玉碗风格迥异。特别是乾隆时期，宫廷玉雕精益求精，融合各种复杂工艺，如镂空、高浮雕、活环等。玉器纹饰主要有花卉、龙凤、动植物、瓜果等，纹饰繁缛华丽，但也出现素面玉碗，有的还将诗文琢刻或描金在玉器的外壁上，彰显了宫廷尚玉、藏玉的传统。

大量的圆雕玉制艺术品在清代涌现，这些圆雕作品主要是用于室内陈设。玉器制作也随着玉材来源的不断丰富而日趋繁荣。清代雕琢技法，要求严格，规矩方圆，无论器物的里外，各个部位均一丝不苟，花费大量精力，做工十分考究，镂空尤其重要，俏色玉的色泽组合也是恰到好处。

乾隆时期是清代玉器制造的全盛时期，继承并发展了前代的琢玉技巧，雕琢技术、数量品种、装饰纹样等各个方面均已达到玉

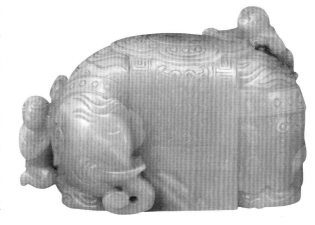

器发展的顶峰。这一时期堪称是中国
玉雕发展史上的一个高峰。

明清时期的玉器中绝大多数都雕
琢有各式各样的纹饰图案，其内容极
为广泛并富于变化，纯粹依靠造型和
雕工取胜的光素玉器非常少，总结起
来，明清时期的玉器纹饰大致可以分
为动物纹、植物纹、人物纹、几何图
案和文字图案五大类。

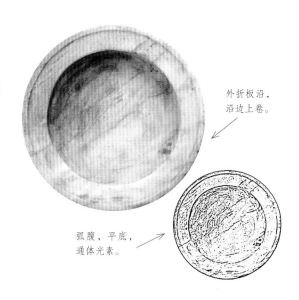

外折板沿，
沿边上卷。

弧腹，平底，
通体光素。

1. 动物纹饰题材

在明清各期的玉器上都有表现
动物纹饰的题材，明代早期多用龙、
凤、螭等神异动物来表现帝王的威
仪，中晚期以后鹿、蝙蝠、鹤等世俗
生活中较为常见的题材逐渐增加，进
入清朝后，使用的动物题材广泛，已
经不像明代那样严格限定使用龙凤等
神异动物，不断出现了许多具有吉祥
祈福意义的动物纹饰。动物纹饰在明
清时期具体的表现方法和使用频率因
阶段性的不同而有所差异。

在明清时期，龙的形象与前期不
同的是，这时的龙常常都是作为玉器
上的纹饰出现，以龙的形象单独成器
的情况基本上没有出现。纹饰表现
为"头似驼，角似鹿，眼似鬼，耳似
牛，颈似蛇，腹似蜃，鳞似鲤，爪似
鹰，掌似虎，背有八十一鳞，具九九
阳数，口旁有须髯，颔下有明珠，喉

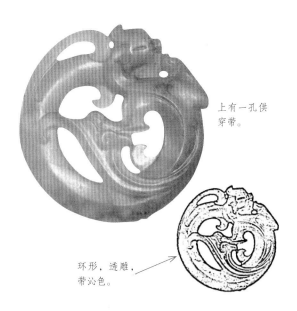

上有一孔供
穿带。

环形，透雕，
带沁色。

下有逆鳞，头上有博山"的形象。

古人把龙分为不同的种类，《广雅》："有鳞曰蛟龙，有翼曰应龙，有角曰虬龙，无角曰螭龙，未升天曰蟠龙。"另外还有亏龙、龟龙等。云龙、夔龙、螭龙是常见的清代宫廷龙纹图案。云龙为蛇身龙，在汉代器物图案中尚不明确，上海博物馆藏有南北朝时期的玉鲜卑头，所饰龙纹已具有蛇身特征，呈多种动物组合体，其后的龙纹多为罴头、鹿角、蛇身、鹰爪、兽肢组合。在宋、元、明时期特别明显。清代的云龙图案和明代图案不同，图案变得复杂化和神秘化，龙嘴形状方而阔，鼻部隆起，有上窄下宽的鼻梁变化，下巴较宽，腮及嘴角有较密的须，背部的鳍更显灵活，不同于明

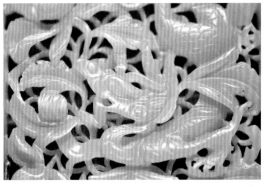

代玉器云龙图案平面化的倾向，立体感在清代云龙图案的使用中有较大增强。长身龙或蛇身龙在清代图案中身旁多有云朵，云朵呈飘浮状，用来衬托龙在空中自由无阻的行动。

夔龙纹是龙纹的一种，中国古人认为夔是一足，《说文》释夔："神魅也，如龙一足，从夊，象有角手，人面之形。"夔龙纹是一足有角的动物图案，于商代开始流行。有很多侧面的兽身、一足、带蘑菇形角的动物出现在商代玉器中，现代人称为夔龙。汉

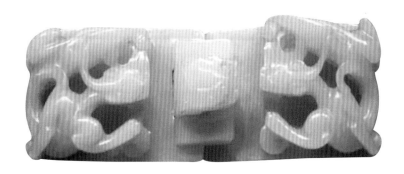

代玉器上出现了一种带状装饰，为直线或弧线，线框内有谷纹，汉代的玉环、玉剑饰、玉樽等多种玉器上均出现这类图案。并且对后世的玉器装饰产生了较大影响。安徽朱晞颜墓出土的玉卣，正面有折带形龙身的夔龙纹，两侧有S形带状夔龙耳，明代的玉樽玉角端上饰有兽头带状龙身的螯龙纹。夔龙纹在清代宫廷玉器上的使用，大体延续了宋代和明代的风格，有独立的夔龙和夔形图案佩，其特点为：绳状龙身细长，兽头形龙头，也有的夔身短而粗，局部呈带状，夔头分为鸟头形和兽头形，兽形龙头常常仿战国玉佩之兽头。清代青玉莲花纹香囊，顶部是仿古双夔龙式提梁，是从战国龙首玉璜造型上演变而来。

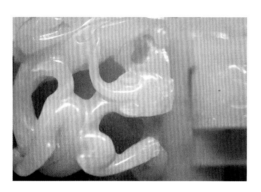

螭或为龙或为兽，是古人在自然界动物的基础上神化而来，古文献对螭的解释较多，《说文》释螭"若龙而黄"，如汉代玉玺白玉螭虎纽，汉代玺印上的螭虎形象应该是准确的，在战国及汉代其他玉器上也出现过这类螭纹，并且成为汉代以后玉器的主要装饰图案。螭纹在宋代和明代的玉器中使用率很高，其中一些螭纹出现平民化倾向，螭的形态极似爬行类小动物。螭纹在清代宫廷玉器中，更接近龙的形态，螭的头部形状复杂，或为螭首龙身，或为龙首螭身，螭与龙虽在图案上有所区别，但表现内容却非常接近。清乾隆白玉蟠螭佩，原型出现于南北朝，作品更像龙，在南北朝蟠螭佩的基础上，龙形化更加明显。

辟邪是瑞兽，在汉代文献有许多关于有异兽的记载，如獬豸、乘黄、天禄、天马、辟邪等，一定数量的圆雕兽形玉镇也出现在玉器中，作品有两类，一类略大，一类较小，形态各异，但又有如张口、有翼、四肢短、重心低等相对一致的特点。何为辟邪、天马、天禄，有很多解释，名称也不容易确定，凸胸、短颈、小头，额中有一角，腹部刻有乾隆题诗"咏汉玉天马"首句为"茂陵万里求天马，即得做歌

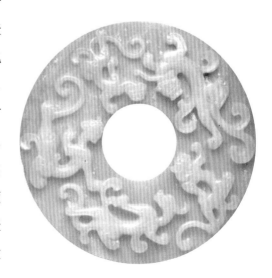

记瑞之"，认此为天马，作品较陕西汉墓出土玉天马相差甚远。汉代以后，玉器作品中的这类神兽成为重要的题材，这类作品在唐、宋玉器中，多为圆头长鬣，这是由于形态受到狮子造型的影响。清代宫廷中的玉辟邪为有角瑞兽，姿势狰狞，肌肉遒劲。故宫博物院藏汉代益寿铭谷纹璧，廓外饰一兽，似鹿麟身，有角，图案源于鹿鳄结合，后发展分为蛇身和兽身两个方向，麟纹在唐、宋玉器中不明确，明代玉器多有麒麟纹，清代宫廷玉麒麟延续了明代风格。麒麟为卧姿，回首状，双角头似龙，牛蹄形足，狮尾形尾，口吐云。

角端是传说中的一种独角兽，在元代以前的作品中尚不易确定此类作品，有少量作品出现在明代玉器之中，故宫藏明代玉角端熏炉，为阔身、短肢、昂首兽，身内取空为膛头，为盖，嘴为透孔，又有万历款掐丝珐琅角端，但作品太少，难以形成气候。角端在清代宫廷中被视为重器，数量大增，体积越来越大，并用多种材料制造，玉角端作品数量很多，多为青玉、碧玉制造，成对出现，体积硕大，是重要的宫廷陈设器。许多作品配有座托，使用时置于几上，位于宝座两侧，增加了宫室的威严气氛。

宋、元时期，建筑和器物中出现了很多幼狮形象，玉器中出现了子母狮坠、独立莲花狮坠。明代狻猊被列为龙九子。狻猊到底是什么形状，至今尚无定论，西安何家村窖藏唐代玉带上，有非洲狮的形象，其名或为狮子，明代

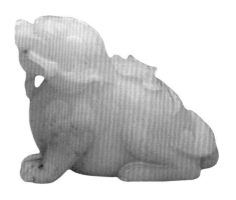

人认为狻猊喜欢烟火，用为炉钮之形，但明代之炉大多都没有盖子，钮更为稀少。玉器中的狮子形象在清代宫廷中明显增多，乾隆御制诗有"题和田玉狻猊"诗，可见其喜爱程度，玉狮的特点明显，主要为短身粗腰，头大，宽而扁，阔嘴，长须在嘴下分向两侧，整件作品近三分之一被头部占有，足短粗，尾部一改宋代和明代鞭状，呈大片多畸形。作品的形象处于神话与现实之间，呈现多种动物特点的组合，并且变形较大。狮形钮、圆雕玉狮以及较大的玉狮陈设在清代宫廷玉器中都有出现，这些玉器作品或为蹲坐，或为卧状，其中字母狮较多，作品的造型充满了想象力。

　　兽面图案是玉器中最古老的图案，兽面图案在新石器时期的龙山文化、良渚文化、石家河文化玉器中都有较为统一的样式，较为固定的兽面纹样式也出现在周、秦、汉、唐时期的玉器中。宋代和明代以后，玉器中的兽面纹常常是三种形式：一是兽面纹的样式较自由，如宋代四川广汉窖藏兽面纹；二是兽面纹仿制汉代样式；三是大兽面纹装饰炉、瓶等玉器皿的主体，安徽朱晞颜墓出土的玉卣所饰是早期的作品。宋明玉器的兽面纹装饰传统在清代宫廷玉器，尤其是仿古玉器中得到延续和发展，无论是小兽面纹装饰还是用于器物主体装饰的大兽面纹，都在清代被大量使用。但兽面纹装饰图案的组织出现很多的变化，多种样式出现在眉、眼、耳、鼻上，眉包括卷草式、卷云式、多枝式、绳纹式、宽带式；眼有圆环形、椭圆形、火焰形、折角雷文形、臣字形、鸟形；鼻多为如意形，还有平鼻、勾鼻。

　　明清时期玉凤的最大特点是头似鸳鸯，比较细长，有时出现羊须状的髯，有较强的装饰性。明朝与清朝的玉凤相比较，尾部是主要区别。凤尾上装饰像藁旗似的翎眼饰是明朝的特点，而凤尾上都装饰有密密的短阴的是清代的特点。江苏省无锡市藕塘乡明代

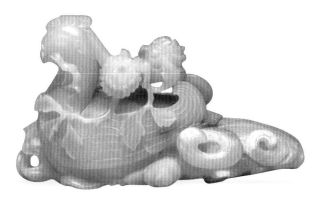
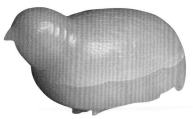

墓出土的《双凤玉佩饰》是最具有代表性的凤纹玉器。

明代中期以后，龙凤纹饰开始脱离专制而步入民间，各种美好愿望都可通过龙与凤的组合来表达，诸如龙凤呈祥、龙飞凤舞、招龙引凤等等，表示出喜庆、祝福的含义。

在明清时期，除了龙、凤等神异动物纹饰之外，现实生活中的写实动物也大量地出现，如鹤、鸳鸯、牛、马、羊、狗、鹅、象、猴子、鹿、狮子、鱼、蝴蝶、螃蟹、蝙蝠、蝉、蟾蜍等。鹤和蝙蝠是飞禽中最常见的，鹤象征着长寿，它常常是与松、鹿、桃等动植物组合在一起出现，有时也与人物组合。如"六合同春"以鹿与鹤组合来表示，鹤与松树组合表示"鹤寿松龄"。因为蝙蝠的蝠与福字同音，而常作为纹饰题材。蝙蝠纹在明代玉器上通常不写实，细部形象不具体刻画，常常以抽象的形式来表现，而清代多数蝙蝠纹都是写实的。

2. 植物纹饰题材

明清时期植物纹分为写实和变形两种，常见的有松、竹、梅、桃、灵芝、水仙、莲花、菊花、荔枝、石榴等。写实植物纹主要是用于表达寓意，而用来作装饰图案的主要

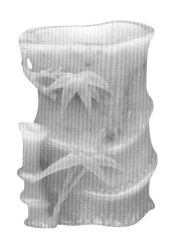
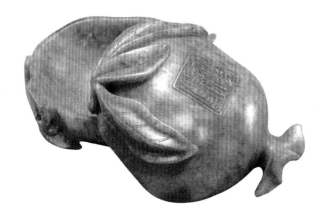

是变形植物纹。单独成图的植物纹比较少见，几种植物纹组合构成寓意图案的比较多见，较常见的组合有四君子、岁寒三友、桃、莲花、灵芝等。

3. 人物纹饰题材

明清时期，历史题材、神话传说和世俗生活构成了人物纹饰的三个部分，羲之爱鹅图、太白醉酒、竹林七贤等是比较常见的历史题材纹饰。八仙过海、五子登科、婴戏、生活小景、观音送子等是最为常见的神话传说故事和世俗生活题材。明清时期，这种装饰题材非常丰富，具有代表性的作品有明代青玉羲之爱鹅图饰、明代青玉八仙图执壶、上海市明陆氏墓出土的白玉童佩、清代青玉菩萨、清乾隆碧玉耕织图座屏等。

4. 几何图案题材

明清时期，几何图案包括云纹、回纹、谷纹、蒲纹、方胜纹等形式。云纹是抽象化的云彩，形态有各种各样的变化，如勾云为两端内弯，如意云头带一尖角，卷云为S形，T形云头带一长线，朵云为花茎样等等，云纹作为辅助纹饰常常在玉器中出现。商周时期青铜器上的乳钉纹逐渐演化出了谷纹，这种纹饰在春秋战国时期被移植到玉器

 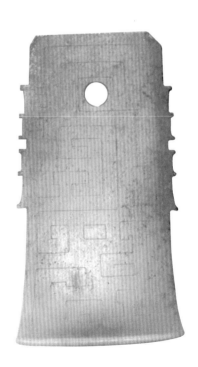

上。此外，往往伴随谷纹的还有一种网格状的纹饰，被称为蒲纹，蒲纹都是作为谷纹的底纹。一般在仿古器上常常出现谷纹和蒲纹，在反映现实题材的明清时期玉器图案中则出现较少。回纹的形态比较简单，它也是源自青铜器纹饰，它像"回"字，类似于曲别针形状的线条组合。两个菱形叠角相交组成了方胜纹的纹样，大的方胜纹可以由五个菱形相交组成，传说是作为西王母的饰物，具有非常祥瑞的含义。

5. 文字图案题材

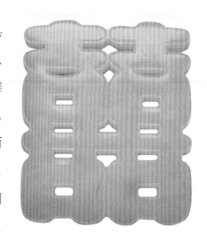

明清时期，文字图案包括两种情况，一种是以具有吉祥寓意的字来作为纹饰单独出现，如"寿"字、"福"字、"禄"字等最为常见；一种是将铭文诗词雕刻在玉器上，作为新的纹饰内容，在明代开始出现。这些铭文诗词多数都是体现在陆子冈所制玉器上，而明朝其他玉器上出现铭文诗词较为稀少。与明代不同，清代很多宫廷玉器上都有铭文款识，尤其是乾隆时期的玉器最为常见。由于乾隆皇帝个人著有大量的诗篇，并且爱好考据典故，因此，在玉器之上经常镂刻他的精美诗文，以求流芳千古，从而导致大量带有铭文的玉器出现在清代中期。大型的大禹治水图玉山、小型的白玉桐荫仕女图都是著名的代表作品。

三、明清时期玉器的文化内涵

宋元明清时期，兼并更迭的几个民族政权，最终走向集权统一。这一时期的玉文化既有其连贯性和统一性又有它的地域性和民族性，玉文化持续发展，不断创新，呈现无比丰富、异彩纷呈的特征，展现出旺盛的生命力。

明清时期是中国玉器发展的鼎盛时期，也是中国玉文化的第三个高峰。玉器工艺迅速发展，玉材以和田玉为主，其玉质之精美，雕琢之精湛，器型之丰富，使用之广泛，

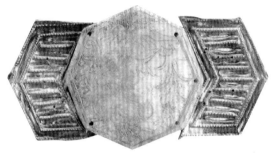

包括数量之多，都是前所未有的。中国古代玉器史上最为昌盛的时代就是明清时期。直到清末，和田玉逐渐减少，而翡翠则大量涌入。

明代初期玉雕继承了元代风格，雕琢工艺严谨而精美，简略的风格出现在明代中期，玉器呈现出文人的色彩，如青玉松荫策仗斗杯。玉器数量在明代晚期大量增加，呈现粗犷的表现形式，精细雕工的作品比较少，与金、宝石镶嵌结合的工艺出现。大量民族故事和吉祥寓意的图形出现在玉雕作品中，玉雕的主流趋向生活化、世俗化和装饰化。民间制玉在这一时期非常兴盛，苏州是明代的琢玉中心，苏州玉器精工细作，内廷的玉匠也大多来自苏州，陆子冈是其中最著名的玉匠。镂雕技术在明代高度发展，上下不同的双层图案可以在片状玉料上雕琢出来，兼顾里外多层纹饰并且叠错造型的方式在镂雕立体器物上充分展示，玉器做工十分精细，呈现完美和谐的整体效果，这就是所谓的"花下压花"。"粗大明"是今天鉴别明代玉器的一个重要依据，"粗"是指不表现细部，"大"即追求厚重的感觉。明代佩玉与金银、宝石镶嵌结合，显得光彩夺目，雍容华贵；最为盛行的是玉带，采用白玉雕琢，长方形、方形和桃形是玉带板的主要形状。云龙纹是采用最多的纹饰，多运用镂雕技术，也有素面的；品种丰富的还有玉质器皿，主要有玉壶、玉杯、玉盒、玉碗、玉樽等，最为出色的是玉壶和玉杯，雕琢精美。另外还有玉璧、玉圭、玉如意、玉乐器、玉

圆筒形，平口，平底，直腹。

青玉质，有沁斑，通体光素。

册、玉供、玉神仙佛像、玉棋子等。明代玉雕包罗万象，追求婉约流畅、传神达意的风格。

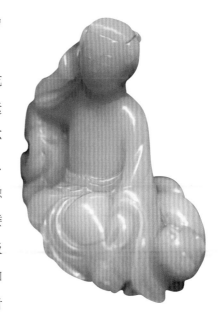

清代玉器工艺精良，尤其是选材十分考究。乾隆时期，打通了和田玉内输的通路，和田玉大量运进内地。因为清代玉器制作的基本要求是非良材不用，因此和田玉在乾隆时期被大量的运用。绘画、雕刻、工艺美术的成就被清代玉匠广泛的借鉴，融合多种传统工艺，如阴线、阳线、平凸、隐起、镂空、俏色等，集历代的艺术风格之大成，同时又吸收、糅合、变通了外来艺术形式，玉器的工艺性和装饰性得到加强并不断推陈出新，呈现出鲜明的时代特点和较高的艺术造诣。玉器的工艺性、装饰性不断加强，小至寸许、大至万斤的玉雕作品层出不穷。雕琢技巧发挥到极致，可说是鬼斧神工、匠心独运，玉皮俏色巧妙雕琢，集历代玉雕之大成。在日常生活中，人们把玉器做成各种各样的生活日用品，比如香炉和烛台，用来薰香和照明。用玉制成的文房用具，如笔筒、笔洗、笔架、镇纸等供文人墨客使用。这些玉器作品，或是华贵富丽，或是淡雅清新，既可作为实用品，又可成为收藏赏玩的雅好。清代也出现了大量象征吉祥寓意的玉器，如灵芝寓意长寿，三阳（羊）开泰用三只羊的组合来表示。玉如意作为一种吉祥物，在清代最为流行，也是清代最有特色的玉器。清代玉器的主要类型中还包括仿痕都斯坦玉器。清代的硬木家具非

常流行，也应运而生了硬木和玉组合而成的各种玉家具。在清代，人们生活的各个方面都有玉器的融入，而玉器的纹饰和器型的丰富程度也是前所未有的。清代扬州玉器制作发展非常迅速，呈现后来居上之势，玉器作品豪放大气，重达几千斤甚至上万斤重的特大件玉器是扬州玉器雕琢的特色和亮点，现藏于北京故宫博物院的大禹治水山子即为扬州玉器的代表作。

清代内廷院画艺术对清代宫廷制玉进行直接的影响和支配，玉器做工非常严谨细致，如雕似画，一丝不苟。玉器通过细致而不惜工本的抛光呈现温润晶莹的美感。清代末期，缅甸北部的翡翠因清澈透亮的质地深受慈禧太后的喜爱。慈禧太后专门下达谕旨，命各省官员向清宫大量进贡翡翠。受到慈禧太后的影响，佩戴翡翠首饰在后宫的嫔妃中也非常盛行，可以说上行下效。到清代末期，翡翠的影响超过了传统的和田玉，身份一跃而起。

仿古玉器之风开始于宋代，而盛行于明清。众多的仿古玉器出现在明清时期，常见的有璧、琮、鼎、觚、瓶、炉、圭、尊等。仿古玉器在明清时期较为复杂，大体包含两种形式：一是复古思潮在明清盛行，不仅有仿制古代玉器形状的仿古玉，还有仿其古意古风的仿古玉。仿古玉中的精品玉质优良，雕刻精细，水平极高。二是古玉收藏之风在明清非常盛行，在当时古玉供不应求，导致大量仿造古玉出现并出售，有些很有欺骗性，在造型和雕工方面均有所不及，玉质也偏差。

陈设用玉是安置于室内专门用于观赏的玉器作品，玉器中的这一类器物产生得较晚。商代使用的玉簋，汉代使用的廓外带有装饰的玉璧都具有很强的陈设作用，但玉器除陈设外还可兼有其他用途。宋代的白玉碾花商尊应是一件仿古玉鼎彝，但作品已不宜实用，而是作为陈设用品。宋代安徽朱晞颜墓出土的仿古玉卣，元代范文虎墓出土的螭纹玉卣，玉器体积较小，应该是作为陈设兼实用的玉器。通过这几件作品可以看出，陈设玉在宋代已较广泛地使用。明代玉器较宋代玉器，在陈设品方面有了较大的发展，桌

几上摆放花觚、香炉等常出现在明代的绘画中，比较多的明代炉、瓶、觚、卣等出现在传世玉器中，可见玉陈设品在明代被普遍使用。

玉器皿产生的时代非常早，但作品在周、秦时期却很少，到汉、唐时期玉器皿才逐渐增多，即便如此，已知的汉、唐玉器皿依然非常稀少。玉酒器的使用量在宋代非常大，宋代史绳祖墓出土有荷叶式玉杯，朱晞颜墓出土有光素圆形撇口玉杯，传世作品中玉器皿的数量能够鉴定为宋、元时期的已有不少。宋、元玉器皿的传统在明代早期得到了延续，明代早期朱檀墓出土了玉花瓣形杯，结构简洁并且有镂雕的单柄，保留了宋、元作品的风格。明代中晚期的玉器皿主要有执壶、爵杯、碗等，另外北京明万贵墓出土有白玉双螭耳杯，南京板仓村明墓出土有八方形杯、盘及双螭耳杯。

明清时期玉器的辉煌，很大程度源于玉器工艺的成熟和社会财富的积累，玉器世俗化和商品化的广度和深度在明清时期都达到前所未有的程度，成为中国玉器史传承和琢造的又一个高峰。

自古以来就有用玉器来祭神。《周礼》记："以玉作六器，以礼天地四方以苍璧礼天，以黄琮礼地，以青圭礼东方，以赤璋礼南方，以白琥礼西方，以玄璜礼北方。"这

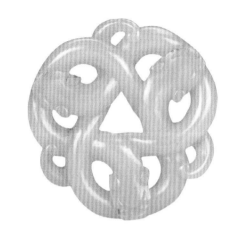

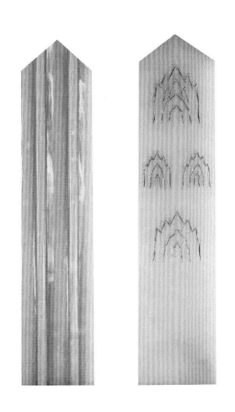

是历代帝王都得遵循的礼制。明代玉器与祭祀的关系也非常密切。到了清朝，顺治入关后，天子在大的祭祀、朝会都会以玉来祭神。历代玉文化的一个重要体现就是在祭祀时使用玉器，这也是朝廷用玉的一部分，是由古代六器发展演变而来。

自古以来我国就有殓葬殉玉的习俗，周代就出现了"瞑目"这种专为殓尸使用的玉器，即所谓的"玉覆面"。殓尸玉至西汉时期发展到了高峰。宋代以后的帝制时代，生前用过的心爱之玉往往会被帝王及富贵人家殉葬于棺内，近几十年发掘的墓葬中不少玉器殉葬，大量的帝王后妃的冠冕、玺册、典章、陈设等玉器出土，也出土了不少商人、士庶文人生前所用佩饰，以及茶具、酒具等生活玉器。

由此可知，这一时期用于殓尸的玉器都是生前使用过的玉器。这与前世的葬俗不同，不再专门雕琢殓尸用玉。帝王所殁玉器的玉材优良、工艺十分精美、器型也非常丰富，从出土的明代帝王殉葬玉器可知一斑。江西南城益端王朱祐槟殉玉有羊脂白玉带，其妃彭氏殉玉有谷纹青玉圭、玉佩等。而市庶则不同，所殉玉器的品种数量都较少，工艺不精、玉质也偏差。说明玉器的等次是由墓主人的身份、地位及经济状况决定的。

明代定陵出土的玉器玉质优良、工艺精湛、种类丰富，有金托玉爵、金托玉执壶、盆、碗、双耳玉杯、玉坠、玉料等，还有属于冠服的玉革带、玉带钩、玉佩、玉圭等玉器，可以说是明代玉器的代表。

清代发掘的较高级别的墓葬有黑舍里氏墓，修建豪华的墓室中殉有大量玉器，有青玉璧、玉筷、碧玉、碧玉佩、碧玉瓶、白玉佩、白玉杯、玉笔、玉砚、玉古琴、墨玉印料等，另有芙蓉石印料、水晶印、水晶笔架等，这些数量众多的玉器足以反映清朝权贵生前的富有状况。清代的帝王陵，目前还没有正式发掘，但有乾隆皇帝与慈禧皇太后的殉葬清单可供参考。

从正式发掘出土的墓葬玉器来看，绝大多数都是生前所用的玉器或是收藏的旧玉，明清时期墓葬殉玉的特点从中可以反映。

与中国古老的玉器相比，绘画艺术成熟虽晚，却是后来居上。从历代流传下来的作品看，在唐宋时期趋于成熟与繁荣，元明时期出现了文人画。而我国绘画艺术与玉文化的繁荣期恰好处于同一全盛时期，因而玉器艺术受到绘画艺术的影响是必然的。这一时

期的玉器作品趋于绘画化，充满画意。花卉、禽兽、山水、人物等绘画经常表现的题材，都成为这一时期玉器的纹饰图案或成为玉器造型的母体。从流传下来的玉器中，能够看到许多这一类型的作品。

明清时期的绘画是文人画大发展的时期，玉器也随着文人画演进，在这一时期出现了诗、书、画并茂的图案。如明代青玉松荫策杖斗式杯，两面刻有苍松及松下

策杖的老者，另两面刻着诗句"策杖穿林路几重，禅家清磬隔云封，再来只恐无寻处，好记悬崖一古松。"落款"梅道人戏作"。这件玉杯像一幅淡墨山水人物画，明四家之一的文徵明的画风从画面中较清晰的体现出来。这种图案到了清代，在玉器上雕刻得越

来越多。正背两面如同画在宣纸或绢上的工笔画一般的陈设玉器大量出现在乾隆二十五年之后，令人叹为观止。许多作品使观者大有赏玉如读画之感。如镌刻花卉、禽兽、松石、山水、人物等画面的和田青玉花卉纹龙耳活环瓶、和田青玉茶花山雀宝瓶、和田白玉山水兽耳瓶等玉器作品，丰富多彩，精美绝伦。玉器与绘画在这一时期的密切联系，使玉文化在前代基础上有了极大的提升。

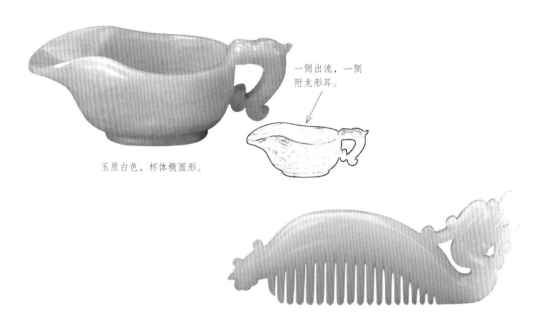

一侧出流，一侧附龙形耳。

玉质白色，杯体椭圆形。

　　玉雕属于雕塑艺术的范畴，历代玉器都受到雕塑的影响，它们的制作工艺基本上是一致的。玉器作品的雕琢与雕塑艺术十分相似，必然会受到雕塑艺术的影响，生肖玉雕在汉唐时期就已显示出这种趋势。玉器与它同时代的雕塑艺术紧密相连，但因玉材珍贵，在雕琢上要受到材料形状的制约，又让玉雕具有了特殊性。

　　玉雕艺术发展到宋元时期，与当时的佛教雕塑和石雕相通，多采用隐起、起突或与镂空相结合等表现手法。玉雕在明代中期以后，发生了较大变化，几何形、米字格条纹

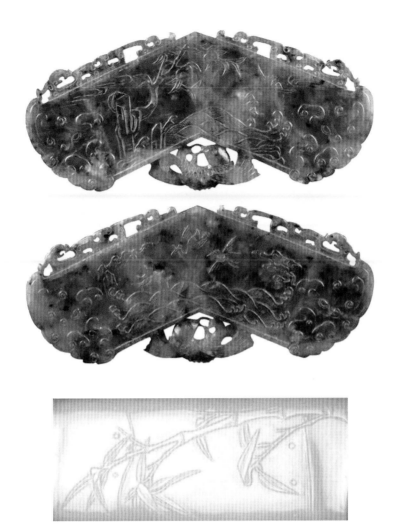

连接起来，好似花窗。明代玉雕的传统在清代得以延续，在加工上体现得更为精细，流传下来的清朝乾隆年间的陈设玉器较多，可以充分体现出这一特点。

明清时期的玉文化发展与当时的社会政治、经济、文化、民俗等方面有着密切的联系，是我国古代文明的重要组成部分。明清时期的玉器制品种类繁多、雕工精美，在我国传统工艺中，至今仍是最具魅力的一种，在中华玉文化史中占有重要的地位。

四、明清时期玉器名称释义

1. 包浆

每个时期玉器的造型及主题风格因玉材、琢玉工具和琢玉技巧的不同，加上审美情趣和风俗习惯的不同，可以说是千姿百态，各具特色。在漫长的岁月中，玉器受外界的

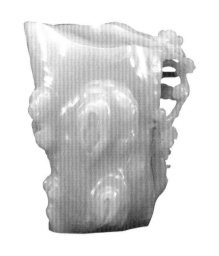

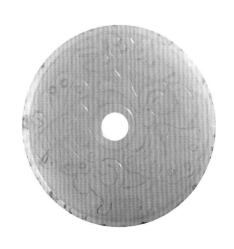

自然氧化，手的把玩，灰尘土壤在表面层层积淀，表面皮壳逐渐生成，这就是岁月在玉器表面留下的痕迹，被称为包浆。包浆是玉器表面的一种浆状光膜，是经日久天长的摩挲和氧化所形成的，经常在长期接触和使用的玉器之上出现。可以说，包浆其实是一种特有的光泽，而并非在玉器表面真涂有什么浆汁。

包浆特征会在一件玉器上整体呈现，那种温润的光泽是因岁月的流逝而留下的，令人赏心悦目。对其整体观察时，可以借助侧光，其光亮在咫尺间呈现漫射样，不会有任何刺眼的光亮直射眼内。光泽温润、含蓄、内敛，不论如何去抛光，也无法在咫尺间出现那种精光闪耀、流光四溢的特征。

自然柔和的古玉包浆，晶莹润泽、滑熟可鉴，不仅含蓄内敛，还有古朴厚重之感，温润者如板栗一般。不规则分布的斑块状物和划痕乱线也通常在古玉表面与包浆伴生。包浆会带给玉器一种陈旧的光泽感，温润内敛，含蓄醇厚，经历了岁月的洗礼，饱含历史的沉淀，充满了岁月的沧桑。这是新玉所不具备的某种特殊气质。与古玉相比，新玉呈现出一种与之相反的刺目亮光，呈现出干涩的肌理和浮躁的色调。而一些假包浆，与真包浆之间也存在很大的差距，只有不断摸索，积累经验，才可以掌握其中的规律。

当然，也有一些伪造的效果非常接近的玉器包浆，很好的油润感呈现在玉器表面。这主要采用碱性物质以及蜡质进行伪造，经过多日的高温处理，渗透到玉器表皮下层，玉器的油亮感

能够在经过处理后依然保持很长的时间。但是它与真品本质上的区别还是体现在质感效果上。假的包浆只是表面存在光亮的效果，缺乏透润的质感效果。真品呈现的是质感效果，而不是表面的光亮度，这需要仔细观察和用心体会。

玉器的新老绝不是仅仅学会了看包浆皮壳，就可以分辨。鉴别和断代，对于玉器而言，还远远不止这些，如玉器的质地、时代的特征、外表的皮壳、雕工的精粗、沁色的运用、包浆的温润、纹样的演变等，这都需要综合的判断和不断分析。

2. 玉带钩与玉带扣

玉带钩作为一种装饰把玩的仿古玉器，在明清时期就已出现。明代玉带钩保存下来的数量非常大，例如苏州虎丘王锡爵墓中出土有玉带钩，上海明墓中也有出土。玉带钩在明代有琵琶形、螳螂肚形、条形和圆棒形，也有的玉带钩雕成龙、鸟、兽等形状。还有一种一半为钩，一半为环，分别镶嵌在玉带钩的两端，称为玉带扣。

清代的玉带钩比明代做工更精巧，也有更高的抛光度。别具匠心的钩头，形态各异，有比较高的艺术水平。有些玉带钩可称之为重器，是那些雕龙、凤的大钩。玉带扣形状如两个方板，一板为钩，一板为扣，两板可以扣接，宝石碧玺等镶嵌其上，玉带扣

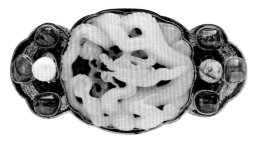

可以接较宽的腰带。虽然玉带钩在清代花样繁多，但是难以与汉代玉带钩比肩。汉代玉带钩严谨和流畅的风格，无论是在工艺水平还是艺术水平上，都是清代所缺乏的。另外，在制玉工具方面，原始的手动砣机依然作为清代主要的制玉工具，制玉工艺与汉代相比并没有较大提升，因此升值空间不会很大。

3. 玉手串与玉手镯

在新石器时代的玉饰中就已经有了玉手串和玉手镯，在中国的历朝历代，这两种玉饰品都有制作和使用，尤其在明清时期达到了顶峰。玉手串通常用丝绳将多个小珠、管等串饰串成一周，以供佩戴使用。玉手镯呈独立个体，多琢成圆环状。也可成对佩戴，这类玉手镯也被称为玉环。早在唐代，玉手镯就已经很普遍，佩戴玉手镯的现象在佛教题材的壁画和绘画作品中经常出现，如仕女、飞天、菩萨等形象都有呈现，这也反映出佩戴玉手镯是唐代妇女的流行风尚。玉手镯在唐宋时期以圆柱体、扁圆体造型较普遍，素面较多。注重在手镯上雕琢纹饰开始于明清时期，最为多见的是龙纹。二龙戏珠是常见形状，其次还有绳纹、绞丝纹等。玉手镯材料在明清有很多，除和田玉外，后期开始大量使用翡翠，玛瑙、碧玺、琥珀也常常使用。佩戴玉手镯的习惯，无论是在达官显贵，还是市民商贾都有。玉手镯常常作为爱情的信物，在婚恋中就流行以玉手镯作为定情物或聘礼等，至今玉手镯也一直被人们赋予一种浪漫美好的情感。明清玉手镯在材质和雕琢工艺上，存在高低优劣之分，以和田上等白玉为佳，也有青玉和碧玉。

4. 玉扳指

玉扳指，又叫玉谍，本意是拉弓射箭时扣弦用的一种工具，套在射手右手拇指上，

以保护射手右拇指不被弓弦勒伤的专用器物。后来玉扳
指引申为能够决断事务，具有身份和能力的象征。玉扳
指起源很早，在商代妇好墓就出土过斜筒状的实用扳指。
到战国、汉代，扳指已演化成鸡心佩，根据用途又名
"玉谍"，是取其射箭而用之意，这种鸡心佩东汉以后逐
渐消失，明清时期又开始有了仿制品。扳指原是一种射

箭护手的工具，随着时代的发展，军事器械渐渐成为一种时髦的饰品，乾隆皇帝非常喜
欢玉扳指，因为它融合了文武之道，既能时时赏玩于手，又能刻刻警戒于心。玉扳指也
因此在清朝贵族中非常流行，许多精美的玉扳指在宫廷造办处制作出来，浮雕纹饰雕琢
在扳指的外围，如狩猎图、丹凤朝阳、蝴蝶等，有的扳指上雕琢有"古稀天子""万寿
无疆"等字样，有的雕琢有诗文、山水画等纹饰，还出现多种不同材质制成的成套使用

的扳指。民间玉扳指也有很多，材质也很丰富，
有玛瑙、翡翠、珊瑚、水晶、琥珀等，最多的是
直筒素面造型。在清代很多扳指已摆脱专门的实
用性质，而是套在拇指上作为佩饰使用，佩饰扳
指与实用扳指两者在形制上并无多大差异。

5. 人物佩

玉雕人物玉佩在明清时期十分盛行，数量也
非常多，尤其是童子玉佩。童子常常作嬉戏玩耍
状，神情憨态自然，头大、脸胖、笑容可掬，身
体比前代更加丰满，也更矮小。或单独亦或为组
合雕刻。人物刻画细腻生动，富有灵动感，神态
表情写实，做工精巧。明清时期的玉雕人物除了
童子外，还有妇女、老人及寿星等题材。

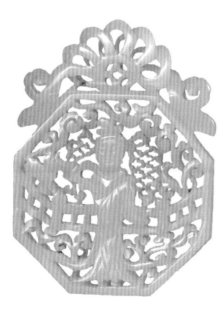

6. 动物佩

动物佩是佩饰中的大类，以动物为题材雕琢
的玉佩饰在明清时期有很多。动物佩主要有三种
形式：一是以个体独立圆雕动物为主；二是以动

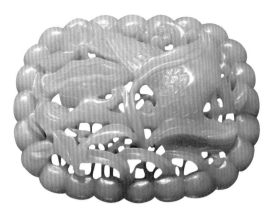

物与植物、人物等结合雕琢；三是以动物图案为题材装饰的玉佩饰。明清时期的动物玉佩种类繁多，有牌饰、坠、片饰等，既有仿古神兽类玉雕，也有家畜类、野生动物类玉雕，动物佩的题材十分丰富。其中传统的龙、凤题材是仿古神兽类的主要形式，这也是明清玉雕中的主流纹饰，同时仿古神兽类还出现很多辟邪、天禄等纹饰。但明清时期的神兽仿古玉雕呈现温和、圆润和肥胖的特点，风格也趋向夸张和呆板，已失去战国、汉代神兽那种凶猛强健的风格。而明代的动物玉雕比清代传神，对动物的造型、神态的刻画比较注重，虽粗犷但不失神韵，对细部处理显得有些简单。而繁缛、柔弱、丰硕和图案化成为大多数清代动物玉雕的特点，只有少数造型神韵俱佳的作品出自清代工匠之手。可以说，清代是中国历代动物玉雕的最低点。象征吉祥和谐，幸福美好的题材在清代动物玉佩中最为常见，如鸳鸯、双獾、羊、猫、猴、鱼、麒麟、龙、凤、猪、狗、鼠、马、牛、鸡、兔等。注重尽量多的保留玉材，巧妙利用原有的玉皮、玉色，这是清代玉雕动物与前代最大的区别。在此影响下，雕琢随形就势，玉工对动物的刻画显得更加丰硕和饱满。

7. 子冈玉

陆子冈，明代琢玉大师。起凸阳纹、镂空透雕、阴线刻画皆尽其妙，尤其擅长平面减地之技法，能使之表现出类似浅浮雕的艺术效果。陆子冈雕造的玉器与同时代玉器相比有许多独到之处：首先技艺娴熟而全面，如立雕、镂刻、剔地阳文、浅浮雕、阴线刻纹、镶嵌宝石及刻字等等，都能得心应手。二是器型品种繁多，如发簪、壶、水注、水丞、笔洗、印盒、杯、香炉等等，大多为实用品。三是纹饰题材广泛，无所不精，且设计构思巧妙，有文人学士、婴戏、水仙、梅花、荷花、山茶花、灵芝、竹、石榴、松、桃以及仿古的卧蚕纹、云雷纹、回纹、乳钉纹、螭虎异兽等等。四是他的作品都有刻

款，以篆书和隶书为主，有"子冈""子刚""子刚制"三种，或二字一印，或一字一印。而且常用诗句为铭，或五言，或四句，字体采用行书或草书，秀劲飘逸。均用图章式印款的刻款方式，阴、阳文均有。刻款部位十分讲究，如器底、背面、把下、盖里等，其部位多处于器物隐蔽处。陆子冈所制玉雕作品，形制多仿汉代，取法于秦代，颇具古意，并形成了虚实相间、疏密得当、空灵生动、飘逸流畅、琢磨精细、设计精巧的艺术风格。作品常常有一种巧夺天工之感，如所雕水仙簪，花茎细如毫发，显现出花之娇态，难以想象这是用玉石雕刻而成的；又难以想象是用何工具雕刻得如此纤巧、如此讲究。徐渭专门为此赋诗赞曰："略有风情陈妙常，绝无烟火杜兰香。昆吾锋尽终难似，愁杀苏州陆子冈。"陆子冈所制玉雕有所谓"玉色不美不治，玉质不佳不治，玉性不好不治"之说。

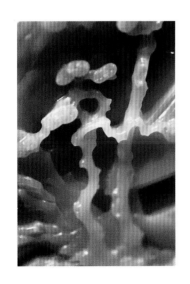

8. 玉山子

　　玉山子即为山林景观的玉质圆雕作品。由于文人雅士的偏爱，玉山子在明清时期十分盛行，制作时先绘平面图，再行雕琢，因而又常以图来命名。玉山子作品多以优质玉材制作而成。山林、水草、动物、飞鸟、流水、树木、禽兽、人物、楼阁等形式的作品非常多。玉山子题材非常广泛，既有反映道教神仙题材的，又有反映佛教故事题材的，其中以山水、楼阁、人物的题材在玉山子中出现最多，大有微缩景观之感。画面构图严谨，场

景真实自然，从取景、布局，到层次排列都体现和渗透着绘画的章法。除此之外，玉山子中还有选择整件树木、瓜果、动物等作为题材进行雕刻的作品，造型既像实物又像摆件，如一棵树、几个桃，或是人物等，艺术风格非常鲜明。玉山子作品是明清玉器中的亮点，形式新颖别致，层次分明，各具形态，其较高的工艺水平，鲜明的时代特点得到了充分的反映。玉山子被乾隆称为玉图，他欣赏作品是从立体图画的角度。玉山子作品在宋代和明代玉器中已有，但制作粗糙，结构简单，作品呈现的往往是景色一角，或一人、一兽，作品并无多少深意。玉山子被清代宫廷提高到陈设品、艺术品欣赏的高度，自然景色的立体图画用玉完整地呈现出来，画面人物活动场面、典故故事等等内容丰富，注重布局，气韵生动，自然准确，雕琢精细。大禹治水图、会昌九老图、关山行旅图等一批由宫廷制造的玉山子作品，艺术成就达到相当高的程度。

9. 玉如意

玉如意晶莹剔透，取如意之名，表示吉祥如意，幸福平安，寄托了美好的精神和愿望，是供玩赏的吉利器物。玉如意的出现最早可追溯到魏晋时期，以清代为多，明代也有但少见。玉如意通常呈长条状，一端呈勺形或心形，整体呈S形。达官显贵之间赏赐、赠送的礼品常常是玉如意，象征吉祥如意。作为非常珍贵礼品，玉如意的做工通常比较细致，玉制十分优良。在明代，手持如意的人物出现在绘画作品及工艺品中，到了清代，大量用整块玉料雕琢而成的玉如意出现，还有的玉如意是嵌在木托上来呈现的。福寿类图案、吉祥图案、文人相聚类图案等是玉如意上的几类主要纹饰，其雕刻方式包括高浮雕、浅浮雕以及阴线刻等。如意头呈灵芝形、双柿形等，形式多样，而柄多呈枝干状，雕琢非常精致细腻。

10．内画玉器

是在玉器的器皿内壁上绘上一些图案，其工艺精妙异常。内画玉器从外观欣赏显得别有一番情趣。

11．刻字玉器

在完成的玉器表面上琢刻上诗文、款识、年号以及一些吉祥的文字，特别是玉器的纹饰图案，结合一些诗文、往往能在玉器上表现出中国传统诗书画的特色。

12．玉制文房用具

是指书房里的用具和摆件，玉文具在汉代玉器中比较多，如笔屏、水丞、洗、镇等，至宋代、明代，已经成气候。到清代，玉文玩是有条件的文人所追求的用品，清代

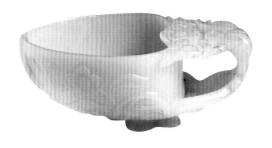

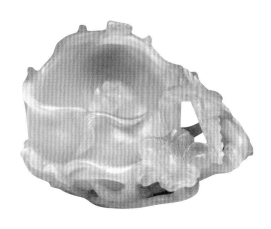

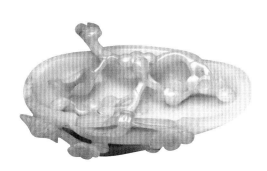

玉文具比明代还要多，主要包括笔架、水丞、砚滴、笔洗、印盒、秘阁、镇纸、压尺、玉砚等。笔架，也可称为笔格，为架笔的工具，在文房中是不可缺少的，产生年代很早。笔架多为山形，有素三峰、多层岩、山水、蟠龙、多孔石等样式。多孔石笔架的岩石呈长线条。洞岩为高低变化状，有直径不同的穿透性孔洞，似太湖石的风格。所谓"卧仙"笔架，应为卧式人物。典型作品为白玉太白醉酒，作品为仰卧老人，手持灵芝式如意，屈膝。早期浙江衢州南宋史绳祖墓出土的玉笔架，为长方形，较薄，上方有卧笔的架槽，该墓还出土有水晶山式笔架。水丞，又称水中丞。它是用来贮水的，研墨时用小匙将水提出。故宫收藏的一件八方形作品，为八棱柱形，上有顶，下有底，内空可贮水，外侧每一棱面中部都雕琢有一种卦纹，卦纹上下各有一夔龙，器顶有一孔，插入空心滴注，器底雕琢有"水中丞"三字，器物上有较强的玻璃光泽。砚滴，是在容器的上部有一个滴注，滴注被提起时可将容器中的水带出。砚滴有兽形砚滴、鸟形砚滴等，而最常见的是异兽砚滴。这些兽、鸟形砚滴造型与明代作品一脉相承。笔洗，《文房器具笺》明代"笔洗，玉者有钵盂洗，长方洗，玉环洗，或素或花，工巧拟古"。清代玉洗多见平底浅洗、耳环装饰洗、瓜叶式洗、高壁式洗。印盒，又

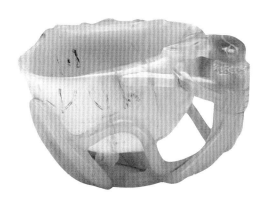

称印色池，是专门盛装印泥的。印盒有方形、圆形、椭圆形等各种样式，比较精的作品一般都装饰以较浅的浮雕纹饰，较多的是花果和螭龙纹，也有山水图案。玉笔杆，明代的玉笔杆是目前已发现的玉笔杆中年代较早的作品。杆上有帽，都为圆柱形，由一色玉制成。笔杆之上雕有纹饰，多为浮雕，图案薄而浅，不加嵌饰。清宫遗存

的明代玉笔杆上多有螭纹。清宫遗玉中有一件白玉杆珐琅斗笔，带有有明显的康熙珐琅风格，笔杆龙纹很早，应该是康熙作品。乾隆以后，玉笔杆样式较多，有带凸雕山水图案的，有管状镂空的，有圆杆雕文的，有素杆的。秘阁，又称臂格。写字时置于肘下，以免将墨迹蹭污。镇纸、压尺，汉代玉器中有兽形玉镇，明代玉镇纸的使用具有多样性，有白玉卧狗、玉兔、玉牛、玉马、玉鹿、玉羊等，明代镇纸的使用原则是求实用，求古朴精致。故宫藏玉中有专门用于镇纸的明代玉器，典型作品为双螭镇纸及山石卧凤镇纸，双螭镇纸呈较厚的片状，镂雕大螭，回首顾盼身旁小螭，山石卧凤镇纸为一片状山石，其上镂空孔洞，一卧凤栖于石旁，凤尾如帚，搭于石上。压尺与镇纸使用方式类似，但压尺较长，更便于压住翻开的书卷。玉砚出现的时间很早，使用玉砚的关键在于砚堂的处理，太滑则不发墨，也就是在着墨处不能琢得过于光滑，而要便于发墨，山东

邹县朱檀墓出土的玉砚为明代早期作品，长方形，片状，上端有小砚池，类似形状的作品宫遗玉器中也有，其上有龙纹，时代特点十分明显。清代宫廷中留有许多玉砚，一些上有"嘉庆御赏"款，多为清代作品。

13．玉插屏

是将玉屏插于座上，作为陈设品用。玉屏有大有小，大者似屏风，小者如牌，上面镂刻有图案、文字，工艺分为高浮雕、浅浮雕、剔雕、阴线雕、平面浮雕等，视平线及视点的高低变化还会出现

在一些图案上。图案内容包含动物和静物写生，景物和人物故事，还有诗句书法等。

五、明清时期和田玉的使用

中国出产玉石的地方很多，其藏量之丰富、开采历史之悠久，都处在世界各国的前列，尤其是以新疆昆仑山产的和田玉最为优质。到明代以后，和田玉这种优质玉料成为官方用玉的首选，正如明末宋应星著《天工开物》所称："凡玉，贵重用者，尽出于阗、葱岭"。明清时期玉器使用的玉料主要为新疆玉、岫岩玉和翡翠，又以新疆和田玉为主要玉料。

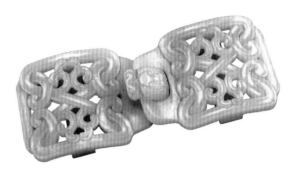

和田玉按产出环境进行分类，可以分为山料、山流水、籽料和戈壁料。不同产地的产出环境有各自的特点，体现在和田玉的品质上会有所不同，在同种级别情况下，籽玉质量最佳、价值最高，山流水次之。在和田玉中以白玉和黄玉为贵，古人说："黄如蒸粟，白如截脂，黑如纯漆，谓之玉符。"特别是和田玉中的羊脂白玉非常罕见，仅有新疆出产，在古代，人们就认为"于阗玉有五色，白玉其色如酥者最贵"。白玉分为多个等级，明代的白玉多偏黄，也可能是由于表面氧化所致，清代的白玉多偏青色；明清玉器使用最多的玉料是青玉，颜色浅的近于白玉，颜色深的接近于墨玉，明代青玉多数呈灰青色，色偏暗，清代多是接近于天青色的青玉，颜色浅的近于白色，被称为青白玉；黄玉在明清时期极为珍贵，一是源于玉材数量少，二是黄玉的"黄"与皇帝的"黄"谐音。黄玉在清代主要有两类，一类颜色浅，接近于柠檬色。一类黄如熟栗，又带红糖色；青玉中多带有红糖色，被称为糖玉，糖玉在明、清两代都有。现今一些玉料中的糖玉同清代所用玉料相近；墨玉在明清时期使用的情况较为复杂，玉上的黑色常有三种：玉色、烧色和沁色。

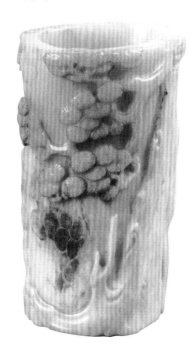

在明清时期，新疆地区向朝廷进贡玉的数量非常

多，清乾隆时期，每年贡玉可达数万斤。新疆玉的玉色以白色为佳，此外有碧玉、黄玉、墨玉等。清朝与明朝相比较，能够更加方便地获取和田玉料，从而使得清朝的玉器数量更大，质地也更加优良。

在御制《和阗玉》诗中，乾隆写道："和阗昔于阗，出玉素所称，不知何以出，今乃悉情形。"为了让新疆开采山料玉的情景形象清晰地让人了解，他还令玉工琢制了一件碧玉《于阗采玉图》山子，并在其背面题诗："于阗采玉人，淘玉出玉河；秋时河水涸，捞得璆琳多；曲躬逐逐求，宁虑涉寒波。玉不自言人尽知，那曾隔璞待识之，卞和三献刖两足，审然天下应无玉"。

乾隆皇帝非常欣赏苏州玉匠利用废玉料雕琢而成的桐荫仕女图，专门在玉器底部阴刻乾隆帝御题文："和阗贡玉，规其中作椀，吴工就余材琢成是图，既无弃物，又完璞玉。御识。"及诗："相材取椀料，就质琢图形。剩水残山境，桐檐蕉轴庭。女郎相顾问，匠氏运心灵。义重无弃物，赢他泣楚廷"。

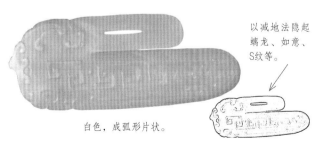

白色，成弧形片状。

以减地法隐起螭龙、如意、S纹等。

和田玉雕刻赏析

1. 雕工的优劣辨别

雕工决定着玉器的造型，也决定着玉器是一件劣品或是精品。一般人只笼统地说这件玉器雕工好或者不好，以此来评定一件玉器雕工的水准，实在太过粗略，没有了解雕工的本质。那么，什么是好的雕工？好的雕工应该符合下面几个条件。

（1）转折有致，轮廓分明　就是整体看来，纹饰美观，高低层次分明有立体感，线条自然流畅。

（2）刻画有力　刀法简洁利落，不宜有迟疑、重画、歪斜、手软无力、边缘破损等现象。

（3）刻画宜深　除了所谓的游丝工外，一般雕工宜适度地深入玉石为较佳。

（4）底面宜平整。

（5）线条刻画本身宜平整圆滑　使人抚摸时不刺手，看起来舒畅自然。

"玉以成器物者更珍贵"，捧盒整体造型庄重规整，典雅大气。器身整体兼用透雕浮雕阴刻技法。

玉条纹兽耳簋

明，清宫旧藏。簋为商、周时流行的食器，这件作品为仿古器，造型较商、周古器有所变化。明代，这类仿古簋可用于室内陈设，也可用于燃香。此簋的木盖为清宫所配，紫檀木质，盖钮为元代玉件。从木盖的形式上看，此物在清代宫廷中曾作为贮放香料的香薰。

2. 玉器质量鉴定与评估

玉器的种类很多，主要有人物、花卉、器皿、鸟兽等，对不同种类的玉件的质量鉴定和价值评估是不同的，主要考虑的因素有以下几点。

（1）玉件要有创意，整体的设计要根据玉石的性质、形体、颜色量料取材，做到剜脏去绺，因材施艺，玉件明显部位无脏绺。

（2）对一些不能给人以美感的玉石自然形体要注意破形。

（3）玉件造型要优美、自然、生动、真实、比例适当。整体构图布局合理，章法要有疏有密、层次分明、主题突出。

（4）做工要细致，大面平顺，小地利落，叠挖、勾轧、顶撞要合乎一定深度要求。

（5）玉件表面要光亮滋润平展，大小地方均匀一致，造型不走样，过蜡均匀，表面无绿粉和其它脏物。

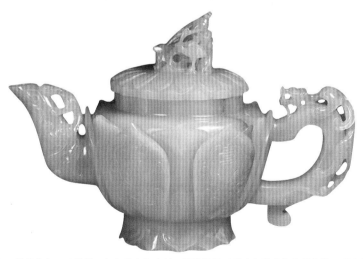

在玉器题材中，玉雕器皿占有很大的比例，既是陈设玉器又有很高的实用价值，至清代不仅数量大，而且使用范围更加广泛。特别是乾隆期，玉器造型推陈出新，变化多样，艺人们琢玉因材施艺，突破传统规范，创作出许多新颖别致的作品。

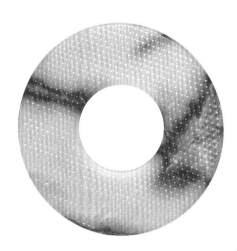

清 拱璧

（6）木座与产品大小比例要合适，纹样协调一致，花纹细致整齐，清洁利落。落窝严实平稳，粘接牢固。木座喷漆光亮，无堆漆、流漆和麻点。对压金丝、银丝的木座还要看压丝工艺是否好，是否牢固。

（7）锦匣应美观大方、不塌盖、不走形、大小合适、表面清洁。木匣除要看上述因素外，还要看木质和工艺。对玉件的包装来讲，锦囊要适合，能保护作品。

3. 雕刻作品的质量鉴定与评估

（1）玉雕花卉质量分级标准

① 一级品标准

a.玉石使用：玉石处理正确，使用合理，能反映玉石质色美，脏绺去得比较干净，色分得比较清楚，摆放平稳，形美。

清乾隆　白玉雕荷塘敖汉莲插屏　　　　　　清　巧作瓜瓞绵绵摆件

b.造型设计

（a）构图完整，布局不乱，主次搭配，重点突出，瓶样好，规矩。

（b）花形美观，枝叶活泼，草虫、小鸟动态栩栩如生。

（c）挖脏遮绺，运用料质色的特点明显。

c.琢工

（a）各部分安插位置正确，大小适宜，推凿层次清楚，不懈不乱。

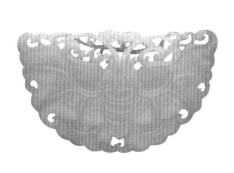

明　玉蝴蝶　　　　　　　　　　　元　带扣

（b）花、叶、枝、干、草虫、小鸟逼真，工艺细腻。

（c）瓶身线条准确，子口严紧。

d.抛光：亮足，大小地方一致，均匀。

② 二级品标准

a.玉石使用：玉石使用有缺欠，带有脏绺，色质分不清，摆放平稳但不美。

b.造型设计

（a）构图不完整，布局乱，层次不清，重点不突出，瓶样差。

（b）花、枝、叶、草虫、小鸟等安排欠佳，呆板。

（c）瓶样不好，盖与瓶身不协调。

c.琢工

（a）各部分安排位置、大小欠佳，推凿层次清楚。

（b）花、枝、叶、草虫、小鸟等虽做工细，但形象不准。

（c）瓶身线条基本准确。

（d）镂空眼地偷工，影响造型。

d.抛光：亮足，大小地方一致，均匀。

③ 三级品标准

a.玉石使用：用料不正确，脏绺未做处理，摆放不美。

b.造型设计

（a）无章法，无层次，孔眼乱。

（b）花、木、鸟、虫等形象丑。

（c）瓶样无形，无瓶膛。

c.琢工：整体雕琢粗糙，形象不准。

d.抛光：抛光粗糙。

（2）玉雕鸟类质量分级标准

① 一级品标准

a.玉石使用：玉石形状取舍得当，无脏绺，摆放平稳、美观。

b.造型设计

（a）造型烘托玉石质色美。

清　白玉凤凰觥。

（b）鸟的特征明显，动态生动。

（c）羽翼活泼自然，花木安排适宜。

（d）整体布局主次分明，安排得体。

c.琢工

（a）鸟的比例正确，特征鲜明准确。动态自然、生动、传神、活泼。

（b）头冠、眼、嘴、舌、颈羽毛、翅尾顺畅自然，工艺细腻，层次清楚。

（c）腿爪有力，树干、花草、石景挤轧真实美观。

d.抛光：亮足，滋润、均匀、板正不走形。

② 二级品标准

a.玉石使用：玉石取舍欠佳，带有不妨碍造型的脏绺，摆放平稳。

b.造型设计

（a）未按料质色设计造型，烘托玉石质色不够美。

（b）鸟的特征不明显，动态一般。

（c）羽、翼、花木安排一般。

（d）整体布局主次不够鲜明，安排不够得当。

c.琢工

（a）鸟的比例基本正确，特征不鲜明，动态呆板。

（b）头、冠、眼、嘴、舌颈、羽毛、翅、尾安插有缺欠，工艺不细。

（c）腿、爪死板，花木、石雕琢不细。

d.抛光：同一类标准。

③ 三级品要求

a.玉石使用：用料不当，脏绺未做处理，有断绺，摆放不稳不美。

b.造型设计

（a）造型呆板，不合比例。

（b）鸟无特征，结构不对。

清　白玉雕活环凤鸟纹盖瓶

（c）羽、翼、花木粗糙。

（d）布局紊乱，不合理。

c.琢工

（a）鸟的头、身、尾比例失调，形象不对。

（b）头、冠、眼、嘴、颈、羽毛、翅、尾安插不合理，做工粗糙。

（c）花、木、石雕琢无形象。

d.抛光：亮度差，不匀，有痕迹。

（3）玉雕器皿质量分级标准

① 一级品标准

a.玉石使用：用料干净正确，无明显脏绺，盖、身、足色调衔接顺畅，平稳。

清乾隆　青白玉雕象耳衔环盖瓶

工细，转折顺畅

比例准确周正，纹饰清晰

b.造型设计

（a）仿古器皿要稳重、规矩，上下匀称、纹饰协调。

（b）用具器皿各部位比例协调，造型美观，均衡周正。纹饰得体，烘托玉石质色美感，梁、链、环比例恰当匀称。

（c）动物形器皿：动物动态自然，与器皿结合得体，纹饰搭配协调。

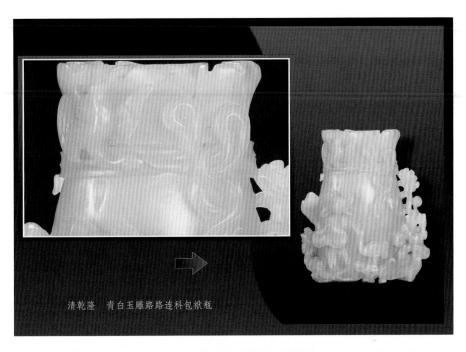

清乾隆　青白玉雕路路连科包袱瓶

清乾隆白玉龙纹双耳炉

此炉用料讲究，以白玉为材，清淡高雅，沈凝沉蕴，润色晶莹。玉雕符合"器具物雕"的"气势""神韵""骨力"三大要素。整器纹饰雕琢古朴而谨严，层次清晰明见。

c.琢工

（a）各部比例准确周正，膛足均匀。

（b）顶钮、两耳钮、镂雕、饱满上下左右匀称，工细，有神。

（c）浮雕纹饰清晰，转折顺畅，叠挖细致，地子平顺。

清乾隆　青白玉雕如意饕餮纹兽耳瓶

清乾隆　青白玉瑞兽鱼雁纹铺首衔环耳壶

（d）子口严密，边线整齐、对称。

（e）梁、链、环大小适宜，周正、匀称、均衡规矩。

（f）镂空眼地干净利落，不多不伤，棱角清晰，墙直平顺。

d.抛光：全器洁净、光亮、平滑、均匀。纹饰、环、链、镂空花抛光各部分亮度一致，不走形。子口平顺，推摇无响声。

清乾隆白玉留皮英雄双联瓶

此瓶器型为清代仿商，取法古人，以白玉雕琢而成，质地细腻温润，玉色晶莹润泽，表面部留有金黄皮色。器物胎体厚重，玉质细润，纹饰刻画精细，具有浓厚的宫廷气息。

② 二级品标准

a.玉石使用：用料有小缺点，但对大造型无影响，绺裂不冲口，环链无绺，脏出现在局部，并得到很好的处理，摆放平稳。

b.造型设计：造型比例欠佳，纹饰与造型搭配不够协调，环、梁、链与造型比例有缺欠，盖钮、腹耳钮、足设计大小、纹饰、繁简不够得当。

c.琢工

（a）整器边线不匀称、规矩，局部有损伤现象。

（b）纹饰、钮、环链、梁、镂空琢工不细，走形。

（c）内膛有不平不足和薄厚不均现象。

（d）子口欠严紧，不对称。

d.抛光：基本达到亮度一致，但有小缺欠，有欠平顺、亮不足、亮度不均等现象。

③ 三级品标准：

a.玉石使用：明显缺欠，料使用方向不对，有绺有脏，有冲口现象，影响美观。

b.造型设计：比例失调，纹饰不协调并粗糙无章法。环、链、梁大小和安排不合理，影响造型。盖钮、腹耳钮、足设计简单粗糙，大小不一，镂空孔眼大小安排影响造型。

c.琢工

（a）造型不对称，比例失调，有伤残。

（b）纹饰、镂空粗糙。

（c）环、链、梁大小不一，不对称。

（d）子口不严，不规矩。

（e）内膛薄厚不均，不足或有伤残。

d.抛光：抛光粗糙，表面光亮，内里未抛光。

（4）玉雕人物质量分级标准

① 一级品标准

a.玉石使用：对玉石的质、色取舍恰当，挖脏遮绺，量料施工，达到形色美观，摆放平稳。

b.造型设计：主体人物形态美观，陪衬物适宜。组合人物有呼应，布局合理，主题突出，达到各种人物脸、手、身段、衣纹、动态、陪衬物等的常规造型要求。如仕女脸秀美、佛人脸肃穆、怪人脸怪诞、童子脸稚气，还要求达到动态传神，情节感人。

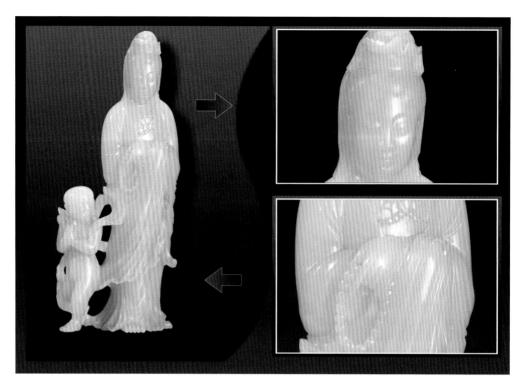

清　寺庙侍者

清　白玉雕寿老童子摆件

c.琢工：脸、手、身段、衣纹、发髻雕琢准确、细致，比例恰当，陪衬物生动真实，大小适宜。大小部位勾轧、撞掖、镂空利落。碾轧细腻。

d.抛光：整体洁净，平顺，不走样，发丝清楚，亮度均匀，无划痕折皱。

② 二级品标准

a.玉石的使用：玉石使用基本正确，取舍利用无大的缺点，形色美观，摆放平稳。

b.造型设计：主体人物形态自然，陪衬物大小、安排略有不当之处，但无伤主体。组合人物虽有呼应，能烘托主题，但布局欠佳。人物手、脸、衣纹、动态、陪衬物等能达到常规要求，如脸五官安排正确，手大小比例合适，动态自然协调。

c.琢工：脸、手、发髻雕琢正确，细致，身段、衣纹、陪衬物雕琢有缺欠，大部位勾轧、撞掖、镂空干净利落，碾轧细腻，小部位欠佳。

d.抛光：整体洁净，平顺，亮度均匀，小地方有欠缺，有划痕或有亮度不均现象。

③ 三级品标准

a.玉石使用：玉石使用有明显缺点，有脏绺影响玉石美观，色混不清，摆放失衡。

b.造型设计：人物形体安排欠当，衬物与主体不协调，组合人物无主题，无呼应，比例失调，整体造型紊乱，人物脸、手、动态、身段、衣纹、陪衬物不美，如五官、头型、手大小、姿势明显失衡，身段呆板。

c.琢工：只有形象，没有细工。形象粗糙，有人体臃肿或伤害造型的部位。

d.抛光：抛光粗糙。

（5）玉雕山子质量分级标准

① 一级品标准

a.玉石使用：各种料都能使用，对脏、绺、皮处理得当，找形好，稳重、俊秀、奇特。

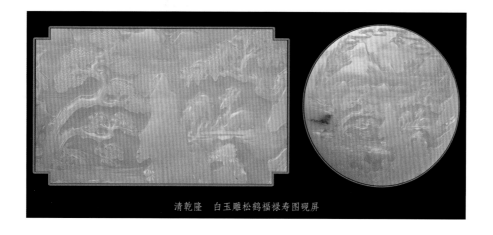

清乾隆　白玉雕松鹤福禄寿图砚屏

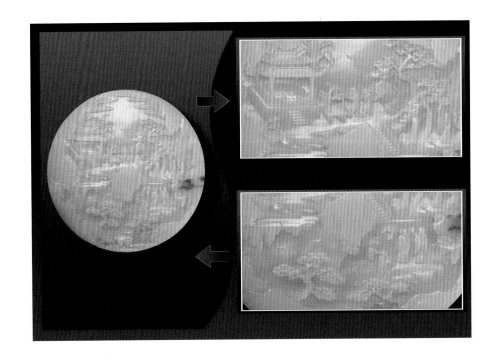

b.造型设计

（a）定坐正确，因料定材，因质施艺。

（b）内部构图与外形协调统一。

（c）内景有意境，有生气。

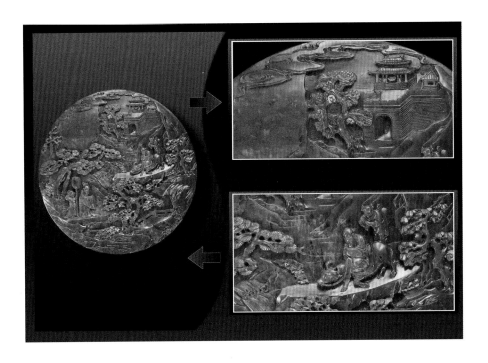

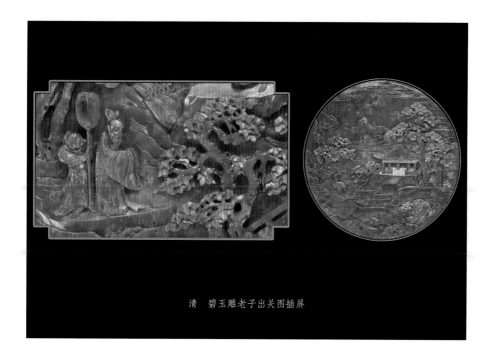

清　碧玉雕老子出关图插屏

（d）人物比例正确适中，安排得当。

c.琢工

（a）近大远小或散点透视正确。

（b）景物虚实感强，雕琢细腻。

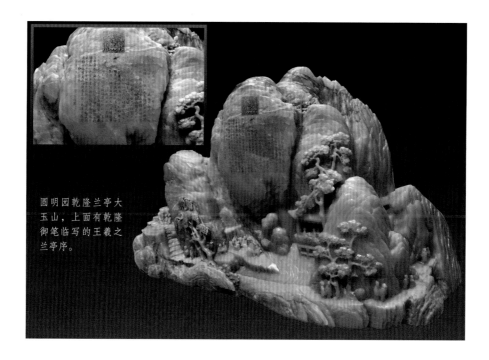

圆明园乾隆兰亭大玉山，上面有乾隆御笔临写的王羲之兰亭序。

清　白玉和合二仙山子

（c）人物、景物、山石、水流深雕、浮雕、镂雕形象准确。

（d）点缀陪衬因形而异，烘托主题。

d.抛光：亮足，匀。板正不走形。

② 二级品标准

a.玉石使用：对脏绺处理欠佳，形差。

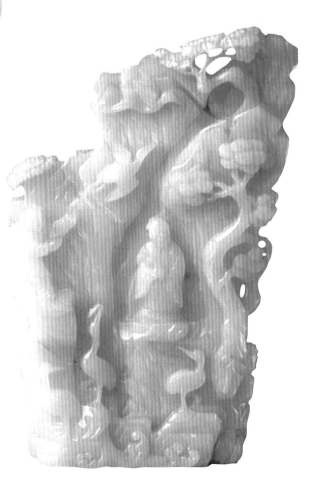

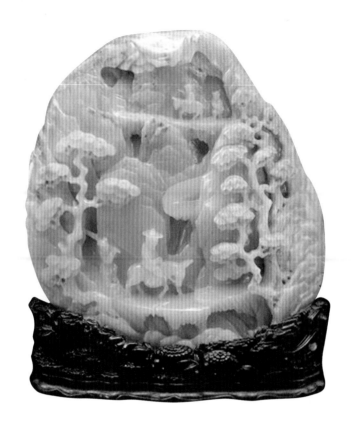

b.造型设计

（a）造型主题不突出，紊乱。

（b）各种人物、景物、殿阁比例失调，意境不好。

（c）玉石质色与造型不吻合。

（d）透视关系掌握欠佳。

c.琢工

（a）雕琢深浅掌握不合适，但工艺较细。

（b）人物、景物、殿阁轮廓有，形象不够生动，比例失调。

（c）有减工、意想不到的部位，整体形象不统一。

（d）抛光：同一级品标准要求。

③ 三级品标准

a.玉石使用：明显有错误，对玉石色质有破坏现象。

b.造型设计不伦不类，人物、景物、殿阁、山水、动物比例失调，摆放不美。

c.琢工粗糙。

d.抛光差。

（6）玉雕兽类质量分级标准

① 一级品标准

a.玉石使用：用料干净，正确，脏绺处理得当，摆放平稳美观。

b.造型设计

（a）比例准确，兽特征明显，动态活泼，夸张得体。

（b）细部安排自然协调，能烘托兽的各种不同造型。

清　白玉雕龙纹佩

清　巧雕牛生麒麟摆件

c.琢工

（a）兽的特征刻画准确、生动、活泼、有神，比例安排恰当。

（b）四肢、肌肉、角、发弯伸自然有力，动态准确。

（c）细部装饰顺畅有序、自然、细腻。

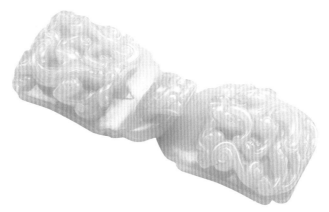

清乾隆　白玉雕螭龙纹带钩

d.抛光：抛光亮度足、匀、平顺、不走形。

② 二级品标准

a.玉石的使用：基本正确，但有缺点。局部脏绺应处理而未处理，摆放平稳但不够美观。

b.造型设计

（a）兽特征刻画一般，比例安排基本正确。

（b）四肢、肌肉、角、发伸展僵硬、动态欠协调。

（c）细部装饰粗糙。

c.雕工

（a）兽的特征刻画基本正确，但不行动、有神，比例安排欠当。

（b）四肢、肌肉、角、发伸展欠当，动态有缺欠。

（c）细部装饰雕琢较粗糙。

d.抛光：同一级品标准。

③ 三级品标准

a.玉石使用：不正确，有脏绺，摆放不稳，不美观。

b.造型设计

（a）兽呆板，比例失调。

（b）四肢、肌肉、角、发安排不当。

（c）无细部装饰。

c.琢工

（a）没有刻画兽的基本特征。

（b）无肌肉、四肢、角、发的细部制作。

d.抛光：抛光比较粗糙。

4. 和田玉雕刻珍品、佳作的品评要求

和田玉雕刻珍品、佳作除了在选料、设计、雕琢工艺、抛光等几方面均在一级品标准以上，还有一些对玉器价值有重大影响的因素，概括起来有以下几方面。

（1）大师的贡献　我们在博物馆、珍宝馆中，

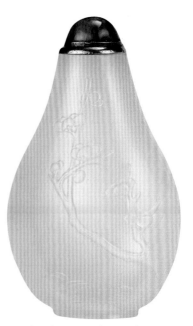

清　苏作白玉题诗梅花图鼻烟壶

经常可以看到一些出自大师之手的玉雕作品。同样的料，由于大师的精心设计，用心加工，使产品不同凡响，这也反映了大师的综合能力和水平。这种玉雕作品的价值要远远高于一般玉雕作品的价值。

（2）推陈出新的创作　现代玉雕有许多作品在历史上是没有过的。有的在工艺上有所突破，有的在利用工具上做了大胆尝试，这些都对整件玉雕作品的价值有贡献。许多佳作无论在设计上，还是加工工艺方面，均有超越前人的创作，更显其可贵的艺术价值。在评价这类玉雕珍品和佳作时，一定要多分析构成珍品、佳作的因素，并对构成珍品、佳作的因素进行综合分析，了解这些因素在整件作品中的分量和对价值的贡献，并同相类似作品进行比较，运用市场、成本等方法对其价值进行评估，最终做出一个正确的价值判断。

清乾隆　白玉双螭龙耳杯

（3）特殊工艺技术　在玉器行里有很多大师级水平的人才也不一定敢创作一些特殊工艺的作品，如薄胎技艺、梁链技艺、镂空技艺等，在琢制中如果稍有不慎，哪怕是崩

清　双柄罐

裂出一丝纹痕，也会大大降低整件作品的艺术价值，甚至会前功尽弃。险工能充分体现玉雕大师的胆识和耐心。这些具有特殊工艺的玉雕作品，其价值也会有所提升。

（4）俏色的艺术　俏色，是玉雕工艺的一种艺术创造。这种艺术不同于绘画、彩塑，也不同于雕漆、珐琅，这种艺术只能根据玉石的天然颜色和自然形体"按料取材""依材施艺"进行创作，创作是受料型、颜色变化等多种人力所不及的因素限制的，一件上佳俏色作品的创作难度是很大的，其价值也是很高的。在评价俏色利用方面，可以根据一巧、二俏、三绝这三个层次分析。我们对那些颜色不协调，不伦不类的玉器做评价时，要充分认识到那不是俏，反而是"拙"了，不但无增值，反而会贬值。

（5）作品的神韵　在评价一件玉雕作品时，经常会有人讲这件作品有神韵。对那些设计巧妙、雕琢得精致细腻、整件作品活灵活现、极富神韵的佳作不能与一般玉雕作品相提并论。

清乾隆　白玉玺

清乾隆　白玉双螭龙耳杯

5. 和田玉的新工与老工

老工、新工的不同，源于所用工具、磨具的不同，以及这些工具的转速、效能、精确程度所产生的各种现象和留下不同的痕迹。

老工的工序（指铁铊工）大致如下：捣石、研浆（或采集自然砂）、开玉、掏膛、上花、琢玉、磨玉、打眼、上光。它们共同的特点是用人力和铁铊，转动速度不快，靠解玉砂磨玉，材料与设备同时磨损。老工用手工定位操控，精度差、几何误差大，在平行度、基准面、图形对称等方面会有出入。但老工介质细，磨削量小，加工力度轻，周期长，玉件不起热。老工细心制作的玉件十分精美，形状匀称，线条流畅，掏膛宽阔，压地柔平，抛光明亮，这样的老工是精（细）工。

清代碧玉鼎式香炉，原为清朝皇室所藏。香炉雕刻十分精美，形状匀称，线条流畅，掏膛宽阔，抛光明亮，实为老工细作之精品。

新工的工序是：玉石用砂轮开料，粗磨具砣脱坯后，用无级变速电机，带动一根软轴，软轴卡头上可以更换不同的、用人造金刚砂制成的砂轮砣头，转速可以达到每分钟上万转。由于金刚砂砣转速高，磨削快，制作时间大大减少，工效显著提高。也正因为这样，新工的粗工往往有快速急成的痕迹，如：转速高出现干磨现象，玉表就会起热起毛，在钻眼、开窗时因磨削量大，选用的砂轮粒度粗、磨削快，钻孔或窗口侧壁上会见到起热后拉毛的现象，玉表呈现一些环绕钻孔或窗口的沟痕、平行毛刺。

老工、新工的不同之处，利用放大镜只要细心观察，总能见到不同的加工痕迹，下面就其典型特征做如下对比。

（1）线条　老工速度慢，线条比较流畅，在线条的两侧沟边没有崩口，特别是十字交叉、网纹也完好平整。老工沟底呈现磨砂状，无明显长条形磨痕。这是因铁砣与解玉砂接触时才能磨玉，而解玉砂又很快被砣轮带走，只能留下短暂的磨痕，不可能划出长长的道道。做工不细的老工，有时可以见到砣轮走速不均，压力不匀，而出现的沟底坑

清乾隆　白玉松阁高士图山子

洼、沟线有宽有窄等现象，也有重复下铊之重线等，这样的老工是粗工。

新工的线条是用砂轮铊，在高速磨削下快速形成的。线条的边沿往往出现玉石的崩口，使线条出现锯齿形边沿。新工线条的沟底还会有长条状磨痕，这是因为砂轮铊上的砂粒不可能排列非常均匀，总有个别砂粒稍有突起，突起的砂粒在高速转动下就会在沟底划出长条形道道。有的新工仿老工，选用砂轮铊的砂粒很细，加工走线时用力小、走速缓慢，沟边也很完整，沟底没有道道而且光滑。此时，只要看看沟底有否磨砂情形，就能识别是老是新。

（2）钻孔　老工钻孔靠解玉砂，孔壁磨砂状，如果砂粒粗会有沟痕，但沟痕不大规律，有时解玉砂排泄不畅会使孔径粗细不匀。新工金刚砂磨具，高速磨削，孔壁有沟痕成螺旋状，孔径规矩笔直。

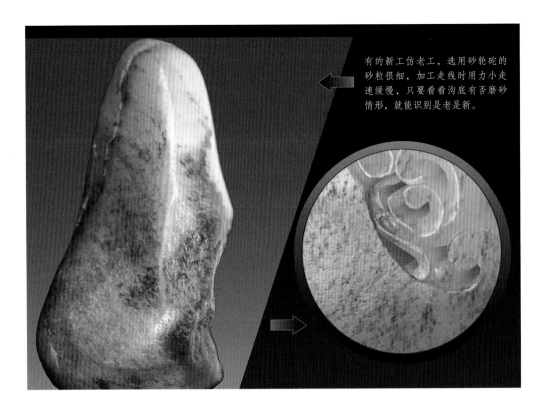

有的新工仿老工，选用砂轮砣的砂粒很细，加工走线时用力小走速缓慢，只要看看沟底有否磨砂情形，就能识别是老是新。

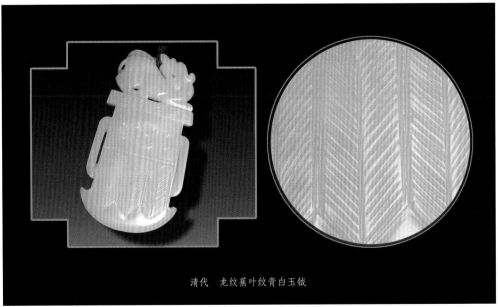

清代　龙纹蕉叶纹青白玉钺

6. 和田玉雕刻的四大派系

20世纪60年代以来，中国玉雕造型千姿百态，玉雕技艺流派纷呈，终于形成"北派""扬派""海派""南派"四大流派。

（1）北派　京，津，辽宁一带玉雕工艺大师以雕琢人物群像，花卉和薄胎工艺著称，形成庄重、典雅的艺术风格。

（2）扬派　扬州地区玉雕大师以巨雕、山子雕最具特色，玉雕讲究章法，表现出精致、大气的独特工艺。

（3）海派　以上海为中心地区的玉雕大师，海纳百川，以创作情节性的故事人物、动物群雕和仿青铜器为主的器皿著称，形成生动传神与庄重严谨的艺术个性。

（4）南派　广东一带的玉雕由于长期受竹木牙雕工艺和东南亚文化影响，在镂空雕、龙船、多层玉球和高档翡翠首饰的雕琢上，造型丰满，呼应传神，以南派艺术风格独树一帜。

目前为止，各个流派的许多精品之作，被国家作为珍品收藏保存起来。中国7000余年的玉文化，发展到今天是欣欣向荣，遍地开花。过去的岁月，中国精美古玉器受封建统治阶级青睐，以封建帝王为中心而被汇集，随着封建社会的解体，代之的是国家与社会收藏。古玉器以及大型玉器多为博物馆珍藏、陈列，小型的如挂件和配饰，在民间广泛流传。现在，随着人民经济生活水平的不断提高，富裕起来的人们开始购置精美高档的和田玉佩件，选用具有收藏保存价值的和田玉摆件和富有艺术趣味的把玩玉件，这是一个潮流，势不可挡。

清　碧玉圆盒

清　白玉带环

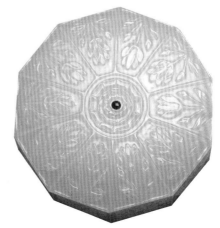

清　十方盒

第七章

和田玉的收藏与投资

登昆仑兮食玉英，与天地兮同寿，与日月兮齐光

——《楚辞·九章·涉江》

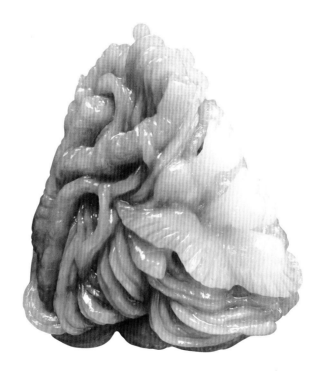

生机　赵科鞍作

一、和田玉的收藏

优质和田玉主要产于我国的新疆地带，质
地细腻、温润，是我国四大名玉之一，被视为
玉文化的代表，甚至被人们誉为国玉。俗话
说，"黄金有价，玉无价"，这里指的就是和田
玉的收藏价值了。那么和田玉的收藏有没有什
么技巧呢？许多新手由于对和田玉的价值与选
取不知所从，对和田的认识大多靠传言或者网
络的知识，缺乏实践的经验，这就很容易给一

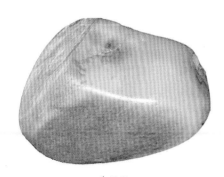

和田玉

些人钻空子，打着各种幌子误导他们，结果花费了巨大的精力与财力，得到的却是一些
市场价值很低的东西。下面我从和田玉的质地、产地、品种、加工工艺、块度、产量与
色泽等几个方面来谈一谈和田玉的收藏。

1. 质地的选择

首先质地就是价值的关键，一块真正有价值的玉石，它的质地才是首要注重的关
键，优质的材料对于一件玉器来说是非常重要的。有的人以为和田玉主产于新疆，那么
新疆出产的和田玉就一定是上品，这种想法其实是不正确的，关键是要鉴别一块和田玉
的质地是否优质。比如碧玉，主产于俄罗斯和加拿大，它的质量往往比新疆的碧玉还要
好，它的价格自然也不会比新疆的碧玉低。

我们来看看极品的和田玉质地是如何的，这里所谓的极品和田玉即羊脂玉，十分的
稀有，它的透闪石含量十分高，几乎达到百分百的含量，不但白而且油脂度特别的高，不
是一般色度的玉石材料可以匹敌的。可以说它是十分精绝的上品，不是那么容易买到的。

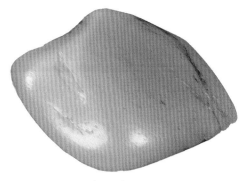

和田玉青玉籽料

2. 产地的选择

这个问题相对简单一些，喜爱和田玉
的朋友都知道，传统的和田玉，就是指产
于新疆和田地区的和田料。因为历史悠
久，和田玉在中国人心中有着根深蒂固的
喜爱，但这也带来了一个比较明显的问
题，就是通过多年的开采，新疆和田出产

清　白玉渣斗式水盂

的和田玉能否满足目前社会的需要？答案是显而易见的，长期的开采使用，相对容易开采的矿藏已经不多。虽然报道说新疆和田玉的矿藏资源，远比我们想象的要大。但这些矿藏绝大多数都是在常年冰封的雪线之上，不要说开采，就是要达到也是非常的困难，可以说新疆优质和田玉产量远远不能满足市场的需要。

　　20世纪末，在青海与俄国相续发现了大量与新疆和田玉相似的软玉，这类软玉刚开始并没引起市场的重视与关注。但随着市场用量的不断增加，而可开采的新疆和田料的产量严重不足，由于俄料与青海料的产量相对巨大，市场价值与新疆和田料相比价格要低得多，这类新疆和田玉的替代品，开始引起大家的关注，慢慢也被市场逐渐的接受。因为结构类似，市场通常将俄料与青海料都当作和田玉销售。就产量而言，新疆和田玉产量最低，俄料次之，青海料最多。同等品质的，市场价值的排列是：新疆和田玉最高，俄料次之，青海料最便宜。

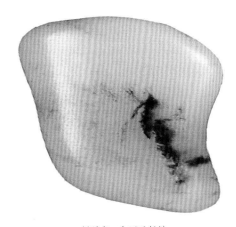

新疆产　和田玉籽料

3. 和田玉品种的选择

　　在和田玉市场，流传着这样一句话：一红、二黄、三黑、四白。这种排列也确实存在着一定的道理。

一红：红玉是否真有，这也是一个值得探讨的问题。直到现在还没有发现原生的红玉矿藏，而红籽玉，只是有所耳闻，如果真有，也是十分的稀少，那么必然十分的珍贵。红色，在我们的中华文化中代表了喜庆、大吉大利，所以任何的红色天然矿物都是比较名贵的。可想而知，极其稀有的红玉，那就是极品中的极品了。

二黄：黄玉，排列在第二。这种排名其实与红玉相似，就是其产量稀少。黄色，由于"黄"与"皇"谐音，在我国长达几千年的封建社会中，一直是象征了高贵与权力；原生黄玉的产量极少。所以黄玉对于普通民众而言，

清乾隆　黄玉仿古卧龙盖瓶

也只是一种符号。要想拥有也是可遇而不可求的事。退而求之，替代的黄沁料也得到了大众的喜爱，近年来颜色黄中带绿的黄口山料也开始引起市场的关注。

白玉在土壤中长期收到矿物质沁染，染色很深，就可能形成黄沁或红沁。红沁、黄沁的料子大多较粗，因为较粗的料子颜色更容易沁进去。如果遇到细腻的沁料，那就是天价了。若羌黄口料因为其纯正的颜色、细腻的质地和优良的油性一直都受很多玩家追捧。但是由于近几年产量急剧下降，想在市场上淘几块优质的黄口料也如同大海捞针一样的难。

清乾隆　白玉莲瓣纹菊花式盖盒

三黑：和田墨玉。就是白玉的基础上混入了黑色的石墨形成的墨玉，这种玉料产量稀少。

四白：和田白玉。特别是羊脂白玉，更是家喻户晓，这是一个受到大众喜爱的玉种。也有着有深厚的文化背景。所谓"洁白如玉"，白色象征了纯洁，这让大家更加容易接受白玉。可以这么说，99%的爱玉人，最早认识与喜欢的和田玉就是白色的。并且白玉的产量，在整个和田玉中也是比较稀少的，有资料统计，只占总量的15%左右。

和田墨玉

一红、二黄、三黑、四白，这种排列就是根据稀有程度而来，市场价值也基本上反映了"物以稀为贵"的原则。如黄若秋梨，墨如纯漆皆可称为上品。由于直到现在还没有找到原生的红玉矿藏，所以国家标准中没有列入红玉。

在民间，和田玉按颜色好坏也可分为三个等级。上等：羊脂玉、白玉、黄玉；中等：青白玉、碧玉、墨玉；下等：青玉。

4. 工艺水平

要把玉石原料变为一件既有观赏艺术价值又有鉴赏艺术价值的玉器，精湛的雕工是关键。所以收藏和田玉除了要注重玉的质地，还要重视玉的工艺水平，优质的工艺水平才能成就精美造型的玉器，才能呈现一件有鉴赏收藏价值的玉器。从和田玉工艺水准来讲，首推名家作品与名家工作室作品。这类作品，从整体上讲，设计水准、材质、雕刻工艺都有一定的保障。市场价值（价格）也是远高于普通作品的。这类作品可以划归为收藏之列。

清　寿字雕花双耳炉

清乾隆　碧玉雕饕餮纹瑞鸟活环耳三足盖炉

从地域角度来讲，首先是海派（上海）玉雕。从其设计理念，到材料的选择利用，都有其独到之处，形成了传统与现代的融合。从作品的市场价值来看，属于中高档。

其次，苏州作品与扬州作品。这两地出产的作品，工艺水准都是比较精良，以追求精致著称。这其中，苏州是以小件著称（挂件与把件）；而扬州则以大的摆件的加工为擅长。苏州的小件价格也较为适中，多数在数千元至数万元不等。所谓好玉配好工，也只有上档次的材质，再配以精致的工艺，才能得到一款精品。上海、苏州、扬州的作品，在材料的选择上相对较高档，常以和田白籽玉为首选。

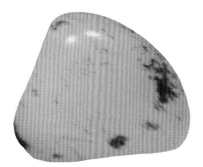

和田玉青白玉籽料

5. 和田玉的块度

块度的大小即指玉材的重量，它是评价和田玉质量的一个重要标准。如果一块白玉籽料的特级品，其块重需要达到6千克以上，一级品块重一般在3千克以上。同一品质的料块度越大越难得，价格也就越昂贵。

6. 各类和田玉料的产量与玉色品种比率

目前青海料年产量在1000～2000吨，占中国"和田玉"市场份额最大；俄罗斯料的年进口量在500吨以上，市场占有量仅次青海玉；新疆和田玉（矿）的年开采量份额不足15%。籽玉产出极少。新疆和田玉原料（山料）主要产地在新疆且末县，年产和田玉不足100吨，占和田玉总产量的70%以上。并且产量近年逐年下降，颜色占有率：白玉占总量的15%左右；青玉占总量的75%；其它颜色占总量的10%。

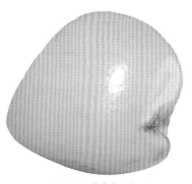

和田玉（羊脂白玉）

二、和田玉的投资

1. 和田玉玉雕成品与原石，究竟哪一种更值得投资收藏？

若是将收藏和田玉作为一种投资来看，是选择投资成品还是原石，的确是一件值得考虑的事情。每个爱玉者都想得到一块颜色润度都非常出色的和田玉石，但是又苦于初

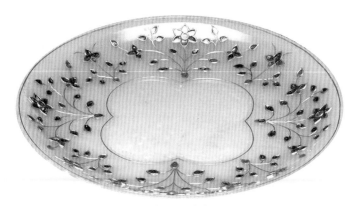
清　玉金花盘

次涉足，在这极为复杂的玉石市场中无从下手。未经雕琢的和田玉石被称之为料，经过雕琢，从而表现出艺术形态的和田玉作品称之为器。中国自古素有"玉不琢不成器"之说，不过，现代玉文化却是"玉不琢不成器"和"美玉不琢"两种文化并存。那么究竟是收藏原石好还是成品好呢?

（1）都有较高的升值空间　一般和田玉原石收藏者分两种，第一种是收藏品质高的和田玉，如极品的羊脂玉这样高品质的玉原石，本身就具有很高的收藏价值，没必要再雕刻；第二种是玉石本身自带天然的神奇图案或者经过时间洗礼自然形成形状的玉原石，这样的玉原石其收藏价值不低于成品玉。精品原石从最小的几克到几千克的都会有，料的价值不会因为大小来分别。修过的料，磨过的料不管多好，都不是好料，价值减了很多。

和田玉原石

（2）收藏要有选择性　对于喜欢成品玉的收藏者来说，建议不要挂件、把件、首饰等各种玉器全都收藏，应该找一个自己感兴趣的方向开始收藏。收藏玉原石存

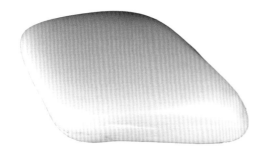

羊脂玉

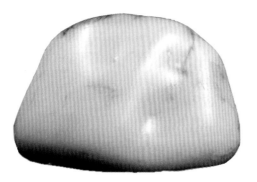

和田玉籽料（微带皮色）

白玉嵌宝石耳杯

白玉碗

在一定的风险。不少玉原石外表有层石皮，除非切开才能看出里面是否真的有玉，这就是赌石。玉石的鉴别虽然可以凭借肉眼和个人经验，但可靠性毕竟有限，即使是鉴定专家，单凭经验也有可能看走眼。对于经验还不够丰富的收藏爱好者而言，赌石存在更大的风险。

（3）收藏必选精品　藏料没错，藏器有理。关键在于，无论是哪一种收藏形式，都应该设定较高的品位与标准。对于投资者来说，只有投资精品，才能在逐渐规范的市场中获利。在目前的市场中，相比价值较高和田玉显然更具收藏价值。但这也不代表，贵的就都是对的。

（4）懂什么收藏什么，拿得准才放得下心　无论收藏什么都要看它的造型以及质地，只有这样才能收藏到非常好的玉，不要市场出现什么玉火热就收藏什么样。收藏之路上切记不要跟风，应该理性的投资。

2. 和田玉的投资原则

和田玉有真假之分，也有优劣之别，玉器好坏全凭我们鉴别，只有选购到最优质的玉料，我们的投资收藏才有价值。这就需要我们了解各种玉石的特性，懂得如何鉴赏玉器的雕工，以争取选择到最有价值和潜力的玉件。

（1）看料。投资者可以从玉的色泽、质地的细腻度和润度，有无皮和毛孔、玉的结构、透明度、硬度等几方面进行判断是否是优质和田玉。

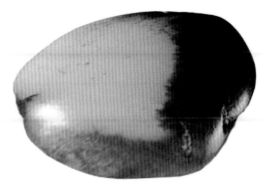

优质和田玉

清乾隆御制白玉雕穿花八吉祥盘龙纹双兽耳活环盖瓶

此瓶形制规整，玉质温润，光润通透，洁白润泽，毫无瑕疵。盖瓶结合挖膛、透雕、浅浮雕、高浮雕等多种工艺制作，线条婉转流畅，龙纹生动有力，打磨严谨。

（2）看工。在我国，上海、苏州和扬州，和田玉雕精工居全国之首。而和田玉的主要产地新疆工艺还有差距，因此常常要从外地聘请师傅来加工。北京和广东等珠江三角洲地区虽然是和田玉的主要市场，但这里能工巧匠比较少。至于安徽和河南工艺的市场定位则较低，主要集中在中低档玉雕方面，对于大额玉雕投资而言还是不太合适。

明　白玉觥

（3）看购买途径。通常市场中的玉石作品由于经过很多中间环节，因此价格会比较高，品质也难以保证。所以有可能的话最好去玉雕工厂或名家工作室购买，这样价格和质量都比较有保证。

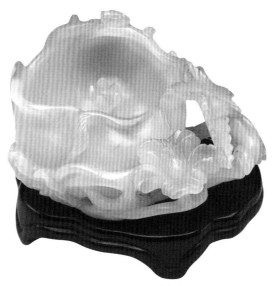

明　白玉镂花蟠螭水盛

（4）投资和田玉除了要将注意力集中到藏品本身外，还需要对我国几千年的玉文化有所了解，它是一个长期积累的过程。

（5）和田玉投资不能急功近利，更不能人云亦云，盲目跟风。给自己的投资行为设一个期限，并且限定一个投资范围，人的精力有限，必须要有针对性。再者就是和田玉短期内价格可能上下波动，但是从长远看，还是上升势头，因而投资和田玉需要更耐心一些，设个三五年投资周期最好。

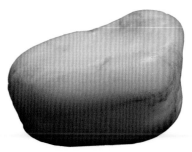

优质和田玉籽料

（6）树立精品意识。并不是所有的和田玉都值得投资，事实上只有其中的佼佼者才值得收藏，因此投资和田玉，不在于数量，而在于质量，投资一件高档玉器胜过数件普通玉器。

白玉杯

3. 和田玉投资风险分析和评估

玉石投资，一定要知道它的风险系数，这是最基本的，然而，却有一些冒险家，不做分析，一味地投资，很不利于行情的发展。同时，和田玉的涨价也让一些投资者不敢下手，很多人担心追高收购和田玉可能遭遇和田玉价格的冲高回落。和田玉之所以不断涨价，一是和田玉籽料资源的稀缺，造成市面上的新玉越来越少；二是由于近年来和田

白玉雕双耳活环器皿

玉涨价太快，坚定了投资者继续持有的信心；三是一些人对和田玉价格未来涨势的放大宣传。从原因上分析，前两点应该是和田玉涨价的主要动力，而第三点在其中也起到了催化剂的作用。由此可见，和田玉价格的上涨属于正常现象，毋庸置疑。而和田玉未来究竟还能有多大涨幅成了大多数人关注的焦点。

决定和田玉玉器价值的因素众多，主要包括和田玉原料的品质、产地、产状，和田玉玉器的设计、加工工艺，以及市场垄断、名家效应、社会环境、市场需求、品牌价值、稀有性等方面。

由于是不可再生的稀缺资源，有人甚至提出："炒股置地，不如买玉"。在海内外艺术市场上，有关玉器尤其是和田玉受到众多藏家的青睐，价格扶摇直上。这在20世纪90年代是不可想象的。

未来玉器的收藏有望持续走强，究其原因如下：一是宏观经济形式，使得有更多的人有条件参与和田玉的收藏，不少人都喜欢在身上挂一件玉饰，讨口彩，图吉利，人多物少已是大势所趋。二是和田玉经过长期的流传，已深入人心并形成了深厚的玉文化。历代很多皇帝都用和田玉制玺印，因而，玉便也成了权利的象征。和田玉不仅铸就了灿烂的中国玉文化，而且传承了中国儒家文化"君子比德于玉"的伦理道德，成为民族精神的重要物证，因而深受人们的青睐。三是和田玉经过多年的开采，已成为稀少品种，加上目前收藏的人与日俱增，这种稀缺品种更加紧俏，价格也是一年一个价。

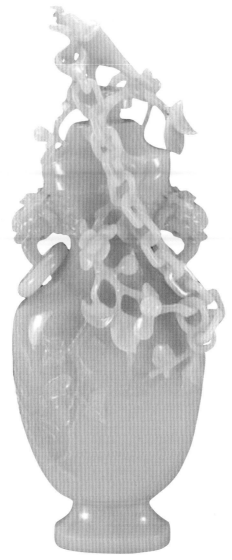

白玉瓶

白玉盘

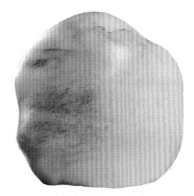

值得收藏的和田玉籽料

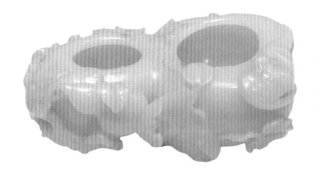

清代葫芦笔洗，此器为葫芦形，双椭圆形口，做贮水、洗笔之用，原为清宫旧藏。外壁透雕、高浮雕葫芦枝蔓和蝙蝠，枝蔓延伸至器底。葫芦谐音"福禄"，因果实多、枝蔓缠绕绵长，深受古人喜爱。

很多珠宝投资界专家分析认为：和田玉籽料的价格未来可能会和翡翠一较高下。如果和田玉还将有很大的上涨空间，那么现在的和田玉还是存在很大投资机会的。毕竟在世界经济面临困难的今天，和田玉的涨幅在众多投资行业中有着太大的诱惑力。由于外部市场假货横行，很多的投资者聚集到了网上商城。因此提醒投资者切记要提防烧皮等作假手段，尽量从有保证的店铺购买，这样能有效降低打眼的概率。

关于和田玉价格走势，有资料显示：20世纪五六十年代一块200克左右的和田籽玉只相当于当时一两个鸡蛋的价钱；1980年，一级和田玉山料每千克80元；1990年，一级和田玉山料每千克为300～350元，籽料为每千克1500～2000元；2005年一级和田白玉籽料价格已达每千克10万元以上；2006年，一级和田白玉籽料的价格已涨至每千克50万～100万元。

目前我国和田玉市场可分为三类。

（1）商品类 以经营为目的，玉石本身的文化、质地、工艺等价值偏低。这一类型

清 青白玉团龙纹洗

竹节杯

明，清宫旧藏。用料为和田青白玉，局部有浅黄色斑沁。明代中晚期，茶酒之饮器制作讲究，玉酒具的制作也得以发展，器形和纹饰都颇丰富，既有仿古型，也有创新型。此杯造型独特，选材精细，是明代玉器中具代表性的作品。

玉仿古铜纹环柄扁杯

明，清宫旧藏。所饰蔓纹及兽面纹与商、周、秦、汉器物中出现的花纹不同，环形柄及蕉叶纹也有较大的变化，图案风格接近宋、元时的作品，为明代仿古陈设品。

的交易目前占了和田玉市场一半以上。

（2）赏玩类　这一类型基本上是在真正喜欢和田玉的人们之间交流，此类型的玉讲究的是品质、雕工、题材。这类和田玉作品占了和田玉交易的三成。

（3）藏品类　一种是具有历史价值的和田玉精品，另一种是目前流行的国内知名的大师作品，譬如百花奖、天工奖获奖作品，还有一些稀缺独特的玉石原料等。这类和田玉数量很少，不到和田玉交易总量的一成份额。

对于玉石来讲，国内外至今缺乏能统一操作的通行标准，不能像钻石一样采用国际普遍通行4C标准来决定其价格。因此在市场上，大体同类质量的玉石或饰品，其价位却往往差别很大，很难掌握。和田玉原料的价值影响因素很繁杂，再加上和田玉蕴含的文化对价值影响就更难把握了，这就是"黄金有价，玉无价"的缘由。

4. 和田玉的等级标准

和田玉按玉的色泽、质地、络、杂质、重量等划分等级，一般可分为特级、一级、二级、三级。特级的白籽玉就是和田玉中最好的等级，也是新疆和田玉最高等级，即羊脂白玉。

（1）白玉籽玉

特级：羊脂白玉，质地细腻、滋润，无络，无杂质。

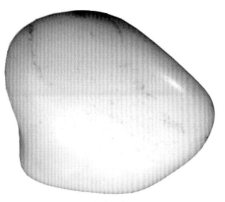

一级白玉籽玉

乾隆时期仿青铜器玉雕的上乘之作。胎体厚重，玉质温润，纹饰刻画精细，具有浓厚的宫廷气息。

一级：色洁白，质地细腻、滋润，无碎络，无杂质。

二级：色白，质地较细腻、滋润，无碎络，无杂质。

三级：较白，质地较细腻，滋润，稍有碎络，无杂质。

（2）白玉、青白玉山料

特级：色洁白或粉青，质地细腻、滋润，无络，无杂质。

一级：色白或粉青，质地细腻、滋润，无碎络，无杂质。

二级：色青白或泛白，质地细腻、滋润，无碎络，无杂质。

三级：色青白或泛白，质地细腻、滋润，稍有络，无杂质。

（3）青玉籽料或山料

一级：色泽青绿，质地细腻，无络，无杂质。

二级：色青，质地细腻，无络，无杂质。

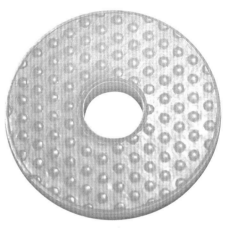

玉璧

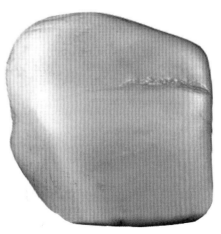

一级青玉籽料

三级：色青，质地细腻，稍有络，有杂质。

5. 和田玉收藏投资的误区

（1）重色不重润　和田玉收藏和投资，就要收藏料和工都好的高档和田玉。羊脂玉是和田玉中的极品。和田玉不能只重色而不重润。羊脂玉顾名思义就是如羊的脂肪，又白又润、温润细腻、有油性。不能认为凡是白玉就至高无上。挑选和田玉"色与润"二者不可缺一，挑选白玉、青白玉，在同等色度下重润，以润取胜，有些上乘的青白玉润度超过一般白玉也是和田玉的上品。

三色玉雕灵猴　赵科鞭作

有收藏和投资价值的和田玉需具备几项条件，一是色要正，没有两种色出现，如灰白色、青灰色、黄绿色。白玉的标准色是脂白、奶白、荔枝白；青白玉的标准色是粉青、绿豆青、瓜皮青。二是质要润，体如凝脂，精光内蕴。质地要温润细腻，观之犹如脂肪、油润纯净，抚之犹如婴儿的肌肤细腻光滑。三是整体洁净、无瑕疵、无石筋、无裂绺，表里如一。四是坚硬细密。

（2）重料不重雕　"玉不琢不成器"这是一句人人皆知的名言，玉虽然很珍贵，只有成器后才能体现出真正的价值。有些和田玉收藏爱好者在选购藏品中一味追求原料的品质，而忽视雕工的优劣及设计题材的文化内涵。作为一件收藏品，它必须具备一定的可收藏性，深厚的文化内涵、美伦的艺术表现、精湛的雕琢技艺，这些都是收藏性中不可缺少的部分。一个和田玉雕件无论原料再好，如果没有深厚的文化艺术内涵及精湛的雕琢技艺，它也只能是一件半成品，没有收藏性，也没有鉴赏性。

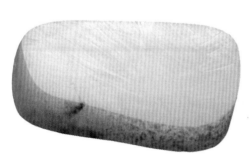

和田玉籽料切片

镂空龙纹玉顶

（3）重皮不重质　在和田玉的收藏品市场中，出现了很多钟爱和田玉皮色的藏友，痴迷于和田玉美妙的皮色中，如：枣红皮、砖瓦红、橘黄皮、姜黄皮、虎皮、洒金皮、乌金皮等等。这些皮色固然很好也非常难得，但是要看生在什么地方、什么料质上。如果是好皮烂肉，收藏价值也不大。

爱玉、玩玉、藏玉，要以玉为本。如果不是玉或是最差的玉，再好的皮色也没什么用。如果一块好的和田玉再有上好的皮子，是锦上添花、画龙点睛，增加了它的稀有性，物以稀为贵，也就增加了它的价值，所以好的皮色要配好的玉质才是完美的，重皮不重质是本末倒置。从收藏、增值、保值的角度看，只有皮没有质的原料不具备增值作用和可收藏性。

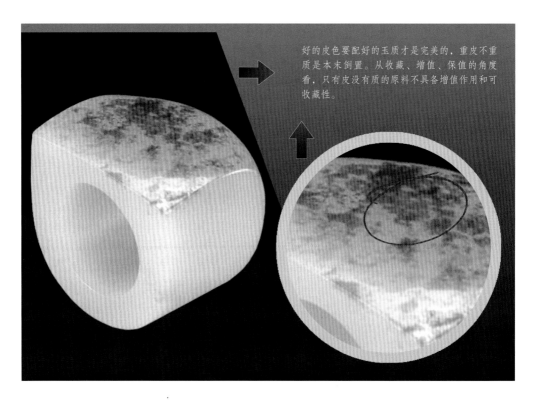

好的皮色要配好的玉质才是完美的，重皮不重质是本末倒置。从收藏、增值、保值的角度看，只有皮没有质的原料不具备增值作用和可收藏性。

（4）重古不重今　目前和田玉的收藏市场上，有一种十分重视古玉特别是清代玉器的趋势，甚至认为古玉比今玉的价值要远远高得多。古代的玉器，因为具有其历史价值、文化价值、研究价值，所以一直是藏家追捧的对象。历史长短确实是收藏价值的一个重要因素，但相比料和工来说，是在次要位置。玉器的价值衡量在很大程度上是重料、重工，因为一块上乘的原料是很难寻觅到的，而一个雕琢大师也是千里选一才产生的，二者的结合造就了完美，也产生了价值。玉器与某些艺术品有所不同，玉器的价

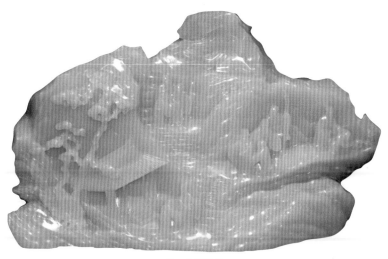

清　和田玉雕

值，原料占很大因素，某些艺术品原料价值低，艺术附加值高。对玉器而言万万不可认为是古的就值钱，好料好工、具有代表性、具有历史价值、研究价值的古玉器值钱，反之并不值钱。

清代的和田玉雕件无论大小百分之八十是青白玉，而且很多雕件因为惜料不敢取舍，所以带裂绺、带瑕疵，就材施艺影响了造型美观，又因为科技不发达，开采条件艰辛、运输困难等等原因，在清代每年进贡的玉料中和田羊脂玉寥寥无几，大部分是青白玉。而当今和田玉的开采无论是从每年的产量、质量及籽料出产量都远远地超过乾隆鼎盛时期的几十倍、上百倍。从原料、设计理念、加工设备和雕琢技艺来看都远远超过前人。目前国家收藏的国宝玉器无论是从原料使用、艺术设计、雕琢工艺方面，哪一件都是前人无法达到的。就是每年"天工奖"得奖作品，每一件都可以与前人比美，件件都是精品、珍品，当代和田玉精品无论是艺术

清　白玉仿古兽面纹活环耳瓶

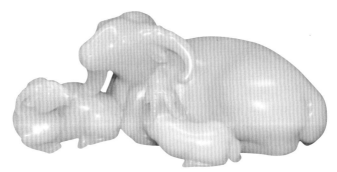

清　三羊玉雕

性、工艺性、原料的质量都具备收藏、鉴赏、增值和保值的功能。

（5）青海料、俄料没有价值　目前有许多藏家对青海料、俄罗斯料嗤之以鼻，认为他们的收藏价值不高。青海料和俄罗斯料宽泛意义上都是和田玉，青海料和俄料中也有精品。而新疆料中也有许多质量差的产品，纯粹以地域来区分收藏价值，这是很狭隘的观点。青海料和俄料的价格比新疆和田籽料低许多，和田玉爱好者日益大众化，所以青海料和俄料对于活跃和田玉收藏品市场，满足多层次的玉石收藏需要是有好处的。

（6）以白为贵　目前市场还有一种倾向，似乎和田玉就是越白越好。和田白玉籽料特别是羊脂玉确实是玉料中的极品，但是，青玉、黄玉、墨玉中也有不少好料。比如黄玉，因为其极其稀有，在古代一度被认为收藏价值超过羊脂玉。

清　碧玉雕仿古饕餮纹簋式盖炉

第八章

和田玉的佩戴、把玩与保养

佩玉将将，寿考不忘

——《诗经·卫风·终南》

代代生机　赵科鞑作

一、佩戴和田玉的好处和传说

君子以德比玉。和田玉温润油腻，浑厚内敛，不像黄金金光耀于外，不似翡翠浓色浮于表，属于典型的第二眼美女，细细观之，美丽渐现，有如贤惠的妻子，越看越顺眼。古人认为"玉是石之美者"，在我国的传统玉文化中，认为玉能避邪，玉能养心，玉给人带来好运和幸福，玉能给人带来吉祥和财富。

玉的养生机理已经被现代科学所证实。据化学分析，玉石含有多种对人体有益的微量元素，如锌、镁、铁、铜、硒、铬、锰、钴等，佩戴玉石可使微量元素被人体皮肤吸收，活化细胞组织，提高人体的免疫功能。

古人讲佩玉为美，黄金有价玉无价。玉中含有大量矿物元素，所以人们常说人养玉，玉护人。如果人的身体好长期佩玉可以滋润玉，玉的水头也会越来越好，越来越亮。如果人的身体不好长期佩玉，玉中的矿物元素会慢慢让人体吸收达到保健作用。譬如女士的手镯通常带左手，因为对心脏有好处。玉为枕而脑聪，古代皇帝就喜欢用玉做枕头，《本草纲目》也有对玉保健作用的介绍。

二、和田玉把玩件的选择方法

把玩件，顾名思义，就是把玩欣赏用的。玉与人是互相滋养的，把玩玉器是赏玉人爱玉、崇玉的一种表现，是人们对玉的一种爱不释手恋恋不舍的情怀。把玩件有大有小，小的也可以戴在身上做挂坠或玉饰用，大的做收藏和把玩之用。把玩件的工艺讲究意境，材料一般选用上乘的籽料，随其自然形状而构思造型，并且有皮的都会留皮作俏色用。一是为了增强动感，二是说明

白玉籽料挂件

碧玉无字牌挂件

清乾隆　白玉佛手柑把件

了玉料的高昂价值。把玩件的做工精细，线条比较简洁流畅，造型以神明佛像或吉祥物为主。因为把玩件的玩赏收藏性很强，因而成为玉器中比较重要的一类。

在选择和田玉手把件方面，应注意以下几点。

1. 关于尺寸

初涉此道的朋友往往贪大，实际上尺寸太大携带不方便，且容易磕碰。从审美观点看，太大的手把件更容易让人产生审美疲劳，这就可以解释为什么在玉器行里，小物件更能吸引人的眼球。

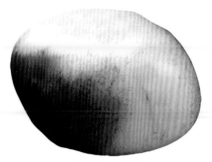

带皮和田玉籽料

2. 关于题材

最好是古老的题材，福禄寿等有说法的最好。

3. 关于雕工

其实玉件雕刻的好坏我们都可以看出端倪。只要是过渡圆滑自然，比例适当，美观、古朴，题材设计巧妙的东西都可以收。在收的时候不要带着占便宜的心态，一定要仔细检查。如雕工比较复杂，则要仔细察看每个细节，不能有破损。另外，手把件的雕刻一定要错落突兀，也就是说要能摸出手感来。

4. 关于品类

大家对玉质的要求都很高，这无可非议，但玉就是石头，其中炒作的成分还是不少的。每种玉都有不同的特性，会带来不同的艺术效果，只要是质量较好的玉，就可以盘，时间才是硬道理。只要下功夫，任何玉件都会散发出诱人的光彩。

清牺尊

5. 关于保养

手把件需要妥善保存，暂时不把玩时，最好有专门的收藏处所。最好能够根据手把件的尺寸和形状制作一个布袋，布袋的花纹选择古朴典雅的，也不失为一件艺术品，将来也有升值潜力的。布袋上当然要设计能挂在身上的吊带，这样非常方便。如果条件允许可以用上等木材制作一个收藏容器，也要根据手把件的尺寸和形状制作，在容器内壁加装布衬，防止磕碰，容器外部作精美雕刻。

三、和田玉挂件的选购诀窍

佩戴挂件是为了美观或祛邪保平安等。和田玉挂件的选购无非是看玉器的材料以及做工的精细与否，这两者决定了一件玉挂件的价值与艺术水平。下面介绍几个选购和田玉挂件的诀窍。

诀窍一：不能贪图便宜，更不能听生意人天花乱坠的讲故事，也不要以为自己很高明能把卖东西的人给蒙了。白玉的产量很少，原料面临枯竭。随着生活水平的提高，喜欢白玉的人也越来越多。天然的好白玉价格自然就比较高。中国有一句老话：一分价钱一分货。很简单的道理，做生意是为了赚钱，赔钱的买卖没人做。比如说900元进来的物件，在没有特殊的情况下谁都不可能800元卖的。所以在购买的时候，常常有人因为贪图便宜而买到了赝品。

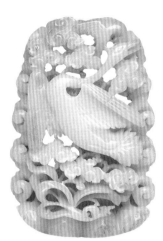

明　白玉镂花饰件

诀窍二：在买东西的时候稍微为物件计算一下成本，就不会上当。优质的白玉对雕工工艺要求比较高，所有的细微之处，都需要玉雕师傅手工制作而成，打磨到细致圆润为止。所以加工费也是不可少的成本，再加上玉料钱。所以东西方太便宜是不可能的。如果一件东西的价值连工钱都不够的话，它可能是真的吗？不要交不必要的"学费"。

诀窍三：白玉的质地非常细致，手感也很温润，光泽是柔和的。将一件玉器放在手中掂掂是否有沉重

和田玉籽料

感，再看看这件白玉的光泽是否是蜡质光泽，里面有没有气泡。用手感觉一下是否有温润的感觉。另外，最好在有品质保障的店里买，不要到流动商贩手中买这些东西。

四、和田玉保养的误区

我们在佩戴和把玩和田玉等玉石制品时，经常会有磕碰、汗液接触、过于干燥或过于潮湿等情况的发生，都会对玉石造成严重的损伤，如果不加以合理的保养，就会造成裂纹甚至崩裂。

由于玉石为晶体结构，一旦出现裂纹且不加以保养和修复，裂纹就会由表及里延伸开来，严重破坏玉石的结构完整度，一块玉石的价值也就大打折扣了。因此，除了日常佩戴中尽量避免磕碰之外，最重要的途径就是对玉石进行合理的保养了。可以说，合理保养是玉石保持良好品相最根本的保证。没有合理的保养，玉石的美丽只能是昙花一现，随着把玩时间的延长，必然会出现裂纹、变色。只有做好了保养，玉石才能永保美丽，真正实现价值上的增长。这一点对于价值较高的玉石品种尤其重要。但是，大家在保养玉石时往往存在一些误区，甚至是采用了一些错误的方法，非但不能对其进行有效养护，反而会造成玉石的损坏。下面就是在保养玉石过程中，经常会出现的一些误区。

误区一：玉石正常佩戴即可，无需刻意进行保养。

玉石为晶体结构，物理特征上缺乏韧度，硬而脆，即使像和田玉这种软玉，也仅仅是相对而言的。受到磕碰时，极易形成裂纹或崩口。玉石表

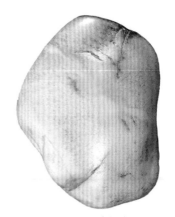

和田玉撒金皮籽料

清乾隆　白玉观音

面也并非我们肉眼看到的那般光滑，在显微镜下均是充满凹坑。当经常接触汗液等腐蚀性液体时，很容易造成玉石光泽度降低，甚至变色。而且玉石导热性差，长时间暴露在烈日之下，会造成玉石内外温度差过大，久而久之也会对其结构造成严重破坏。

很多人都认为贴身佩戴，可以让皮肤时刻接触玉石，进而实现一种盘玉的效果。但是皮肤时刻都在分泌汗液和油脂，这两种物质都会对玉石造成严重损害，采用这种方法只能说弊大于利。

清　高士赏游图笔筒

误区二：鼻子上分泌的油脂特别适合保养玉石，可以经常用玉石擦擦鼻子。

可以说，这个方法很具有欺骗性，也确实能让玉石立刻光亮起来。但是皮肤分泌的油脂呈酸性，含有汗液等大量排泄物，具有腐蚀性。用这种方法，非但起不到保养的作用，反而会慢慢腐蚀玉石表面，造成玉石表面霉菌生长，加快裂纹的生长。

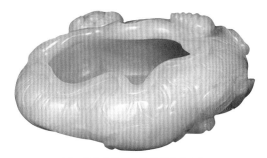

清　青白玉莲瓣式洗及蟠桃式水盂

清　白玉环

误区三：可以用植物油对玉石进行保养。

使用植物油保养玉石，会存在一系列的问题：首先，黏度过高，只能留存在玉石表面，无法实现深层滋养的目的，尤其当玉石已经出现了细小裂纹时，这一弊端就更加突

白玉带扣

出；其次，植物油纯度过低，即使经常被提起的
白茶油和橄榄油，纯度都处在较低的水平上，杂
质含量高，极易引发玉石表面霉菌生长；第三，
有异味，这是植物油普遍存在的问题，保养后总
是会有或大或小的异味；第四，始终无法固化，
用植物油保养玉石后，总是会处于黏稠的状态，
手感极差，同时对于较大裂纹也不存在任何的修
复作用。

用植物油保养后的和田玉籽料

误区四：玉石一定要保持干燥，尽量不要接
触水分。

这是一种很错误的认识，玉石如果长时间不
与水分接触，极易造成表面过于干燥、发脆，容
易形成裂纹甚至剥离。应当每隔几天就将玉石放
在清水中浸泡一下，既补充了水分又能保持玉石
的洁净。

白玉反螭环

误区五：如果玉石长时间不佩戴，放置起来
就行了，无需保养。

碧玉珠链

表面干燥的和田玉籽料

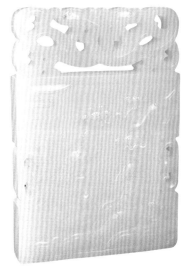
白玉牌

清 白玉雕柳编纹鼻烟壶

如果玉石长时间放置在暴露环境中，极易造成表面过于干燥；如果放置在密闭环境中，又会由于空间狭小，空气流通不畅，引发玉石表面霉菌滋生。所以，应该定期对玉石进行清洗，然后涂抹专业的玉石养护液，保持玉石的水润度和去除表面霉菌。

误区六：选择玉石保养产品没那么多讲究，随便用就行了。

一款高品质玉石保养产品是决定保养水平的关键，好的玉石保养产品重点在于养护和修复，含有多种有益成分，美观的同时却不会阻碍玉石与外界空气的交流；而低档次产品往往只是工业原料勾兑而成，虽然同样可以让玉石美观度增加，却没有任何的养护作用。所以在购买产品时，切忌贪图便宜，因小失大。

误区七：裂纹出现属于自然现象，不用刻意去管。

玉石出现裂纹绝非必然现象，之所以会出现裂纹甚至崩裂，都是由于磕碰、过于干燥、阳光暴晒等外部因素所致，如果对玉石加以合理保养，完全可以避免。而一旦出现了裂纹，就更应该加强保养，防止裂纹的进一步延伸。

五、和田玉保养的禁忌和建议

人们常说"三年人养玉，十年玉养人"。一个简单的"养"字告诉我们许多知识和道理。玉本是一种天然矿物，但在中国，它被人们赋予了无数的美好含义。和田玉是珍稀宝贵之物，所以是需要细心保养的。和田玉的保养要注意"三忌"，"四畏"。

和田玉的"三忌"是指"忌油""忌腥""忌污浊气体"。首先是忌油，有些人认为将玉上涂些油脂会使玉显得油亮温润，其实这是不正确的。如果玉石和油接触，油脂会堵住玉本身的空隙，使其中的灰土不能退出，这样会使玉器不自然莹润。其二是忌腥，与腥物接触，不但会让玉染上腥味，还会伤害到玉质。

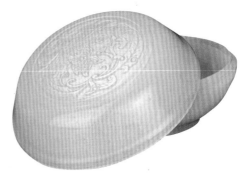

清乾隆　青白玉缠枝莲纹圆盖盒

人们发现腥物中的化学成分对玉器有腐蚀的伤害，会导致玉质受损。第三是忌污浊气体，这个道理与忌油相似。

和田玉的"四畏"，第一是畏冰，气温过低时，玉质可能会因此产生不可挽救的裂纹，而且和田玉接近冰或被冻，色沁就不活，没有玉润感。第二是畏火，玉常靠近热源，可能会使表明的光泽度和透明度受损，尤其是温度过高，也会产生裂纹并伤害到玉质。第三是畏姜水，姜水是去腥之物，可是玉长时间与姜水接触，会使沁色暗淡无光，难以补救。第四是畏撞击，指佩戴或把玩者受惊不慎将玉跌落，撞击对玉的损害是致命的。因此玩玉者要修身养性，平心静气。

下面是针对和田玉保养的几点建议。

（1）尽可能避免灰尘，定期进行清洗，每隔几天就用清水浸泡一下。日常玉器若有灰尘的话，宜用软毛刷清洁；若有污垢或油渍等附于玉面，应以温淡的肥皂水刷洗，再用清水冲净。切忌使用化学除油污剂液。

（2）要用清洁、柔软的白布抹拭，不宜使用染色布、纤维质硬的布料。将油脂、尘埃、杂质、湿气或汗液抹掉，这样有助保养和维持原质。

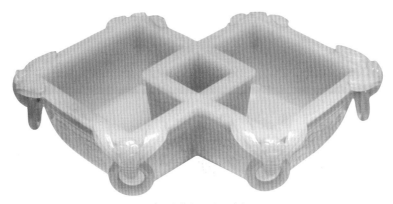

清　六蜻蜓环耳双联洗

（3）尽量不要贴皮肤佩戴，尽量避免与香水、化学剂液、肥皂和人体汗液接触。尤其是羊脂白玉，更忌汗和油脂。羊脂白玉若过多接触汗液，则容易变成淡黄色，不再纯白如脂。

（4）玉石应该定期养护，最起码一个月要做一次保养。当出现裂纹时，应该着重进行保养，防止裂纹进一步延伸。

（5）选用高品质的玉石保养产品，切勿因小失大。

（6）长期不玩的玉石应该定期做好保养，不用时要放妥。最好是放进首饰袋或首饰盒内，以免擦花或碰损。

清　青白玉牡丹式洗

（7）不要使用植物油保养玉石，最好选用专用保养液。

（8）佩戴时避免磕碰。玉石的硬度虽高，但是受碰撞后很容易裂，有时虽然用肉眼看不出裂纹，但其实玉表层内的分子结构已受破坏，有暗裂纹，这就大大损害其完美度和经济价值了。

（9）避免阳光长期直射。玉器要避免阳光的暴晒。

（10）玉器要保持适宜的湿度。玉质要靠一定的湿度来维持，若周围环境不保持一定的湿度，玉质也会变得干燥。

嗷嗷待哺　赵科鞍作